Zu der Buchreihe «Kulturgeschichte der Naturwissenschaften und der Technik»

Naturwissenschaftliche und technische Gegenstände sind nicht eindeutig, sondern vieldeutig. Ihre humanen, sozial- und geistesgeschichtlichen Beziehungen zeigen sich nicht in Funktionsbeschreibungen. Ebenso sagt die rein fachliche Darstellung der Geschichte von Naturwissenschaft und Technik nichts aus über deren gesellschaftliche, wirtschaftliche und allgemein geistesgeschichtliche Voraussetzungen und über die sich ergebenden Konsequenzen. Demgegenüber versucht die gemeinsam vom Deutschen Museum und dem Rowohlt Taschenbuch Verlag herausgegebene neue Buchreihe ‹Kulturgeschichte der Naturwissenschaften und der Technik› auch jene Bezüge, welche die Fachgebiete übergreifen, zu beschreiben und durch Bilder zu veranschaulichen.

Die Bände richten sich an Lehrer und Ausbilder; doch sind sie so gestaltet, daß jeder interessierte Laie sie verstehen kann. Es zeigt sich, daß der Weg durch die Geschichte nicht eine zusätzliche Erschwerung des Lehr- und Lernstoffes bedeutet, sondern das Verständnis der modernen Naturwissenschaften und der Technik erleichtert.

Die Autoren

Günter Bayerl, geboren 1946 in Augsburg; Industriekaufmann, dann Studium der Politischen Wissenschaften, der Soziologie und Sozial-, Wirtschafts- und Technikgeschichte an den Universitäten Erlangen und Hamburg. Dissertation über die vorindustrielle Papiermacherei in Deutschland. Tätigkeit in Forschungsprojekten, derzeit Hochschulassistent am Institut für Sozial- und Wirtschaftsgeschichte der Universität Hamburg. Forschungsschwerpunkte: Geschichte von Technik und Arbeit, Geschichte der Energienutzung, Historische Umweltforschung.

Karl Pichol, 1945 in Schweidnitz (Schlesien) geboren; nach dem Abitur Lehre als Maschinenbauer, anschließend Praktikum in einer Gießerei. Nach kurzer Tätigkeit in der Konstruktion folgte das Studium des Maschinenbaus an der TH Hannover mit Diplomabschluß sowie ein Lehramtsstudium für Berufsbildende Schulen mit 1. Staatsexamen. Nach der Referendarzeit, Anstellung an einer Kreisberufsschule und verschiedenen Lehraufträgen an Berufs- und Fachschulen, kamen erste fachwissenschaftliche und fachdidaktische Veröffentlichungen. Seit 1974 hauptamtliche Lehrtätigkeit an der PH Westfalen Lippe, später an der Universität Münster auf dem Gebiet des Maschinenbaus und der Verfahrenstechnik. Im Rahmen der Entwicklung einer Didaktik zur Verfahrenstechnik und Technikgeschichte für allgemeinbildende Schulen bilden seit 1975 Studien und Projekte zur Papierfabrikation einen Forschungsschwerpunkt.

Günter Bayerl / Karl Pichol

Papier

Produkt aus Lumpen, Holz und Wasser

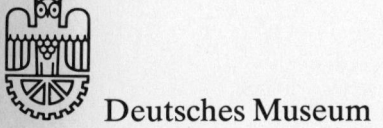

Deutsches Museum

Rowohlt

Die Buchreihe zur Kulturgeschichte der Naturwissenschaften und der Technik entstand im Rahmen zweier Projekte am Deutschen Museum, die vom Bundesminister für Bildung und Wissenschaft und der Stiftung Volkswagenwerk finanziell unterstützt wurden. Verantwortlich für die Konzeption der Reihe: Bert Heinrich, Friedrich Klemm †, Michael Matthes, Jürgen Teichmann.

Die Interpretation der Fakten gibt die Meinung des Autors, nicht die des Deutschen Museums wieder.

Redaktion im Deutschen Museum: Bert Heinrich, Helmuth Poll
Bildredaktion: Ludvik Vesely
Bildrechte: Albrecht Hoffmann
Redaktionsassistentin: Edeltraut Hörndl

Diese Veröffentlichung wurde mit Mitteln des Bundesministers für Bildung und Wissenschaft gefördert.

Originalausgabe
Veröffentlicht im Rowohlt Taschenbuch Verlag GmbH,
Reinbek bei Hamburg, Oktober 1986
Umschlagentwurf: Werner Rebhuhn
(Titelblatt / großes Bild: Kolorierter Holzschnitt aus «Curioser Speigel», Nürnberg 1689; Germanisches Nationalmuseum Nürnberg – kleines Bild: Werkfoto J. M. Voith GmbH, Heidenheim)
Redaktion: Jürgen Volbeding
Layout: Edith Lackmann

Satz Times (Linotron 202)
Gesamtherstellung Clausen & Bosse, Leck
Printed in Germany
1480-ISBN 3 499 17727 7

Inhalt

Einleitung

Papier ist ein so alltägliches Produkt, daß uns sein Gebrauch kaum mehr auffällt. Dabei begleitet es als Träger vielfacher Informationen unser ganzes Leben, bestimmt unsere Kultur als Schriftkultur.

Ob Kochbuch, Schulbuch oder Zeitung – Papier trägt und ermöglicht Information; ob Roman, Krimi oder Comic – Papier ermöglicht Unterhaltung; ob Bibel, Ritterepos oder Kommunistisches Manifest – Papier ermöglicht Beziehungen zwischen Zeiten und Welten. Papier ist auch Grundlage für den Austausch von Gütern und Dienstleistungen in Form von Geschäftsbriefen, Verträgen, Katalogen, Rechnungen usf. Die Verbindung von Geschriebenem und Beschreibstoff ist dabei so eng, daß Inhalt und ‹Überbringer› oft gleichgesetzt werden. Begriffe wie ‹Geschäftspapiere›, ‹persönliche Papiere› oder ‹amtliche Papiere› sind längst in unseren Sprachschatz eingegangen. Dokumente oder Verträge werden als ‹wichtige Papiere› bezeichnet, man ‹entwirft ein Papier› als Vorlage für eine Besprechung; man reicht ‹seine Papiere› ein oder bittet um diese; der Archivar stöbert in ‹alten Papieren›, und die Ämter kämpfen gegen eine ‹Papierflut›, wenn sie der Gesetze, Erlasse und Verordnungen kaum mehr Herr werden.

Papier verpackt und verhüllt die Pausenbrote der Kinder wie das Geschenk zum Geburtstag und die Blumen für die Oma; es enthüllt verborgene Geschichten, wenn es erst einmal durch die Rotationspressen der Sensationsblätter gelaufen ist. Als Zigarettenpapier benebelt es wie manches Sektenpamphlet, ernüchtert aber, wenn es als Bußgeldbescheid oder Gerichtsvorladung im Briefkasten liegt. Als Zeugnis erhöht oder erniedrigt es den Empfänger; als Brief von Freunden oder Notiz über die langersehnte Gehaltserhöhung bringt uns das Papier Freude, als Beschwerdebrief oder Ankündigung einer Mieterhöhung hingegen Ärger. Seitenweise ließe sich beschreiben, in wie vielfältiger Form wir mit Papier umgehen und welche zahlreichen Botschaften des Lebens es uns vermittelt.

Wenige Haushalte in unserem Lande sind in ihrem Ge- und Verbrauch ‹arm an Papier›. Nur wenige Tätigkeits- und Lebensbereiche erschließen sich uns ohne den Gebrauch des Informationsträgers ‹Papier›. Das ganze Selbstverständnis unserer Gesellschaft, unserer Gegenwart ist vom Papier als Träger der Tradition und Überlieferung abhängig. Während in früheren Zeiten Kultur mündlich überliefert wurde, ist das Papier seit Jahrhunderten ein Medium unserer Geschichte, Ideen und Überzeugungen. Und dennoch soll es schon bald mit dieser ‹Papiergesellschaft›, d. h.

mit unserer Schriftkultur, vorbei sein. Neue Medien, neue Informationsträger scheinen, so wird prophezeit oder befürchtet, dem Papier einen raschen Garaus zu bereiten: Das Fernsehen ersetzt zunehmend die Lektüre von Roman und Zeitung, Waren werden nicht mehr nach dem Katalog, sondern nach dem Bildschirmtext ausgesucht und per Telefoneingabe geordert. Von Familienfesten und Urlaubsreisen werden nicht mehr Farbfotos, sondern Videofilme vorgeführt. Daten werden nicht mehr in Archiven und Bibliotheken, sondern in EDV-Banken gespeichert. Das Briefeschreiben ersetzt zunehmend der Telefonanruf. Die Frage, ob wir in naher Zukunft eine Gesellschaft ohne Papier sein werden, steht schon an, ist aber endgültig noch nicht beantwortbar.

Kommunikationstechniken hängen wie jede andere Technik vom jeweiligen historischen Entwicklungsstand einer Gesellschaft ab. Die Technik konstituiert sich dabei in der Art, wie der Mensch zum Zwecke seiner Lebensführung und Daseinsvorsorge der Welt gegenübertritt, wie er die natürlichen Ressourcen für sich nutzbar macht.

Mit der Technik als Instrument leistet der Mensch die Arbeit, die ihm vorab den Lebensunterhalt sichert und ihm die Herstellung und den Erwerb von Produkten ermöglicht. Durch diese Arbeit verändert der Mensch auch die Technik, indem er sinnvollere und arbeitssparendere Verfahren, angepaßtere Werkzeuge, neue Maschinen erfindet und entwickelt. Bei der praktischen Auseinandersetzung mit Technik und Natur in der täglichen Arbeit wird ihm zunehmend auch die theoretische Erkenntnis der Natur und ihrer Grundgesetze und Gesetzlichkeiten wichtig. So sind Arbeit, Technik und Wirtschaft durch eine ständige Entwicklung gekennzeichnet, die manchmal schneller, manchmal langsamer verläuft. Mit dem Wandel der Arbeit, der Produktionsprozesse, wandeln sich auch die Produkte. Diese Entwicklung soll in diesem Buch für das Papier beschrieben werden. Das Augenmerk ist dabei auf die Wechselwirkung der einzelnen Faktoren des grundsätzlichen Zusammenhangs gerichtet: Welche natürlichen Ressourcen sind vorhanden, um das gewünschte Produkt – einen möglichst brauchbaren, billigen und in großen Mengen zu fertigenden Beschreibstoff – herzustellen, welche technischen Mittel stehen zur Verfügung und wie und mit welchem Erfolg wird beides im Produktionsprozeß zusammengebracht. Gemäß diesen Grundüberlegungen wollen wir die Geschichte des Papiers anhand der historischen Entwicklung seiner Produktionsverfahren beschreiben.

Die Kapitel über die Hauptschritte der vorindustriellen und industriellen Produktion schildern nicht nur, wie Papier hergestellt wurde und wird, sondern stehen auch, das ist jedenfalls unser Anliegen, für Art und Form der Technik in der jeweiligen Epoche.

Da die Produktionstechnik mit ihren spezifischen Gegebenheiten auch die Arbeitsplätze gestaltet, ist dies zugleich eine Geschichte der menschlichen Arbeit in der Papiermacherei. Die Gefährdung des Menschen durch die Technik wird in einem eigenen Kapitel angesprochen.

Mittlerweile ist die Erkenntnis gewachsen, daß die Herstellung eines jeden Produktes natürliche Ressourcen verbraucht. Man kann die Geschichte eines Produktes und seiner Herstellung nicht mehr schreiben, indem man nur auf technische Verbesserungen, Veränderungen des Produktes, Steigerung der Produktionsziffern etc. eingeht, sondern man muß auch fragen, was an Ressourcen – oder allgemeiner: an ‹Natur› – in die Produktion eingeht und damit verbraucht wird. Dieses Problem wird in den Kapiteln über die Rohstofffrage und den Wasserbedarf aufgegriffen. Das Bemühen, durch Wiederverwertung des verbrauchten Produktes verantwortungsvoll zu wirtschaften, hat – nicht zuletzt aufgrund der Rohstoffprobleme – in der Papiermacherei eine lange Tradition, aber auch seine spezifischen Schwierigkeiten. Ein Kapitel über Papierrecycling weist darauf hin.

Nachfrage und Art des Produktes wie auch Form und Organisation des Produktionsprozesses sind nicht unabhängig von politischen, sozialen und ökonomischen Wertvorstellungen, von Lebens- und Wirtschaftsbedürfnissen der jeweiligen Gesellschaft. Diese Wechselbeziehungen sollen für die wichtigen Umbruchszeiten des Spätmittelalters und der englischen Industriellen Revolution aufgezeigt werden.

Freilich mußte auf manches Interessante aus der Geschichte des Papiers verzichtet werden, das die vorliegende Darstellung vervollständigt, bereichert und ergänzt hätte. Wir verzichteten hier vorrangig auf solche Themenbereiche, die bereits mehrfach behandelt wurden und leicht an anderer Stelle nachgelesen werden können.

Viel ist schon geschrieben über die Geschichte des Produktes selbst und seines Gebrauchs, den Handel mit Papier, die zunehmende Einführung neuer Papierarten und -sorten für die verschiedensten Anwendungszwecke. Zur Erforschung der Wasserzeichen, der Herkunftsmarken alter Papiere, ist eine eigene Spezialdisziplin entstanden: die Wasserzeichenkunde, die als historische Hilfswissenschaft zur Datierung alter Papiere Wesentliches leistet. Umfangreich ist auch die Besitzergeschichte einzelner Papiermühlen und -fabriken aufgearbeitet, die Abfolge einzelner Erfindungen und technischer Verfahren dokumentiert.

Der Leser findet im Literaturverzeichnis zahlreiche Hinweise auf die entsprechenden Werke.

Abschließend bleibt uns noch, für zahlreiche Anregungen und Diskussionen zu danken, wobei unser Dank an die Herren Frieder Schmidt, Mannheim, und Lutz Michel, München, stellvertretend für viele Verpflichtungen steht. Besonders hervorheben wollen wir aber die Zusammenarbeit mit Herrn Bert Heinrich: Wir haben viel von ihm gelernt.

Zeittafel

~ um, etwa (für zeitliche Unbestimmtheiten)

Zeit	Entwicklung auf dem Gebiet des Papiers	Zeit	Allgemeinhistorische, gesellschaftliche und technische Daten
v. Chr.		v. Chr.	
		~ 3200	Die Sumerer siedeln in Mesopotamien; ägyptische Reiche entstehen
~ 3000	Verschiedene Bilder- und Keilschriften entstehen		
		~ 2644	Altes Reich in Ägypten, Beginn der Pyramidenbauten
~ 2000	Ältester erhaltener Papyrus		
		~ 1250	Auszug der Israeliten unter Mose aus Ägypten
~ 1100	Griechen übernehmen phönizisches Alphabet		
6. Jh.	Griechen und Römer übernehmen die Papyrusrolle		
		587	Zerstörung Jerusalems durch Nebukadnezar II (die Babylonische Gefangenschaft beginnt)
		332	Alexander der Große erobert Ägypten
~250	Die Schriftlichkeit ist weit gediehen: In der Bibliothek von Alexandria befinden sich über 400000 beschriebene Papyrusrollen		
~ 200	Die lateinische Sprache erreicht ihren endgültigen Lautzeichenbestand		
2. Jh.	Papiergebrauch in China belegt		
		146	Zerstörung Karthagos
		1. Jh.	Nutzung der Wassermühle bei den Römern
47	Die Bibliothek in Alexandria wird zerstört		
		44	Cäsar ermordet
		15	Augsburg gegründet
		70	Zerstörung Jerusalems durch die Römer
105	Tsai Lun soll das Papier erfunden haben		
		179	Mark Aurel gründet Castra Regina (Regensburg)
ab 200	Pergament löst im Mittelmeerraum den Papyrus als Beschreibstoff ab		
350 bis 380	Gotisches Alphabet und Übersetzung der Bibel ins Gotische durch		

Zeit	Entwicklung auf dem Gebiet des Papiers	Zeit	Allgemeinhistorische, gesellschaftliche und technische Daten
v. Chr.		v. Chr.	
	Wulfila		
		391	Das Christentum wird römische Reichskirche
405	Lateinische Bibelübersetzung (Vulgata) des Hieronymus		
		451	Schlacht auf den Katalaunischen Feldern (Römer und Westgoten besiegen gemeinsam die Hunnen)
~600	Die Kenntnis von der Papiermacherei gelangt nach Korea		
		632	Mohammed gestorben
7. Jh.	Die Kenntnis von der Papiermacherei gelangt nach Japan		
ab 750	Pergament wird auch in Europa zunehmend als Beschreibstoff benutzt		
751	Schlacht am Thalas; durch chinesische Kriegsgefangene soll die Kenntnis der Papiermacherei in den arabischen Raum übertragen worden sein		
		800	Karl der Große zum Kaiser gekrönt
849	Älteste auf Papier geschriebene Papstbulle		
		955	Otto I. wehrt auf dem Lechfeld vor Augsburg die Ungarn ab
		962	Mit der Kaiserkrönung Otto I. wird der Beginn des Heiligen Römischen Reiches Deutscher Nation angesetzt
10. Jh.	Papier verdrängt in Ägypten den Papyrus als Beschreibstoff; Papyrusherstellung erlischt	10. Jh.	Moderner Sattel, Zaumzeug, Steigbügel und durch Nägel befestigte Hufeisen in Europa (verbesserte Nutzung des Kriegspferdes durch das Ritterheer); neues Pferdegeschirr (Kummet; verbesserte Nutzung des Pferdes als Arbeitstier in der Landwirtschaft und beim Transport)
11. Jh.	Im Buch «Umdet el'Kufâb» wird die arabische Papiermacherei beschrieben		
		1066	Wilhelm, Herzog der Normandie, erobert durch die Schlacht bei Hastings das Angelsachsenreich und errichtet dort ein starkes Königtum
1074	Nachricht von einer Papierproduktion in Xativa bei Valencia (Spanien)		

Zeit	Entwicklung auf dem Gebiet des Papiers	Zeit	Allgemeinhistorische, gesellschaftliche und technische Daten
v. Chr.		v. Chr.	
		1088	Gründung der Universität Bologna
		12. Jh.	Ausbreitung der Wassermühlen; Windmühlen in Europa bekannt. Es werden reine Segelschiffe (ohne Ruderer) mit Steuerruder am Heck gebaut. Silberbergbau im Erzgebirge; Entdeckung der starken Säuren; Trittwebstuhl
1102	Erstes Papiermacherprivileg Europas, erteilt von König Roger von Sizilien		
1145	König Roger II. von Sizilien befiehlt, Papierurkunden seiner Vorgänger auf Pergament umzuschreiben (Mißtrauen gegenüber der Dauerhaftigkeit des neuen Beschreibstoffs)		
1166	Erster Nachweis der Papiermacherei in Katalonien		
		~ 1170 bis 1230	Walther von der Vogelweide als bedeutendster Lyriker des Mittelalters
ab 1200	Pergament wird in Europa allmählich durch den Beschreibstoff Papier verdrängt	ab 12. Jh.	Handelsmessen in der französischen Champagne
		13. Jh.	Schwerer Räderpflug mit wichtigen Verbesserungen im Gebrauch; Kompaß in Europa bekannt; einfacher Schleusenbau in Holland und Deutschland (Erweiterung der Binnenschiffahrt); Gewichtsräderuhr; Brille; Handspinnrad
~ 1210	Erste Papiermühlen in der Gegend von Genua		
		1215	Magna Charta in England; Entstehung des englischen Parlaments im 13. Jh.
		~ 1230 ~ 1300	Zwei Höhepunkte der deutschen Städtegründungen
1231	Kaiser Friedrich II. verbietet die Verwendung von Papier anstelle von Pergament für rechtsgültige Urkunden		
		1254 bis 1273	Interregnum in Deutschland (die Kaisermacht zerfällt, Stellung der Fürsten und Städte gestärkt)
1256	Älteste Urkunde über die Papiermühle zu Foligno (Italien)		
ab 1260	In Fabriano (Mark Ancona) ge-		

Zeit	Entwicklung auf dem Gebiet des Papiers	Zeit	Allgemeinhistorische, gesellschaftliche und technische Daten
v. Chr.		v. Chr.	
	fertigtes Papier weist eine merkliche Qualitätssteigerung gegenüber dem vorher gefertigten Papier auf		
1275	Erste italienische Papiere mit tierischer Leimung nachgewiesen		
		14. Jh.	Eisenguß in Europa; Beginn der Hochofenentwicklung; neue Karavellbauweise der Schiffe. Kontore und Niederlassungen der Deutschen Hanse in Oslo, Bergen, London, Antwerpen, Kopenhagen, Nowgorod; Lübeck, Magdeburg, Danzig und Köln sind Hansestädte mit über 20000 Einwohnern
		~ 1320	Entwicklung der Feuerwaffen
		1338	Beginn des Hundertjährigen Krieges zwischen Frankreich und England
		ab 1348	Erste Gründungsphase deutscher Universitäten (1348 Prag, 1365 Wien, 1385 Heidelberg, 1388 Köln)
1390	Die erste deutsche Papiermühle, von Ulman Stromer in Nürnberg gegründet, nimmt ihren Betrieb auf		
		15. Jh.	Leipzig, Frankfurt und Nürnberg als Messestädte mit zunehmender Bedeutung; der Schwerpunkt des Fernhandelsgeschehens verschiebt sich von der Hanse auf die oberdeutschen Städte (Augsburg, Nürnberg, Ravensburg usf.)
ab 1402	Papiermühlen in Ravensburg nachgewiesen		
1411	Älteste Papiermühle im heutigen Gebiet der Schweiz		
1428	Papiermühle zu Gennep als älteste Papiermühle im heutigen Gebiet der Niederlande		
~ 1430	Entwicklung des Kupferdrucks		
~ 1450	In Deutschland (Gebiet des alten deutschen Reiches) existieren ungefähr zehn Papiermühlen		
1454	Ältester datierter Druck mit beweglichen Lettern (es handelt sich um einen Ablaßbrief)		
1456	Vollendung der ‹Gutenberg-Bibel›		

Zeit	Entwicklung auf dem Gebiet des Papiers	Zeit	Allgemeinhistorische, gesellschaftliche und technische Daten
v. Chr.		v. Chr.	
		~ 1480	Flügel-Spinnrad (gleichzeitiges Garnaufwickeln beim Spinnen) bekannt
		1492	Columbus entdeckt Amerika
		1493 bis 1519	Regierungszeit von Kaiser Maximilian I., genannt ‹Der letzte Ritter›
1494	Erste Papiermühle Englands gegründet		
		1517	Martin Luther schlägt in Wittenberg seine reformatorischen Thesen an
		1518 bis 1550	Von Adam Riese erscheinen diverse Rechenbücher
		1524 bis 1526	Bauernkrieg
1546	Papiermacherordnung König Sigismund I. von Polen		
~ 1550	Wasserkraftgetriebener Glätthammer erfunden		
1554	Im Herzogtum Bayern wird ein Lumpenausfuhrverbot erlassen		
		1555	Augsburger Religionsfrieden
1561	Versammlung von Papiermachern in Frankfurt und mißglückter Versuch, eine allgemeingültige Papiermacherordnung für Deutschland zu erarbeiten		
~ 1575	In Deutschland bestehen über 250 Papiermühlen		
		1582	Einführung des Gregorianischen Kalenders durch Papst Gregor XIII.
1585	In Preußen wird ein Lumpenausfuhrverbot erlassen		
		1588	Untergang der spanischen Armada, England wird beherrschende Seemacht Die erste regelmäßige Zeitung Deutschlands erscheint in Köln
		1616	Shakespeare gestorben
		1618 bis 1648	Der Dreißigjährige Krieg verwüstet Teile Europas, vor allem Deutschlands
1634 bis 1637	Schilderung der chinesischen Papiermacherei in dem Handbuch ‹Tien-Kung-Kai-Wu›		
		1643 bis 1715	Ludwig XIV., der ‹Sonnenkönig›, in Frankreich
1656	Papiermacherordnung Kaiser Ferdinand III.		

Zeit	Entwicklung auf dem Gebiet des Papiers	Zeit	Allgemeinhistorische, gesellschaftliche und technische Daten
v. Chr.		v. Chr.	
		1669	Der ‹Simplizissimus› des Grimmelshausen erscheint
~ 1670	Erfindung des Holländers		
		1675	In London richtet sich ein Aufruhr von Webern gegen den Betrieb mechanischer Webstühle
ab 1710	Lumpenschneider kommen auf		
		1711	Atmosphärische Dampfmaschine von Thomas Newcomen
		1716	Gottfried Wilhelm von Leibniz gestorben
		1731	Reichshandwerksordnung erlassen (Mandat gegen die Handwerksmißbräuche)
		1740 bis 1786	Friedrich der Große regiert in Brandenburg-Preußen
1745	Entwurf einer Papiermüllerordnung für die Kurmark Brandenburg		
ab 1750	Lumpenwaschmaschinen kommen auf		
1754	‹Professions-oder-Papier-Erzeugnis-Ordnung› für die habsburgischen Erblande von Maria Theresia erlassen		
1762	Deutsche Übersetzung von de la Landes ‹Die Kunst Papier zu machen› (Frz. Original 1761)		
1765 bis 1771	Jacob Christian Schäffer, ‹Versuche und Muster, ohne alle Lumpen oder doch mit einem geringen Zusatz derselben Papier zu machen›		
1766	Georg Christoph Keferstein, ‹Unterricht eines Papiermachers an seine Söhne, diese Kunst betreffend›		
		1769	Patent auf die Niederdruckdampfmaschine von James Watt
1774	Justus Claproth, ‹Eine Erfindung, aus bedrucktem Papier wiederum neues Papier zu machen und die Druckerfarbe völlig herauszuwaschen›		
~ 1775	Schätzungsweise bis zu 1000 Papiermühlen in Deutschland in Betrieb		
		1776	Amerikanische Unabhängigkeitserklärung
		1789	Französische Revolution
ab 1790	Einführung von wasserkraftge-		

Zeit	Entwicklung auf dem Gebiet des Papiers	Zeit	Allgemeinhistorische, gesellschaftliche und technische Daten
v. Chr.		v. Chr.	
	triebenen Pressen		
		1791	Meter als Längenmaß eingeführt
		1795	Immanuel Kant, ‹Zum ewigen Frieden›
1799	Louis Robert erhält ein französisches Patent auf seine Langsiebpapiermaschine		
		Ende 18. Jh.	Clubs von gelernten Arbeitern in England, Vorläufer der Gewerkschaften, um 1800 verboten
1800	Matthias Koops verarbeitet Stroh zu Papier und läßt ein Buch darauf drucken		
1801	John Gamble erhält ein englisches Patent auf die verbesserte Langsiebmaschine von Robert		
1803	In Dartford setzt Bryan Donkin seine erste nach der Robertschen Erfindung gebaute Maschine mit 76 cm Siebbreite in Gang. Holländer und Papierpressen werden in England erstmals mit einer Dampfmaschine betrieben	1803	Reichsdeputationshauptschluß (Säkularisierung geistlicher Fürstentümer, Mediatisierung der Reichsstädte, Neuordnung von Territorien) Erste Schienendampflokomotive von Richard Trevithick in England
		1804	Einführung des Code Civil (Zivilgesetzbuch) in Frankreich
1805	Rundsiebmaschine (90 cm Durchmesser) von Joseph Bramah patentiert; Bramah erfindet auch eine bogenweise schöpfende Papiermaschine		
1806	Patent für Fourdrinier auf Verbesserung der Langsiebmaschine	1806	Auflösung des Heiligen Römischen Reiches deutscher Nation durch den Rheinbund
1807	Moritz Friedrich Illigs Buch über die Erfindung, Papier in der Masse (Bütte) zu leimen, erscheint (Versuche dazu seit 1798 und Erfindung um 1800 beendet)	1807	In Preußen ‹Revolution von oben› durch die Minister Stein und Hardenberg: Edikt zur Bauernbefreiung, Verwaltungsreform usw.
		1808	Johann Wolfgang von Goethe veröffentlicht den ersten Teil des ‹Faust›
1809	Rundsiebmaschine von Dickinson patentiert		
		1811 bis 1816	Immer wieder aufflackernde Aufstände von Maschinenstürmern in England (Ludditenaufstände)
		1812	Rußlandfeldzug Napoleons
1813	Französisches Patent für Ferdinand Leistenschneider auf eine Rundsiebmaschine	1813 bis 1815	Befreiungskriege gegen die Napoleonische Herrschaft (1813 Völkerschlacht bei Leipzig)

Zeit	Entwicklung auf dem Gebiet des Papiers	Zeit	Allgemeinhistorische, gesellschaftliche und technische Daten
v. Chr.		v. Chr.	
1814	Englisches Patent für Dickinson auf eine Maschine zur Beseitigung von Knoten und Unebenheiten des Maschinenpapiers	1814	Der Wiener Kongreß zur Neuordnung Europas nach Napoleons Herrschaft wird eröffnet
1815	Anton Estler (Wien) entwickelt ein brauchbares Strohzellstoffverfahren	1815	In der Entscheidungsschlacht bei Waterloo wird Napoleon besiegt Gründung des Deutschen Bundes (lockere Vereinigung der deutschen Staaten, Bundesversammlung in Frankfurt/Main)
1816	Adolf Keferstein erfindet eine Rundsiebmaschine		
		1817	Wartburgfest der deutschen Burschenschaften als Protest gegen die Restauration und Forderung nach der deutschen Einheit
1818	Joseph Corty erhält ein preußisches Patent für die Aufstellung einer Donkin-Papiermaschine in der Berliner Patentpapierfabrik		
		1819	Die Karlsbader Beschlüsse verschärfen Zensur und Unterdrükkung im Deutschen Bund
1820	Th. B. Crompton erhält ein englisches Patent auf dampfbeheizte Trockenzylinder mit Filztuchführung		
1823	John Gamble erhält ein württembergisches Patent zur Aufstellung einer Papiermaschine		
1824	Johann Oechelhäuser in Siegen beginnt mit dem Bau von Papiermaschinen	1824	Der künstliche Zement wird erfunden
		1827	Wasserturbine von B. Fourneyron
1829	Gustav Schäuffelen und Johann Widmann stellen eigene Langsiebpapiermaschinen her		
		1830	Das Paraffin wird entdeckt Julirevolution in Frankreich (Bürgertum und Arbeiterschaft erheben sich gegen die reaktionäre Politik) und Proklamierung des ‹Bürgerkönigs› Louis Philippe
		1833	Abschaffung der Sklaverei im britischen Empire; Großbritannien besetzt die argentinischen Falkland-Inseln
		1834	Gründung des Deutschen Zollvereins
		1835	Eröffnung der Eisenbahnstrecke Nürnberg–Fürth

Zeit	Entwicklung auf dem Gebiet des Papiers	Zeit	Allgemeinhistorische, gesellschaftliche und technische Daten
v. Chr.		v. Chr.	
			Die Industrialisierung Deutschlands mit zahllosen Unternehmensgründungen und einer Menge bedeutender Erfindungen macht rasche Fortschritte
1837	J. M. Voith baut die erste Papiermaschine für H. Voelter		
1838	L. Piette erfindet den ersten drehbaren Lumpenkocher (Kugelkocher) Anselm Payen entdeckt die Zellulose		
1840	T. Kingsland (USA) führt die Zentrifugalstoffmühle in die Papierfabrikation ein	1840	Justus von Liebig begründet die Agrikulturchemie
1841	Charles Fenerty (Kanada) fertigt Holzschliffpapier (Veröffentlichung des Verfahrens aber erst 1844)		
1843	Keller beginnt seine Arbeiten am Holzschliffverfahren (Patent 1845)		
		1844	Weberaufstände in Schlesien
		1848	Karl Marx und Friedrich Engels veröffentlichen das ‹Kommunistische Manifest›
		1848 bis 1849	Bürgerliche Revolutionen in Frankreich, Deutschland und Österreich Einberufung der deutschen Nationalversammlung nach Frankfurt / Main
1850	Jordan (USA) erfindet die Kegelstoffmühle Verein Deutscher Papierfabrikanten in Mainz gegründet		
		1851	Erste Weltausstellung in London
1854	J. Th. Coupier und A. Ch. Mellier stellen mit Natronlauge Strohzellulose, Charles Watt und Hugh Burgess mit Natronlauge Holzzellulose her	1854	Das Dogma von der unbefleckten Empfängnis der Jungfrau Maria wird verkündet
1856	Josef Kingsland erfindet den Zentrifugalholländer (Scheibenmühle)		
1858	Joseph Jordan und Thomas Eustice erhalten Patent auf eine Stoffmühle (kontinuierlich arbeitende Kegelstoffmühle)	1858	Gelungene Verlegung des Transatlantikkabels
1859	J. M. Voith erfindet einen Raffineur mit parallelen Mahlscheiben	1859	Erste Erdölbohrung in den USA

Zeit	Entwicklung auf dem Gebiet des Papiers	Zeit	Allgemeinhistorische, gesellschaftliche und technische Daten
v. Chr.		v. Chr.	
	und senkrechter Welle		
		1860	Nationale Einigung Italiens
1864	W. F. Exner baut Geräte zur Prüfung von Papiereigenschaften Verbesserung des Natronverfahrens durch Houghton	1864	Erfindung des Siemens-Martin-Verfahrens zur Stahlgewinnung Preuß.-österreichischer Krieg gegen Dänemark.
1865	Behrend in Varzin erzeugt erstmals Braunschliff		
1866	Chew Tilghman (USA) erstellt Sulfitzellstoff im Labor	1866	W. v. Siemens erfindet die Dynamomaschine ebenso Ch. Wheatstone.
		1869	Gründung der Sozialdemokratischen Arbeiterpartei Deutschlands durch August Bebel und Wilhelm Liebknecht (Eisenacher Kongress) Am 1. 10. wird die erste Postkarte der Welt aufgegeben.
1870	Meyh in Zwickau erhält erstmals ein Patent auf die Herstellung von Braunschliff. Max Dresel verwendet Soda für das alkalische Verfahren Carl Daniel Ekman (Schweden) verwendet Magnesia für das Sulfitverfahren	1870/71	Deutsch-Französischer Krieg und Gründung des Deutschen Reiches unter preußischer Vorherrschaft
1871	Verbesserung des Natronverfahrens durch Ungerer	1871–1914	Hochindustralisierungsperiode in Deutschland mit wirtschaftlichen Aufschwung in den Gründerjahren sowie «Großer Depression» vom 1873–1895.
1872	Carl Kellner (Österreich) erfindet das Bisulfitverfahren		
1874	Alexander Mitscherlich erstellt Sulfitzellstoff	1874	Bei einer Untersuchung zur Einhaltung der Kinderschutzgesetze in Deutschland stellt sich heraus, daß in den Papierfabriken die meisten Zuwiderhandlungen anzutreffen sind
		1876	Erfindung des Telefons. Erste Rohrpostanlage wird in New York in Betrieb genommen. Viertaktmotor von N. A. Otto
		1878	Mit den Sozialistengesetzen verschärft Bismarck den Kampf gegen die Sozialdemokratie
		1880	Hermann Hollerith verwendet für Bürozwecke die Lochkarte
1883	Der Verein Deutscher Papierfabrikanten führt die sog. Normalformate ein	1883	Fließbandfertigung bei der Herstellung von Konservendosen in Amerika

Zeit	Entwicklung auf dem Gebiet des Papiers	Zeit	Allgemeinhistorische, gesellschaftliche und technische Daten
v. Chr.		v. Chr.	
			Mit der Krankenversicherung beginnt Bismarck seine Sozialgesetzgebung
1884	In der Königlichen mechanisch-technischen Versuchsanstalt in Berlin-Charlottenburg wird eine Abteilung für Papierprüfung eingerichtet Durch Gesetz vom 6. 7. wird die Errichtung einer Papiermacher-Berufsgenossenschaft bestimmt C. F. Dahl erfindet das Natriumsulfatverfahren		
1886	Grundsätze für amtliche Papierprüfungen in Preußen erlassen	1886	Erste Automobile von G. Daimler und C. Benz
1887	Gründung eines Kartells der Papierfabrikanten in Deutschland	1887	Gründung der Physikalisch-Technischen Reichsanstalt in Berlin
1890	Erstmals elektrolytisches Bleichen des Zellstoffs durch S. Stepanow		
1892	Die Maschinenfabrik H. Füllner erhält ein deutsches Patent auf einen trichterförmigen Stoffänger zur Reinigung der Abwässer	1892	«Die Weber», Drama von Gerhard Hauptmann
1897	Erstmals in Deutschland wird eine Einrichtung zur Rückwassergewinnung und zum Abfangen von Rohstoffen aus den Abwässern in der Papierfabrik Kabel (Hagen) eingesetzt		
1899	Erstmals in Deutschland ein Drehofen zur kontinuierlichen Regenerierung von Strohzellstoffablaugen		
1900	Gründung des Verbandes Deutscher Druckpapierfabrikanten (Syndikat)	1900	Erster Start des Luftschiffes LZ 1 des Grafen v. Zeppelin
		1901	Drahtlose Telegraphie von G. Marconi
		1903	Gründung des Deutschen Museums in München
1905	J. M. Voith und Brown Boveri erhalten ein Patent für einen gruppenweisen Antrieb der Papiermaschine mit einzelnen Elektromotoren	1905	Spezielle Relativitätstheorie von A. Einstein Erste russische Revolution infolge der Niederlage im Krieg gegen Japan
1910	Einführung der Papierbahnabnahme durch Preßluft an der Sauggautsche der Langsiebpapiermaschine. Erstmals wird eine Papiermaschine mit Tachody-		

Zeit	Entwicklung auf dem Gebiet des Papiers	Zeit	Allgemeinhistorische, gesellschaftliche und technische Daten
v. Chr.		v. Chr.	
	namo und Geschwindigkeitsregler ausgerüstet		
1911	Längster und härtester Streik in einer deutschen Papierfabrik (Fa. Gebr. Rößler) in Porschdorf. Gefordert werden u. a. 10–15 % Lohnerhöhung, Abschaffung des Prämienlohns, 25 % Zuschlag für Sonntagsarbeit und Überstunden		
1912	Wilhelm Ostwald stellt eine Tabelle der Weltformate auf (Seitenverhältnis $1:\sqrt{2}$)		
		1913	Einführung des Fließbands in der Automobilproduktion
		1914 bis 1918	Erster Weltkrieg
1916	Amerikanisches Patent auf einen automatischen Stoffdichterregler	1916	Methylkautschuk, hergestellt durch F. Hofmann; erster brauchbarer Ersatz für Naturkautschuk
1917	Nach W. Weiß fordern fünf Verbände der deutschen Zellstoff- und Papierindustrie die Annexion großer Waldgebiete der Sowjetunion zur Rohstoffsicherung	1917	Oktoberrevolution in Rußland
		1918	Novemberrevolution in Deutschland
		1920	Gründung des Völkerbundes in Genf
1922	Der deutsche Normenausschuß beschließt zur Vereinheitlichung der Papierformate die DIN-Formate	1922	Erster Film mit Lichttonsystem
		1923	Proklamation der Republik Türkei mit Atatürk als Präsidenten Mißlungener Hitler-Putsch
1924	Erste elektrische Gleichlaufsicherung an der Papiermaschine durch die AEG	1924	Nach dem Tode Lenins wird Rußland von einem Dreierkollegium (Sinowjew, Kamenew, Stalin) regiert
1927	US-Patent für Kaltnatronverfahren von R. O. H. Runkel. Gründung eines deutschen Zellstoff-Kartells		
		1928	Tschiang-Kai-shek übernimmt die Macht in China (Kuomintang-Regierung); Gründung der Partisanenbewegung durch Mao Tse-tung
		1929	Der ‹Schwarze Freitag› (Zusammenbruch der New Yorker Börse) leitet die Weltwirtschaftskrise ein

Zeit	Entwicklung auf dem Gebiet des Papiers	Zeit	Allgemeinhistorische, gesellschaftliche und technische Daten
v. Chr.		v. Chr.	
1930	Einführung der Dreistufenbleiche in die Praxis Die internationale Konferenz der Zellstoffproduzenten (Kartell) beschließt Produktionsbeschränkungen um 15 Prozent	1930	Chemisches Verfahren zur Futtermittelgewinnung
1932	Einführung der Natrium-Hydrosulfitbleiche für Holzschliff		
		1933	Machtergreifung durch den Nationalsozialismus in Deutschland
1937	Voith baut erstmals den Pumpenhochdruckstoffauflauf Millspaugh erfindet die Vakuumabnahme für schnelllaufende Papiermaschinen		
		1939 bis 1945	Zweiter Weltkrieg
1940	In den USA kommt die kontinuierliche Ganzstoffaufbereitung mittels Turbolösern, Refinern und Kegelstoffmühlen auf Sulfitablaugen werden durch Eindampfung und Ablaugenverbrennung beseitigt		
		1941	Juden werden zum Tragen des Judensterns gezwungen
		1945	Amerikanischer Atombombenabwurf auf die japanischen Städte Hiroshima und Nagasaki. Gründung der Vereinten Nationen in New York
1947	Das erste Synthesefaserpapierpatent der Welt wird in den USA angemeldet	1947	Die CDU gibt sich in Ahlen/Westfalen ein fortschrittliches Wirtschaftsprogramm (‹Ahlener Programm›)
1948	In den USA wird die erste Magnesiumbisulfitanlage mit Chemikalien-Rückgewinnung in Betrieb genommen	1948	Währungsreform in den drei Westzonen Proklamation des Staates Israel
		1949	Gründung der Bundesrepublik Deutschland und der Deutschen Demokratischen Republik
1950	Ammoniumbisulfit-Verfahren erleichtern die Beseitigung der Ablaugen In der DDR werden erstmals in der Welt Kunststoffsiebe (Polyamid) für Papiermaschinen hergestellt	1950 bis 1953	Korea-Krieg
		1951	Adenauer verkündet das

Zeit	Entwicklung auf dem Gebiet des Papiers	Zeit	Allgemeinhistorische, gesellschaftliche und technische Daten
v. Chr.		v. Chr.	
			Wiedergutmachungsprogramm
1952	Umberto Pomilio entwickelt ein neues Verfahren zur Zellstoffproduktion aus Stroh und grasartigen Pflanzen (Pomilio-Celdecor-Verfahren)		
1956	In England wird die Inverform-Papiermaschine entwickelt, bei der die Blattbildung zwischen zwei Sieben erfolgt	1956	Ungarn-Aufstand
		1957	Gründung der Europäischen Wirtschaftsgemeinschaft
1958	Erste Erfolge bei der Konstruktion einer Maschine zur automatischen Formatpapiersortierung (Bogensortiermaschine)		
1959	H. F. Arledter erstellt die erste fibrillierbare Synthesefaser	1959	In der Bundesrepublik Deutschland ist die Vollbeschäftigung erreicht
~ 1960	Der Kollergang wird durch Stofflöser, Turbolöser und Pulper abgelöst. Der Holländer wird durch Stoffmühlen ersetzt. Voith entwickelt das Flotationsverfahren zur Entfernung von Druckfarbe aus Altpapier. R. A. A. Hentschel entwickelt ein neuartiges Bindemittel für Synthesefasern, die Fibrids	1960	Erfindung des Lasers
1961	Konvektions-Trockenhauben und Accelerator-Hauben ermöglichen eine Produktionssteigerung Erste Siebtuchpresse in den USA in einer Papierfabrik	1961	John F. Kennedy wird Präsident der USA und propagiert eine ‹Strategie des Friedens›
		1962	Kuba-Krise
1963	Erster direktgeschlossener Computer in der Halbstoff- und Papierindustrie		
1965	In England wird ein Trockenblattbildungsverfahren mit elektrostatischem Feld patentiert		
		1966	Die kritische Bestandsaufnahme ‹Wohin treibt die Bundesrepublik?› des Philosophen Karl Jaspers erscheint
		1968	Studentenproteste leiten eine neue Phase des gesellschaftlichen Selbstverständnisses in der Bundesrepublik ein
		1969	Landung der ersten Menschen auf dem Mond

1. Die Erfindung des Papiers und seine Herstellung im asiatisch-arabischen Raum

Schrift und Beschreibstoff

Sobald Gesellschaften und Kulturen sich ausdehnten und differenzierten, reichte die mündliche Kommunikation allein nicht mehr aus, so daß sich frühzeitig Bild- und Schriftsprachen formten. Im Regelfall war die Kenntnis solcher Bilder-, Symbol- und Buchstabenschriften anfangs nur einer kleinen Elite zu eigen, und erst im Verlauf langer Zeiträume wurden sie Allgemeingut der ganzen Bevölkerung.

So zog sich beispielsweise in Mitteleuropa der Alphabetisierungsvorgang bis weit ins 19. Jahrhundert hinein. Immer neuen Schichten und weiteren Bevölkerungskreisen wurde die Lese- und Schreibfähigkeit vermittelt. Und wenn heute auch in Deutschland nur noch ein prozentual verschwindend geringer Bevölkerungsanteil als analphabetisch gilt, so sind doch anderswo Alphabetisierungskampagnen noch voll im Gange, ja zum Teil erst noch Aufgabe künftiger Politik. Die Durchsetzung der Schriftkultur ist somit historisch gesehen auch heute noch kein abgeschlossener Prozeß. Eng mit der Schriftlichkeit einer Kultur hängt ihr Bedarf an Beschreibstoffen zusammen.

In jenem frühen Stadium der Schriftlichkeit, das durch eine Bilder- oder Symbolschrift und deren Beherrschung durch eine Priester- oder Beamtenelite gekennzeichnet ist, waren die Beschreibstoffe oft unpraktisch, schwierig zu bearbeiten und kaum für den Massengebrauch geeignet. So war es sehr aufwendig, Schriften auf Baumrinden, Holztafeln, Seide, Blei- oder Tontafeln und Steinen anzubringen. Geeignetere Materialien wurden daher schon frühzeitig gesucht und gefunden.

Das Papier entwickelte sich schließlich zum historisch bedeutsamsten Beschreibstoff. Gleichzeitig existierten jedoch noch weitere wichtige Materialien: die Tapa, der Papyrus und das Pergament. Dabei war die Tapa um den Äquator in polynesischen und amerikanischen Regionen verbreitet, der Papyrus im Orient und Mittelmeerraum, das Pergament im Mittelmeerraum und in Europa.

Die Tapa wurde vorrangig für textile Gewebe genutzt. Spätestens um 800 n. Chr. ist für Mexiko aber auch ihre Verwendung als Beschreibstoff belegt. Bei der Herstellung löste man die Rinde von den entsprechenden

Sträuchern und wässerte sie, um den Rindenbast loslösen zu können. Dieser wurde leicht fermentiert, d. h. einer chemischen Umwandlung durch Bakterieneinwirkung unterzogen, dann unter Zusatz von Aschenlauge gekocht und im Wasser ausgewaschen. Schließlich wurden die von fremden Bestandteilen freien Baststreifen nebeneinandergelegt, mit Schlägeln geklopft, so daß sie sich in einer gallertartigen Masse miteinander verbanden, und danach zu einem Blatt getrocknet (Loeber, 1974).

In Ägypten nutzte man seit dem dritten Jahrtausend vor Christus die Papyrusstaude, deren Stengel drei bis vier Meter hoch wachsen, zu den verschiedensten Zwecken. Aus der Wurzel wurde Brennmaterial gewonnen, der Saft des Marks ergab ein Nahrungsmittel, die Stengel selbst wurden zu Booten, zu Körben und sonstigem Flechtwerk verarbeitet.

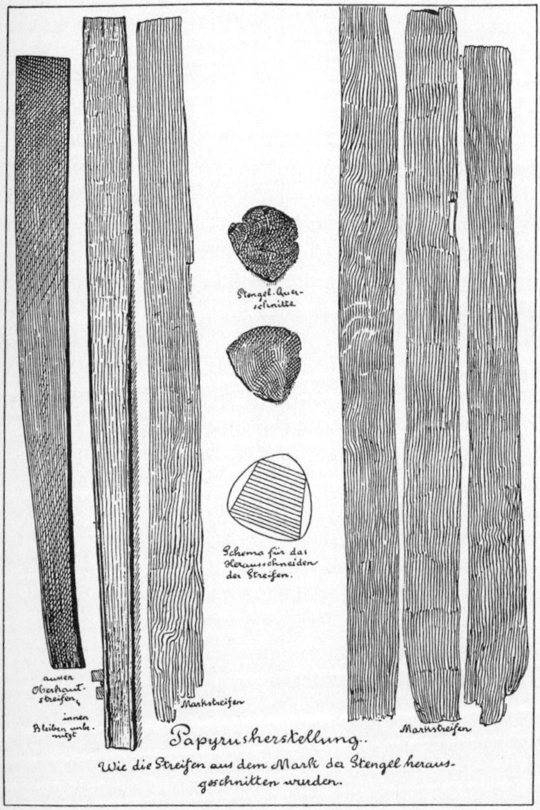

1: Papyrus-Herstellung: Mark der Papyrusstaude und herausgeschnittene Streifen.

2: Papyrus-Herstellung: Die aufeinandergelegten Streifen bilden ein Blatt.

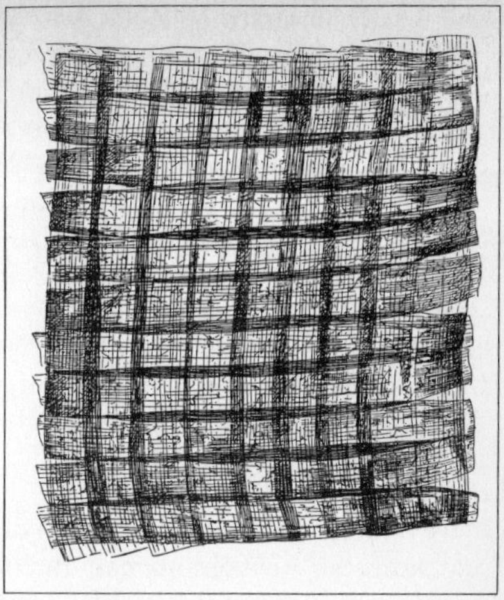

Man fertigte aus ihnen ferner Kleider, Schuhe, Taue und schließlich den Beschreibstoff ‹Papyrus›, der später dem ‹Papier› den Namen gab.

Bei der Herstellung von Papyrus löste man zunächst das Mark aus den abgeernteten Stengeln und schnitt es der Länge nach in dünne Streifen. Diese wurden auf einer ebenen Unterlage parallel nebeneinander aufgereiht und quer darüber eine zweite Schicht gelegt. Anschließendes Schlagen verband die Streifen miteinander (Abb. 1, 2). Danach wurden die Bogen mit Muscheln geglättet, beschnitten und in der Sonne getrocknet. Durch das Zusammenkleben verschiedener Blätter entstanden die Papyrusrollen.

Der Papyrus bildete in seinem Verbreitungsgebiet von 3000 v. Chr. bis ins 3. Jahrhundert n. Chr. den Hauptbeschreibstoff. Von Ägypten aus kam die Papyrusrolle spätestens im 6. Jahrhundert v. Chr. nach Griechenland und Rom. Insbesondere seit der Eroberung Ägyptens durch Alexander den Großen um 332 v. Chr. blühte der Papyrusexport in die Mittelmeerländer auf, um erst mit den Eroberungen des Islam im 7. Jahrhundert n. Chr. wieder nachzulassen. Zwar hatte der Papyrus seit dem 1. Jahrhundert n. Chr. durch die Einführung des Pergaments zunehmend an Bedeutung verloren, aber erst die arabische Papiermacherei führte zu seiner endgültigen Ablösung als Beschreibstoff im Ägypten des 10. Jahrhunderts (Weiß, 1983).

Im Gegensatz zu den pflanzlichen Beschreibstoffen Tapa und Papyrus ist Pergament tierischen Ursprungs. Es wird aus vorwiegend mechanisch gereinigten Tierhäuten hergestellt, Leder hingegen wird durch einen chemischen Prozeß, die Gerbung, haltbar gemacht. Je nach Art der Tierhaut ergaben sich unterschiedliche Qualitäten des Pergaments. Das feinste gewann man aus der Haut ungeborener Lämmer, weitere aus den Häuten von Ziegen, Hammeln, Kälbern und Schafen, manchmal auch von Kühen. Zur Aufbereitung als Beschreibstoff mußte man die Fellhaut von den Haaren befreien, sie mit Kalk glätten und beizen.

Der Name Pergament soll von der Stadt Pergamon herrühren, da dort dessen Herstellung zu besonderer Blüte entwickelt worden war. Im 3. bis 4. Jahrhundert n. Chr. begann das Pergament in der antiken Welt den Papyrus als Beschreibstoff zu verdrängen, im 7. Jahrhundert war dieser Prozeß für den Mittelmeerraum weitgehend abgeschlossen. Seit der ersten Hälfte des 8. Jahrhunderts wurde Pergament auch in Europa, vor allem in Frankreich und Deutschland, zunehmend als Beschreibstoff verwandt und erst im Zeitraum vom 13. bis 15. Jahrhundert allmählich vom Papier verdrängt.

Die zweiseitige Beschreibbarkeit des Pergaments begünstigte auch die Ersetzung der herkömmlichen Buchform, der Rolle, durch die heute noch übliche Art der Buchform, den Kodex. Es kamen zwar auch schon Kodices aus Papyrus vor, durchgesetzt haben sie sich aber erst auf der Grundlage des Beschreibstoffs Pergament (Weiß, 1983).

Die Erfindung des Papiers

Herkömmlicherweise wird die Erfindung des Papiers dem chinesischen Hofbeamten Tsai Lun (Abb. 3) zugeschrieben und auf das Jahr 105 n. Chr. datiert. Dies liegt daran, daß in einem umfangreichen chinesischen Quellenwerk aus jener Zeit ein entsprechender Vermerk zu finden ist. Er stellt den ältesten bekannten schriftlichen Bericht von der Papiererfindung dar:

«Von alters her nahm man für die Schriftstücke meist Bambusbrettchen, die man zusammenband. Brauchte man [zum Beschreiben] Seidenstoff dazu, so bezeichnete man diesen mit ‹chih› ... Seidenstoff war teuer, und Bambusbrettchen waren schwer. Beide taugten den Leuten nicht sehr. LUN kam daher auf den Gedanken, aus Baumrinde, Hanf, alten Lumpen und Fischnetzen, ‹chih› [Papier] zu bereiten. Im ersten Jahr Yüan-hsing unterbreitete er seine Erfindung dem Kaiser. Der Kaiser lobte seine Fähigkeit. Von dieser Zeit an gab es niemanden, der sich dessen [des ‹chih›] nicht bedient hätte. Deshalb nannten es alle Leute im Reich ‹Ts'ai Hou chih› [Papier des Fürsten Ts'ai]» (nach Tschudin, 1954, S. 245).

Man muß diese Zuschreibung der Erfindung an Tsai Lun jedoch in mehrfacher Weise einschränken.

Möglicherweise hat Tsai Lun lediglich billigere und zur Papierbereitung günstigere Rohstoffe herangezogen. Jedenfalls ist es unstatthaft, die Erfindung im Sinne eines plötzlichen ingeniösen Akts gerade für den

3: Tsai Lun, chinesischer Hofbeamter und angeblicher Erfinder des Papiers, um 105 n. Chr.

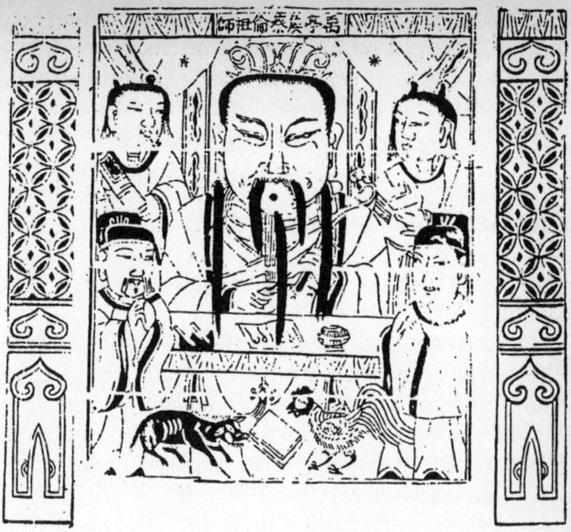

Zeitpunkt anzunehmen, für den zufällig eine Quellenüberlieferung vorliegt. So kann zwar der Neuzeithistoriker verfahren, da für seinen Zeitraum die meisten Vorgänge schriftlich erfaßt sind. Aus Patentschriften, Autobiographien, Briefwechseln etc. läßt sich beispielsweise für das 19. Jahrhundert das genaue Datum einer Erfindung erschließen; für Zeiträume, aus denen schriftliches Quellenmaterial nur zufällig und bruchstückhaft überliefert ist, kann eine solche Vorgehensweise nicht gelten.

«Wir können annehmen, daß die Erfindung des Papiers nicht allein das Werk eines einzelnen Menschen war. Sie vollzog sich vermutlich durch die allmähliche Herausbildung des Schöpfens und der Blattbildung und durch die versuchsweise Verwendung verschiedener Rohstoffe im Verlaufe eines längeren Zeitraumes. Im Prozeß der Verbesserung der schrift- und bildtragenden Materialien durch die Produzenten der Beschreibstoffe entwickelte sich die Technik der Papierherstellung ... Man kann also annehmen, daß die ‹Erfindung› des Papiers ein technischer Entwicklungsprozeß war, der aufgrund jahrhundertelanger Produktionserfahrungen zur Herausbildung der bekannten Papierherstellungsmethode führte. Die Leistung Tsai Luns, oder vielmehr seiner Zeitgenossen, bestand demnach vor allem in der Einführung von pflanzlichen Rohstoffen anstelle der Seidenfasern, die die Erfindung des Papiers vervollständigte» (Schlieder, 1966, S. 63 und 66).

Diese These von der allmählichen Herausbildung der Produktionstechnik des Papiermachens wurde durch entsprechende Funde chinesischer Wissenschaftler, die Papiere zurückreichend bis über das Jahr 100 v. Chr. zutage brachten, mittlerweile bestätigt (Loeber, 1974; Ji-Xing, 1981).

So mögen der Name Tsai Lun und das Datum 105 n. Chr. in die Literatur eingegangen sein und vielleicht auch eine wesentliche Verbesserung der Papierherstellung markieren. Die Entwicklung der Papiermacherei nahm früher ihren Anfang, und wohl kaum steht an ihrem Beginn ein einzelner Name.

Herstellungsprozesse in der asiatischen Papiermacherei

Worin bestand nun das neue Verfahren bzw. die Erfindung, Papier herzustellen?

Der Vorgang bei der Papierherstellung besteht im Grunde darin, aus Faserstoffen eine beschreibbare Fläche herzustellen. Als Ausgangsprodukte dienten Pflanzenfasern, die mit Wasser zu einem Faserbrei vermischt wurden. Diese Suspension brachte man auf ein Sieb, damit das Wasser abtropfen konnte. Die zurückbleibenden Fasern ‹verfilzten› (Anhang 2), wurden nach dem Trocknen vom Sieb getrennt und bildeten ein Blatt Papier. Allerdings war oftmals die Beschaffung und Aufbereitung geeigneter Faserrohstoffe ein ebenso großes Problem wie die eigentliche Blattbildung.

Der älteste Vorgang der Blattbildung war das Schwemm-, Schwimmsieb- oder Eingießverfahren. Das Schwimmsieb bestand aus einem Holzrahmen mit einem Gewebe aus Baumwolle oder Hanf und schwamm in einem Becken. Der Faserbrei wurde mit der Hand auf das Sieb gegeben und gleichmäßig verteilt. Das von unten durch das Gewebe des schwimmenden Siebes dringende Wasser erleichterte die gleichmäßige Verteilung des von oben aufgebrachten Faserbreis. Danach wurde die Siebform aus dem Becken gehoben, damit das Wasser abfließen konnte. Die Form wurde zum Trocknen ans Feuer oder in die Sonne gestellt. Vorausgesetzt, man hatte genügend Formen zur Verfügung, konnten nach diesem Schwemmsiebverfahren schätzungsweise 40 bis 50 Bogen Papier pro Tag produziert werden (Loeber, 1974).

Wann das Schöpfen erfunden wurde, ist unbekannt. Es muß jedenfalls zwischen 300 und 600 n. Chr. in China eingeführt worden sein und stellte einen beträchtlichen Fortschritt dar, da es ein weitaus kontinuierlicheres Produzieren als beim Schwemmsiebverfahren ermöglichte. Der Produktivitätsfortschritt resultierte aus der Umgestaltung des Siebes: Durch die Verwendung von Bambussieben konnte das Wasser schneller ablaufen als beim Gewebesieb des Schwemmverfahrens; zudem war der Vorgang des Papierstoffauftragens mit der Hand im alten Verfahren wesentlich umständlicher als das Schöpfen. Beim Schöpfen wurde der Rohstoffaserbrei zuvor in einer Wanne mit dem Wasser gründlich vermischt. Der Stoff wurde also nicht mehr auf das Sieb gegeben, sondern mittels des Siebes wurde aus der vollen Wanne geschöpft. Ferner waren diese Bambussiebe, auch Rollsiebe genannt, flexibel, d. h. man konnte den geschöpften Papierbogen auf einer festen Fläche ablegen, das Sieb anschließend abrollen und zum erneuten Schöpfen verwenden (Abb. 4).

Nach der Erfindung des Papiers war hier also ein weiterer wesentlicher Fortschritt in der chinesischen Produktionstechnologie gemacht worden, nämlich der Übergang zum Trocknen ohne Formen. Damit war die Kapazität gegenüber dem ursprünglichen Produktionsverfahren erheblich gesteigert worden. Auf diesem Standard allerdings verblieb die asiatische Papiermacherei in der Folgezeit. Es gab zwar noch einzelne Verbesserungen, die aber das Produktionsverfahren nicht mehr grundsätzlich umgestalteten.

So wurden neue Pflanzenfasern in die Rohstoffaufbereitung einbezogen. Insbesondere der Bambus gewann hierbei große Bedeutung. Dies ist insofern von Interesse, als auch mit ihm eine Pflanze zur Papiermacherei herangezogen wurde, die wie der Papyrus in Ägypten eine ausgesprochene ‹Vielzweckpflanze› darstellte. Bambus diente zu Nahrungszwek-

4: Indischer Papiermacher mit dem asiatischen Rollsieb, 1908. Er nimmt vom frisch geschöpften und abgelegten Bogen das flexible Sieb ab. In den Siebrahmen im Vordergrund wird das Siebgeflecht beim Schöpfen eingelegt.

ken und für die verschiedensten Geräte, er wurde zu Bau- und Kleidungsmaterial verarbeitet und auch als Material für den Bau von Booten benutzt.

Hier wird wie bei der Papyruspflanze deutlich, wie sehr die technische Entwicklung bei sog. Ur- oder Frühtechniken von den natürlichen Bedingungen, den Rohstoffen und Ressourcen der jeweiligen Region abhing. Der Modernisierungsvorgang ist dann darin zu sehen, daß sich aus diesen natürlichen Gegebenheiten heraus ein technisches Mittelsystem entwikkelte, dessen Grundelemente schließlich so verallgemeinerbar und wiederum anpaßbar waren, daß die entsprechenden Techniken auch auf andere Ressourcen angewandt und damit in andere Regionen übertragen werden konnten. Eine Entwicklungsstufe übrigens, die für die moderne Technik nicht mehr in allen Bereichen gilt und deshalb ‹Industrietechnik› für Länder der Dritten Welt unanwendbar machen kann.

Für die Papiermacherei war diese Entwicklung damit gegeben, daß Verfahren und Geräte entwickelt wurden, die zur Bearbeitung unterschiedlichster pflanzlicher Fasern eingesetzt werden konnten. Deutlich zeigte sich dies im späteren Transfer nach Europa und der dortigen Anpassung der ursprünglichen Technologie an veränderte Verhältnisse.

Neben der Verwendung neuer Rohstoffe wurden in Asien aber auch einige Veredlungsverfahren des Papiers entwickelt. So ist seit dem 4. Jahrhundert die Leimung des Papiers mit Stärke belegt, seit dem 7. Jahrhundert wurde sie in China wohl allgemein üblich. Im selben Zeitraum verbreitete sich das Verfahren, Gips als Füllstoff zu verwenden. Die Beimischung von Arsen, um das Ausfließen von Tinte und Tusche zu verhindern, ist aus dieser Zeit gleichfalls bekannt (Weiß, 1983).

Von China aus verbreitete sich die Papiermacherei in der Folgezeit in mehreren Richtungen.

Um 600 n. Chr. wanderte die Kenntnis des Verfahrens nach Korea, von dort im 7. Jahrhundert nach Japan. Um 1200 wurde bei den Tataren Papier benutzt, wobei allerdings unbekannt ist, ob es sich um importiertes Papier handelte. Von 1223/24 datiert das älteste indische Manuskript auf Papier. Die älteste Darstellung der japanischen Papiermacherei ist auf einem Rollbild aus den Jahren 1374 bis 1379 zu finden (Weiß, 1983). Die Verfahren blieben sich jedoch im großen und ganzen gleich, in verschiedenen Regionen überlebten sogar die herkömmlichen Techniken, u. a. das Schwemmsiebverfahren.

So sind die beiden folgenden Quellen, die asiatische Herstellungsverfahren schildern, wohl die genaue Beschreibung der Fertigung, wie sie über etliche Jahrhunderte hinweg bestand. Das von Sung Ying-sing 1634 verfaßte und 1637 veröffentlichte Papiermacherhandbuch ‹Tien-Kung-Kai-Wu› schildert die Herstellung zweier Sorten, nämlich des Bambus- und des Rindenbastpapiers (Sung Ying-sing, 1966 und 1980).

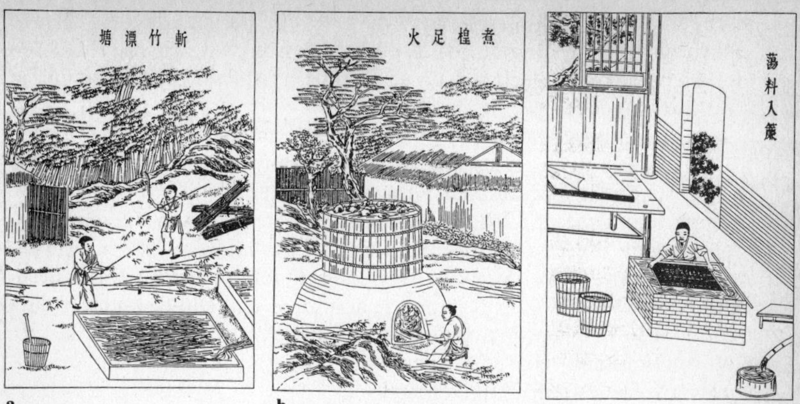

a b c

d e

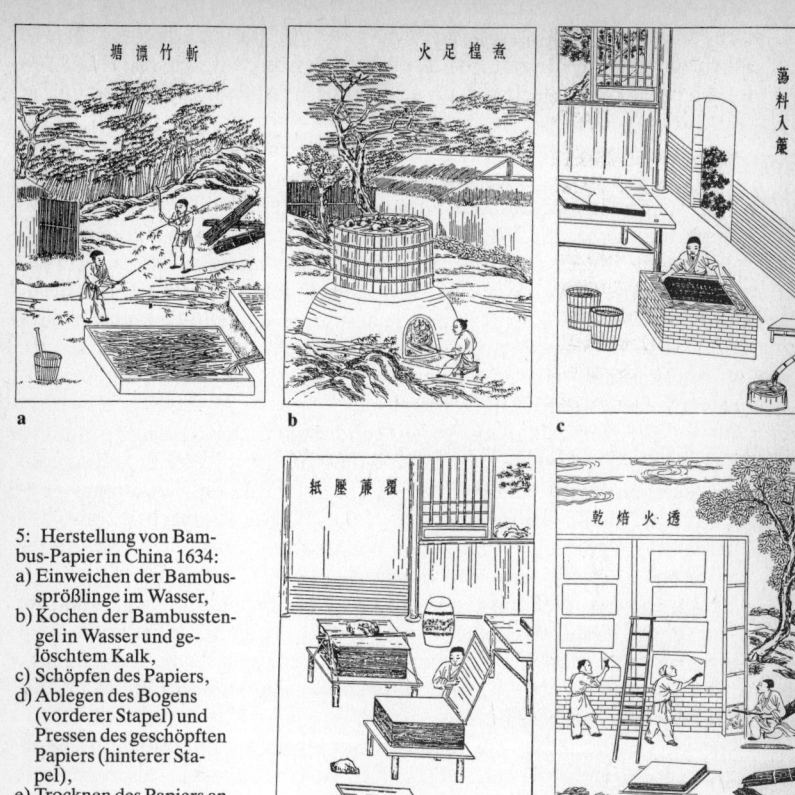

5: Herstellung von Bambus-Papier in China 1634:
a) Einweichen der Bambussprößlinge im Wasser,
b) Kochen der Bambusstengel in Wasser und gelöschtem Kalk,
c) Schöpfen des Papiers,
d) Ablegen des Bogens (vorderer Stapel) und Pressen des geschöpften Papiers (hinterer Stapel),
e) Trocknen des Papiers an einer hohlen Mauer, die beheizt wird.

Die Produktion des Bambuspapiers war genauso naturabhängig geblieben wie die Herstellung des Papiers aus Rindenbast (Abb. 5a bis e).

Der Bambus wurde im Gebirge im Juni geschnitten und seine Zweige in Einzelstücke zerlegt. Gleich an Ort und Stelle wurde eine Grube gegraben, mit Wasser gefüllt und in ihr der Bambus eingeweicht. Um ein Faulen des Wassers zu verhindern, führte man durch Röhren frisches Wasser zu. Nach einer Wässerungszeit von hundert Tagen schlug man die Zweige mit dem Hammer und entfernte die dabei zerbrechende Rinde und Haut. So kamen die Bastfasern, aus denen das Papier gefertigt wurde, zum Vorschein. Sie wurden in einem Gefäß acht Tage und Nächte lang in Kalkwasser erwärmt, anschließend in reinem Wasser ausgewaschen und dann in

Aschenlauge gekocht. Insgesamt dauerte die Behandlung mit Lauge sechs Tage. Danach fingen die Fasern zu faulen an, was sich am schlechten Geruch bemerkbar machte. Nun wurden sie im Mörser zerstampft und in die Bütte gegeben, wo sie mit Wasser und einem bisher nur aus Japan bekannten Zusatzstoff – der sogenannten Papierspezerei – vermischt wurden. Vermutlich ist es diesem Zusatzstoff zu verdanken, daß die frischgeschöpften Blätter nicht zusammenklebten.

Geschöpft wurde mit einer rechteckigen Siebform, die in einem starken Holzrahmen eine aus fein aufgespaltenen, polierten Bambusspreißeln bestehende Matte hatte. War das Wasser nach dem Schöpfen abgelaufen, wurde das Sieb aus dem Rahmen genommen, umgedreht und mit dem Papierbogen nach unten abgelegt. Dann rollte man langsam das flexible Sieb vom Papier ab und setzte es wieder in den Rahmen ein, der Schöpfvorgang konnte wiederholt werden.

Waren auf dem Ablagetisch genügend Bogen zusammengekommen, legte man ein Brett auf den Stapel und umschnürte mit einem Seil sowohl Tisch als auch Brett. Mit Hilfe eines Stocks wurde das Seil angezogen. Nach dieser Entwässerung trocknete man die Bogen durch Wärme, indem man sie mit einer Bürste an eine Wand strich, die durch ein Holzfeuer von der Rückseite her erwärmt wurde.

Es scheint sich hier um eine rein saisonale Produktion gehandelt zu haben. Zwar waren der Schöpf- und Trockenvorgang selbst nicht allzu langwierig, wenn man auch die geringe Trockenkapazität bedenken muß. Am langfristigsten aber war der Prozeß der Rohstoffaufbereitung, der sich über einige Monate hinzog.

Die japanische Papiermacherei wird in einem aus späterer Zeit stammenden Lehrbuch erläutert: Das ‹Kamisuki Choho-ki›, übersetzt mit ‹Bequemstes Handbuch für Papierherstellung›, erschien 1798. Das Produktionsverfahren ist ziemlich identisch mit dem eben geschilderten. Interessant an diesem Handbuch ist vor allem, daß es die Papiermacherei als Nebenerwerb für ländliche Familien beschreibt. Die Frauen der Bauern könnten durch Herstellung von Papier einen Zusatzverdienst gewinnen, da ein großer Papierbedarf bestünde. In einer deutschen Übersetzung heißt es:

«Einem Bauern, ja sogar dessen Frau ist es möglich, neben der landwirtschaftlichen Arbeit noch Papier herzustellen und damit dem ganzen Lande zu dienen ... In den Städten gibt es viele Papierhändler. Sie und die Verbraucher, des Papiermachens unkundig und nicht wissend, wie mühevoll die Herstellung des Papiers ist, gehen oft so verschwenderisch damit um, als ob es wertloser Staub wäre. Diese bedauernswerte Sorglosigkeit wird aber die Strafe der Götter nach sich ziehen» (Kunihigashi, 1798/1959, S. 5/6).

Betrachtet man die asiatischen Herstellungsverfahren, so fällt im Vergleich zur vorindustriellen Papiermacherei in Europa ihre starke Naturnähe, ihre geringe Ausstattung mit technischen Mitteln und ihre geringe Arbeitsteiligkeit auf. Man kam mit nur wenigen Geräten und Werkzeugen aus, und eine Werkstätte, wie sie die europäische Papiermühle bildete, ist kaum zu finden. In Ansätzen kamen mechanisierte Werkzeuge zum Einsatz: Das Stampfen im Mörser wurde teilweise durch ein mit dem Fuß betätigtes Hebelwerk, die sogenannte Trittanke, erleichtert. Die Produktion war stark saisonabhängig, das Ernten und Aufbereiten des Rohstoffs dauerte monatelang.

Angesichts der langfristigen Rohstoffaufbereitung ist es auch verständlich, daß kein großer Bedarf an arbeitsteiliger Produktion in der asiatischen Papierfertigung bestand. Solcher konnte nur entstehen, wenn soviel Rohstoff vorhanden war, daß es sich lohnte, durch Arbeitsteiligkeit die Produktionsgeschwindigkeit zu steigern.

Auf dem Weg nach Europa: Papiermacherei im arabisch-islamischen Bereich

Als Datum für den Transfer der Papierherstellung in den arabisch-islamischen Kulturbereich gilt herkömmlicherweise das Jahr 751 n. Chr. Damals seien nach der Schlacht an dem Flusse Thalas chinesische Papiermacher in arabische Kriegsgefangenschaft geraten und hätten dort die Papiermacherei bekannt gemacht (Schulte, 1955).

Dies mag der Fall sein, stellt aber wohl doch eine zu vereinfachende Betrachtungsweise solcher Transfervorgänge dar. Bereits im 7. Jahrhundert hatte die Ausdehnung der islamischen Herrschaft die Westgrenzen Chinas erreicht. Westturkestan gehörte zu diesem Einflußgebiet, und Samarkand war Mittelpunkt einer Hochblüte der islamischen Kultur, die sich dort im 8. Jahrhundert entfaltete. Auf der anderen Seite grenzte der islamische Herrschaftsbereich an Westeuropa. Es war das Jahrhundert, in dem sich Europa mit den Abwehrschlachten Karl Martells gegen den vordringenden Islam wehrte.

Durch diese Ausdehnung und die entsprechenden Kontakte wurde der islamische Kulturbereich zum Vermittler östlichen Wissens nach Westen (Abb. 6). Man kann wohl kaum behaupten, daß nur rein zufällig durch einige Kriegsgefangene die Papiermacherei ihren Weg in die arabische Welt und nach Westen gefunden hat. Der kulturelle Austausch, die Handels- und sonstigen Beziehungen sowie der Bedarf hätten bei der Höhe des seinerzeitigen kulturellen Niveaus im Islam so oder so zur Übernahme dieser Technik geführt.

So wurde bereits ab 622 Papier aus China eingeführt; um 707 ist für Samarkand der Gebrauch eingeführten Papiers nachgewiesen. Das älteste erhaltene arabische Papier datiert von 796 bis 815. Im 9. Jahrhundert

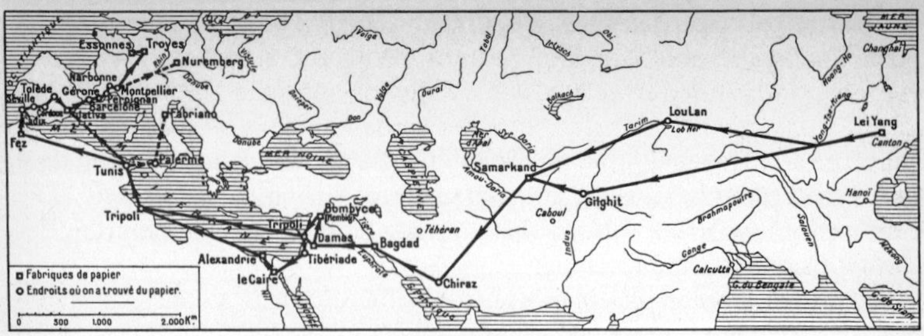

6: Ausbreitung der Papiermacherei nach Westen.

wurde in Syrien Papier hergestellt, spätestens im 10. Jahrhundert auch in Damaskus und in Ägypten. Im 12. Jahrhundert war in sämtlichen Gebieten des islamischen Kulturkreises die Papierproduktion heimisch.

Die früheste Beschreibung der islamischen Papiermacherei liegt mit dem im 11. Jahrhundert entstandenen Werk ‹Umdet el'Kufāb› vor, dessen Titel mit ‹Stütze der Schreiber und Rüstzeug der mit Verstand Begabten› übersetzt wird. Diese Quelle ist u. a. deshalb bedeutsam, weil ihr Inhalt einige von der älteren Forschung behauptete Annahmen widerlegt. So hatte man den Arabern sowohl die Erfindung des aus Draht geflochtenen Schöpfsiebes wie auch die Einführung von wasserkraftgetriebenen Papiermühlen zugesprochen. Diese Auffassung ist nun überholt, und die entsprechenden Innovationen werden damit erst der europäischen Papiermacherei zugeschrieben. Dennoch stellte die arabische Papiermacherei eine wichtige Zwischenstufe dar (Bockwitz, 1938; Karabacek, 1887).

Im arabischen Raum waren die Pflanzenmaterialien, die in Asien den Rohstoff des Papiers bildeten, nicht ausreichend vorhanden. So ging man hier zu einem neuen Rohstoff über: Textilabfälle, die in Asien nur bisweilen dem Pflanzenrohstoff beigegeben worden waren, wurden zum neuen Hauptrohstoff. So wurden also Textilgewebe, Stricke und Taue das Ausgangsmaterial der Papierproduktion. Neben der neuen Rohstoffbasis hatte sich auch das Sieb verändert. Es bestand gemäß den regional verfügbaren Pflanzen nicht mehr aus einem Bambus-, sondern einem Schilfgeflecht.

In der Beschreibung des ‹Umdet el'Kufāb› wird die Produktion des Papiers aus Hanftauen geschildert. Die Stricke der Hanftaue wurden aufgelöst, die einzelnen Faserbündel gekämmt und mehrmals in Kalkmilch eingeweicht. Dann wurden sie geknetet, an der Sonne getrocknet, zerkleinert und im Wasser ausgespült. Anschließend wurde die Masse im Mörser zerstampft, mit Wasser vermischt und hieraus mit den Schilfsieben die einzelnen Bogen geschöpft. Wie die Quelle berichtet, waren sowohl das uralte Schwemmsieb- oder Eingießverfahren wie auch das Schöpfsiebverfahren nebeneinander gebräuchlich. Ferner trocknete das Blatt auf dem Sieb, so daß wir hier weiterhin das ältere und umständlichere Trockenverfahren vorliegen haben. Allerdings werden einige Verbesserungen in der Leimung und Oberflächenbehandlung des Papiers beschrieben.

So stand neben der Einführung eines neuen und – wie sich aus späterer Sicht ergibt – zukunftsweisenden Rohstoffs die Beibehaltung alter und hemmender Schöpfverfahren, so daß man folgender Gesamtbeurteilung der arabischen Papiermacherei zustimmen kann:

«Die Schilderung [des ‹Umdet el'Kufāb›] läßt nicht die Verwendung von größeren Mechanismen vermuten. Der Fortschritt der Papierherstellung in der islamischen Kultursphäre gegenüber der im alten China scheint mir in der Verbesserung der Herstellungsmethoden (Zubereitung des Rohstoffs, Ausrüstung des Papiers usw.) zu bestehen, ohne daß eine entscheidende Veränderung der Produktionsinstrumente erreicht wurde» (Schlieder, 1966, S. 72).

Es könnte möglich sein, daß zur Aufbereitung der Stricke und Taue bereits Mahlmühlen bzw. Kollergänge eingesetzt wurden. Allerdings ist dies nicht gültig belegt. Ansonsten deuten der langfristige Trockenprozeß und die herkömmliche Siebkonstruktion darauf hin, daß Schöpf- und Trokkenvorgang langwierig waren und damit keinen Anlaß zur Arbeitsteilung gaben. Auch eine erhebliche Kapazitätssteigerung in der Rohstoffaufbereitung ist eher fraglich.

Diese Kapazität wurde aber auf jeden Fall durch die Mechanisierung der Rohstoffaufbereitung in Europa gesteigert; auch das vorerst wichtigste Produktionsinstrument, das Schöpfsieb, wurde durch die europäische Papiermacherei verändert. Eine neue Zeit der Produktionsverfahren deutete sich damit an.

2. Die Papiermacherei in Europa

Die technisch-gewerbliche Revolution des Spätmittelalters

Eine gegenüber bisherigen Verhältnissen sich erheblich verändernde Gesellschaft führte im europäischen Spätmittelalter zu einem Wandel, der als Anbruch der ‹frühen Neuzeit› in die Geschichte einging.

Bis weit ins Mittelalter hinein waren Arbeiten und Wirtschaften geprägt durch Lebensformen auf lokaler Basis. Infolge der agrarischen Wirtschaftsweise, einer geringen Bevölkerungsdichte und eines wenig entwickelten Gewerbewesens hatten sich die Menschen den natürlichen Gegebenheiten angepaßt. Sie waren stark abhängig von Klima und Witterung, vom jeweiligen Ernteergebnis, orientierten sich in Zeiteinteilung und Arbeitsabläufen an natürlichen Rhythmen, ordneten sich in den Kreislauf der Natur ein.

Dieses Einfügen in die gottgegebene Ordnung schlug sich nicht nur in einer ständischen Gesellschaft mit fester Ordnung, sondern auch in einem demgemäßen religiös-alltäglichen Bewußtsein nieder. Nun war die christliche Lehre aber in dem, was sie über die Stellung des Menschen in und gegenüber der Welt predigte, durchaus ambivalent. Neben dem Element der passiven Hinnahme des Vorhandenen beinhaltete sie auch das Gebot zur verändernden Aktivität: ‹Macht euch die Erde untertan›. So war das abendländische Christentum weitaus weniger wirtschafts- und technikfeindlich als andere Religionen.

Somit war der Keim des Neuen auch bereits in der traditionellen Lehre enthalten. Als nun durch Zunahme der Bevölkerung und durch eine Urbanisierungswelle im Hochmittelalter sich ein allmählicher Umschwung der Lebens- und Wirtschaftsformen andeutete, konnte dieser auch von der Religion und der aus ihr abgeleiteten Gesellschaftstheorie akzeptiert, begründet und gerechtfertigt werden.

Damit stand einem gesellschaftlichen Umbruch Mitteleuropas in der Zeit vom 14. bis 16. Jahrhundert wenig im Wege. In einer ersten Phase des europäischen Modernisierungsprozesses schob nun der Mensch in einem bisher nicht gekannten Maße zwischen sich und die Natur eine technisch-künstliche zweite Welt; die Technik wurde ihm ein immer wesentlicheres Instrument der Naturausbeutung zum Zwecke seiner Daseinsbewältigung. Die spätmittelalterlichen Städte und Gewerbelandschaften sind Ergebnis und Ausdruck dieser Entwicklung:

«Die enorme Leistung der Feudalgesellschaft, Rodung, Siedlung und Landesausbau mit parallel verlaufenden Verbesserungen der Agrartechnik, erstreckte sich zwar vom Frühmittelalter bis zum Ende des Hochmittelalters. Das Städtewesen aber entwickelte sich, von der ersten deutschen Gründung auf wilder Wurzel – Freiburg im Breisgau 1120 – in den folgenden 200 Jahren mit Scheitelpunkten um 1230 und 1300 in den Zahlen der Neugründungen oder der Bewidmung mit Stadtrecht geradezu explosionsartig. In der gleichen Epoche brachten die Kreuzzüge eine intensive Berührung mit der islamischen Welt, und die Großreiche der mongolischen Eroberer ermöglichten einen Kulturtransfer aus Ost- und Südostasien, wodurch im Abendland nicht nur die Geisteskultur enorm befruchtet wurde. Sondern es wurden auch gesellschaftlich-wirtschaftliche Bedürfnisse geweckt und Anstöße zu technischen Innovationen empfangen, die wiederum jene zu befriedigen halfen. Damals entstanden zahlreiche Gewerbestädte und die großen Wolltuchreviere Nordwesteuropas und das Leinenrevier um den Bodensee, deren Produktion einen schnell wachsenden Güteraustausch mit der circummediterranen Welt und dem nahen Osten und bis in den Mittleren Osten mit parallel sich entwickelnden Formen des Fern- und Geldhandels ermöglichte» (Stromer, 1980, S. 109).

Der Transfer außereuropäischen Wissens war verbunden mit einer Rezeption griechischer und römischer Autoren, die teilweise auf dem Umweg über die arabisch-islamische Wissenschaft nach Europa zurückkamen, aber nicht nur wiederentdeckt, sondern auch gleich auf die Probleme der eigenen Praxis bezogen wurden. Die ‹Renaissance› war nicht nur eine Wiedergeburt des alten Wissens, sondern in dieser Wiedergeburt war auch bereits die Umwandlung und Anpassung an die eigenen Verhältnisse inbegriffen. So floß im Europa des späten Mittelalters und der Renaissance die Erfahrung vieler Zeitalter und Regionen zusammen. Zentraleuropa wurde zum Schmelztiegel von Wissenschaft, Technik und Arbeit der gesamten Alten Welt.

Die Blütezeit des Städtebundes der Hanse, der den Wirtschaftsraum des Nordens erschloß, ging kaum zur Neige, als mit der machtvollen Entfaltung des mittel- und südeuropäischen Handels die west- und oberdeutschen (= süddeutschen) Wirtschaftszentren eine neue Qualität des Wirtschaftens entfalteten:

«Die bedeutendsten Handelsstädte an den großen Fernhandelsstraßen waren Köln, Mainz, Frankfurt, Nürnberg, Regensburg, Augsburg, Ravensburg, Basel. Dort sammelte sich in kurzer Zeit Kapital, das am Ende des 15. Jh. im Frühkapitalismus zu politischer Macht emporwuchs» (Bosl, 1976, S. 191).

Neue bürgerliche Schichten mit großem Einfluß und neuen Gewohnheiten entstanden in dieser Zeit. Es ist kein Zufall, daß die Aufzählung der wichtigsten Handelsstädte zugleich die Städte nennt, in denen sich die deutsche Papiermacherei am frühesten verbreitete: Nürnberg, Ravens-

7: Verladearbeiten im Hafen der Handelsstadt Brügge.

burg, Basel, Augsburg. Der Umfang des Fernhandels (Abb. 7) und seine weltweite Ausrichtung machten auch neue Methoden der Geschäftsführung wie doppelte Buchführung, umfangreiche Korrespondenz, firmeneigenes Nachrichtenwesen etc. notwendig. Dies waren Formen der Schriftlichkeit, die nach einem preiswerten Beschreibstoff riefen. Dasselbe gilt für weitere Wissensbereiche, die praxisrelevant wurden und damit eine Expertenschicht hervorbrachten, die ihr Wissen u. a. auch schriftlich vermittelte. Neue Formen des Rechnens und Messens, Wägens und Zählens wurden wichtig; Mühlenbauer und ‹Kunstmeister›, die Vorläufer der Techniker und Ingenieure, lernten u. a. auch technische Zeichnungen zu fertigen und zu lesen. Fachliteratur entstand in Bereichen, die für die damalige Wirtschaftspraxis bedeutend waren, so z. B. im Montanwesen. Allerdings war, um diesem Bedürfnis nach Information durch rasche und vielfältige Verbreitung von Schriften nachzukommen, eine weitere Erfindung in dieser Zeit notwendig: der Buchdruck, der sich seit der zweiten Hälfte des 15. Jahrhunderts rasch verbreitete. Papiermacherei und Buchdruck waren Zwillinge, die sich entsprechend den Bedürfnissen ihrer Zeit gegenseitig förderten. Die Erzeugnisse der Buchdruckerkunst bis 1500 werden Wiegendrucke oder Inkunabeln genannt. Sie sind noch nicht genau erfaßt, werden heute aber auf 30000 bis 40000 Titel mit einer durchschnittlichen Auflagenhöhe von 300 Exemplaren geschätzt. Unter diesen Wiegendrucken sind allerdings auch Klein- und Einblattdrucke zu finden, die Buchauflagen innerhalb der Gesamtzahl werden auf ungefähr 27000 Titel veranschlagt. Bei aller Unsicherheit und Vorläufigkeit geben diese Zahlen doch einen kleinen Eindruck vom erheblichen Aufschwung des Buchdrucks, der einen dementsprechenden Papierbedarf nach sich zog (Grasser, 1985/86).

8: Titelkupfer aus Böcklers ‹Theatrum machinorum novum›, 1661. Im Vordergrund sind Wassermühlen mit unterschiedlichen Wasserrädern, auf den Hügeln im Hintergrund verschiedene Windmühlen dargestellt.

Die wichtigste technische Grundlage dieses wirtschaftlichen Wandels aber war die vermehrte Ausnutzung der Naturkraft in Form ihres Energiedargebotes von Wind- und Wasserkraft durch eine immer differenziertere Mühlenmaschinerie (Abb. 8). Im 13. Jahrhundert waren in Europa sowohl Wasser- wie auch Windmühlen eingeführt; die wichtigere Rolle spielten, abgesehen von küstennahen Bereichen, die Wassermühlen (Bayerl/Troitzsch, 1985). Durch die Einführung der technischen Grundelemente Kurbel und Nocken (bzw. Nockenwelle) wurde die Mühle, deren Anwendung zuerst weitgehend auf den ländlichen Sektor beschränkt gewesen war (als Getreidemahl- und Ent- und Bewässerungsmühle), mehr oder weniger zur Basismaschinerie diverser Gewerbe. Kurbel und Nocken waren zwar bereits in der Antike bekannt, dort aber nicht für große Produktionseinrichtungen benutzt worden. Durch Kurbel und Nocken konnte die von Wasser- oder Windrad ausgehende kontinuierliche kreisförmige Bewegung in eine hin- und hergehende umgewandelt werden (Abb. 9).

«Bis zum 16. Jahrhundert gab es in Europa mindestens 40 verschiedene Fertigungsprozesse, die mit Wasserkraft arbeiteten» (Reynolds, 1984, S. 136).

Neben Neuerungen im Energiesektor sorgte eine ganze Reihe von Erfindungen, Einführungen neuer technischer Verfahren und Etablierung neuer Wissensbereiche für einen unerhörten Aufbruch von Technik und Wissenschaft (Stromer, 1980).

Durch wasserkraftgetriebene Förderkünste im Berbau konnten Bergwerke wieder betrieben werden, die früher nicht mehr ausbaufähig waren, da man im Mittelalter das ansteigende Grubenwasser nicht mehr bewältigen konnte. Hier wurden also zusätzliche Rohstoffe und vor allem Währungsreserven erschlossen: Der damalige Bergbau ging auf Bunt- und Edelmetalle, Kohle wurde erst im 19. Jahrhundert interessant. Gold und Silber waren die Grundlage der damaligen Währung, insofern war der Bergbau für die politische Herrschaft von besonderer Bedeutung.

Durch die Vervollkommnung der Scheidekünste und Erfahrungen mit neuen Legierungen konnte die Metallurgie die geförderten Metalle besser und nutzbringender verarbeiten.

Der Metallsektor war nicht nur für die Währung von Bedeutung, sondern auch für die Rüstung – es entstanden zu dieser Zeit wahre Rüstungsindustrien. Das Schießpulver war erfunden, Büchsen (Gewehre), Bombarden (Mörser) und Kanonen veränderten Kriegsführung und Verteidigungsbauten. Die Burg und die befestigte mittelalterliche Stadt wurden schutzlos, Festungen mußten nun gebaut werden. Das Ritterheer wurde sinnlos, Büchsenschützen waren die Soldaten eines Söldnerheeres – im Dienste eines Kondottiere, eines Kriegsunternehmers. Eisen war künftig der Rohstoff des Krieges!

9: Nockenwelle des Lumpenstampfwerks einer Papiermühle. In den vom Wasserrad bewegten Wellbaum sind in gleichmäßigen Abständen kräftige Nokken eingelassen, die bei der Drehung die Stampfhämmer anheben.

Der Landesherr, der den Metallbergbau, die Verhüttung, die Metallverarbeitung beeinflußte oder beherrschte, hatte nicht nur Geld, sondern auch Waffen. Kaiser Maximilian I., manchmal auch der ‹letzte Ritter› genannt, stützte seine Macht u. a. auf seine Artillerie, die seinerzeit die modernste Europas war. In seinen Geschützgießereien wurde diese Macht produziert, aus seinen Bergwerken bezog er die Rohstoffe dazu. Die Innsbrucker Waffenschmiede trug mit teilweiser Mechanisierung der Arbeitsvorgänge, Arbeitsteilung, strenger Betriebshierarchie mit genau zugewiesenen Teilarbeiten, mit Massenfertigung nach Normen und genormter Einzelteilproduktion bereits etliche Züge einer modernen Fabrik.

An wasserkraftgetriebenen Maschinen wurden in diesen Produktionsbereichen Drehbänke und Bohrmaschinen für Geschütze und Pumpenrohre, Polier- und Schleifmaschinen, Stanzen, Pressen und Walzen eingesetzt.

Ohne hier alle Erfindungen aufzählen zu wollen, ist abschließend darauf hinzuweisen, daß dieser Umschwung durchaus als ‹industrielle Revolution› bezeichnet werden kann, ohne die die später von England ausgehende Industrielle Revolution des 18. und 19. Jahrhunderts nicht möglich gewesen wäre. Nicht nur eine neue Technik hatte sich durchgesetzt, sondern auch neue betriebliche Arbeitsformen:

«Das Hauptkennzeichen der neuen Wirtschaftsweise war der Übergang von individueller Handarbeit auf organisierte und arbeitsteilige Produktion mit zunehmendem Einsatz von (hydraulischen) Kraft- und (mechanischen) Arbeitsmaschinen und anspruchsvollen Verfahren zur Massenproduktion standardisierter Fernhandelsgüter ...

Als industriell können ferner auch Betriebe anzusprechen sein, die durch solche Eigenarten wie Dimension oder Kompliziertheit ihrer Produkte oder von deren Fertigungsweise nur als arbeitsteilig organisierte, kapitalintensive Großbetriebe funktionsfähig sind, auch wenn sie individuelle Einzelstücke fertigen, wie im Schiffbau, Erzguß, Kathedralenbau. Wesentlich ist eine erhebliche Zunahme der Produktionsfaktoren Kapital und Know how gegenüber dem Faktor Arbeit» (Stromer, 1980, S. 113f.).

Zu den Neuerungen, die diese stürmische Entwicklung bedingten, zählte auch die Übernahme der Papiermacherei aus dem islamischen Bereich. Andererseits wurde angesichts der zwischenzeitlichen europäischen technischen Entwicklung deren Produktionsprozeß selbst erheblich verändert.

Grundlegende Veränderungen des Produktionsprozesses

Durch Eroberungen im 8. und 9. Jahrhundert hatte sich das islamische Reich auf europäisches Gebiet, vor allem nach Spanien, ausgedehnt. Dies war dementsprechend die Gegend, wo wir die erste Papiermacherei auf europäischem Boden finden. Beim Transfer der Kenntnis vom Papier und seiner Produktion nach Europa sind genauso wie seinerzeit bei der Übernahme in den islamischen Bereich zwei Stufen zu unterscheiden: zuerst Import und Nutzung des Produkts, dann durch die entstehende größere Nachfrage der Aufbau eigener Produktionsstätten.

Wann genau zum erstenmal auf europäischem Boden Papier produziert wurde, ist wohl schwer nachzuweisen. Teilweise wird vermutet, daß bereits seit den Eroberungen des 8. Jahrhunderts die arabische Papiermacherei auf europäischem Boden betrieben wurde. Einzelnachweise über Papierverwendung und die Einrichtung von Papiermühlen datieren allerdings erst aus späterer Zeit (Weiß, 1983).

So ist für das 9. Jahrhundert die Papierverwendung in Spanien nachgewiesen. Von 849 datiert die älteste auf Papier geschriebene Papst-Bulle. Für die Mitte des 11. Jahrhunderts ist die Papierverwendung in Konstantinopel und auf Sizilien nachgewiesen. In der Mitte des 12. Jahrhunderts begann in Norditalien die Verwendung importierten arabischen Papiers; von 1207 stammt der älteste Hinweis auf die Papierverwendung in Frankreich.

Für das Jahr 1074 wird berichtet, daß in Xativa bei Valencia Papier hergestellt wurde. Aus dem Jahre 1102 stammt das erste Papiermacherprivileg Europas: König Roger von Sizilien erteilte die Erlaubnis zur Errichtung einer Papierwerkstätte zum Fertigen arabischen Papiers in Sizilien. Eine arabische Reisebeschreibung um die Mitte des 12. Jahrhunderts berichtet von mehreren Papiermacherwerkstätten in Xativa, die sehr gutes Papier herstellten, das unter anderem auch nach Afrika exportiert wurde. Von 1166 stammt der erste Nachweis der Papiermacherei in Katalonien.

Diese frühen Daten machen deutlich, daß sich die Papierverwendung und Papiermacherei von Spanien und auch von Sizilien aus in Europa ausbreiteten. Nach der Zurückdrängung des Islam blieb das Produktionsverfahren in Südeuropa heimisch. Die Erforschung und Untersuchung von Papieren dieser Zeit haben jedoch ergeben, daß sich in der Folgezeit das Produktionsverfahren grundsätzlich gewandelt haben muß. Hier stellte Fabriano (Abb. 10) einen Knotenpunkt der weiteren Entwicklung dar:

«Die für die Ausbreitung in Europa bedeutende Papiermacherei im nördlichen Italien nahm von Fabriano, einer Stadt in der Mark Ancona, ihren Ausgang. Hier wurde die Papiermacherei vermutlich in den 30er und 40er Jahren des 13. Jahrhun-

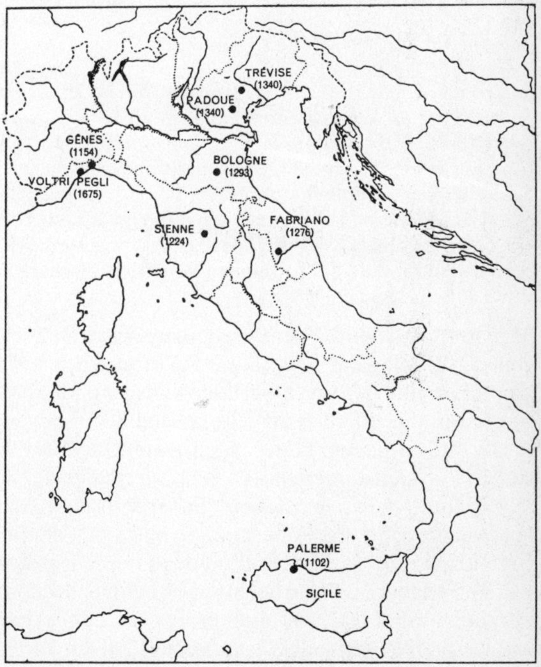

10: Früheste Stätten der italienischen Papiermacherei.

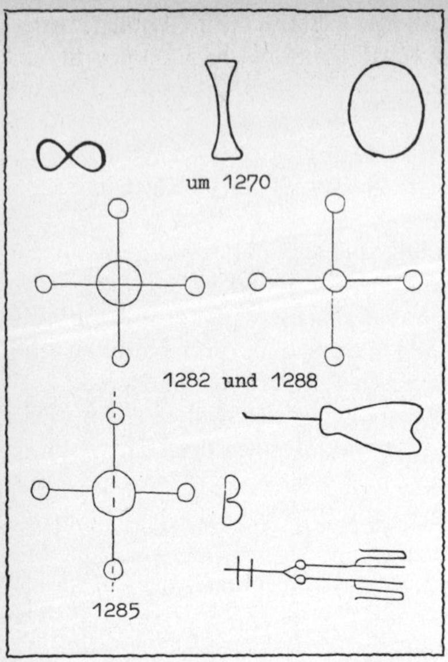

11: Frühe Wasserzeichen aus Fabriano, Italien.

derts heimisch. Vorher, um 1210, entstanden in der Gegend von Genua erste Papierwerkstätten, die sich unter dem Einfluß der in Spanien geübten Technik entwickelten. In Fabriano wurde jedoch die Technik der Papierherstellung durch die Einführung jener wichtigen Neuerungen weiterentwickelt, die für die europäische Papierherstellung typisch wurden. Im Verlauf der zweiten Hälfte des 13. Jahrhunderts wiesen die fabrianesischen Papiere eine merkliche Qualitätssteigerung auf und hatten schließlich gegen Ende des Jahrhunderts die ‹Konkurrenz› überflügelt. 1283 finden wir die erste Erwähnung von Papiermachern in fabrianesischen Archivalien» (Schlieder, 1966, S. 75).

Man muß also deutlich unterscheiden zwischen der spanischen Papiermacherei, die lediglich eine islamische Produktion auf europäischem Boden darstellte, und der von Oberitalien ausgehenden Verbreitung der Papiermacherei, die auf einer zum Teil neuen Technologie beruhte.

Die wesentlichen Neuerungen waren die Einführung eines mechanischen Lumpenstampfwerks, eines veränderten Schöpfsiebes und der Verwendung tierischen Leims. Ein spezifischer Betrieb mit differenzierten Werkzeugen, die Papiermühle, hatte sich damit herausgebildet. Eine erhöhte Verarbeitungskapazität des Lumpenrohstoffs durch das Stampfwerk ermöglichte die Arbeitsteilung beim Schöpfen, die zudem durch die Art des Faserstoffs und die verbesserte Schöpfform begünstigt wurde. Mit der Verwendung des Drahtsiebes kam der Brauch auf, das Papier mit einem besonderen Herkunfts- oder Warenzeichen, dem Wasserzeichen, zu versehen (Abb. 11). Um dies zu erreichen, wurde auf das Sieb ein entsprechend gebogener Draht ‹genäht›.

Der europäische Produktionsprozeß bestand nun aus folgenden Arbeitsschritten:

Sammeln und Sortieren der Lumpen; Zerkleinern, Grobreinigung und Anfaulen der Lumpen; ihre Zerfaserung zum sogenannten Zeug im Stampfgeschirr; Zwischenlagerung der Zeugmasse; Mischen von Zeug und Wasser und Beschickung der Bütte mit dieser Fasersuspension; Schöpfen, Gautschen (= Ablegen der feuchten Bogen), Naßpressen und Legen (= Auseinandersortieren von Bogen und Filzen) durch die drei Büttgesellen (Schöpfer, Gautscher und Leger); Trockenpressen, Trocknen und eventuelles Leimen des Papiers; Glätten, Sortieren und Verpakken.

Die oben geschilderte technische Revolution hatte durch den Aufschwung der verschiedenen Gewerbe die Voraussetzungen für eine ziemlich reibungslose Einführung der neuen Verfahren in die Papiermacherei geschaffen. Wassergetriebene Stampf- und Hammerwerke waren im gerade in Oberitalien florierenden Textilgewerbe (Walkmühlen) sowie im Montanwesen (Pochwerke) und der Metallverarbeitung (Eisen-, Kupferhämmer) erprobt und konnten den Bedürfnissen der Papierproduktion ohne weiteres angepaßt werden.

Tierabfälle (Knochen, Füße, Leder), aus denen der Leim aufgekocht wurde, fielen in Gerbereibetrieben und bei der Nahrungsmittelversorgung der nun dichter bevölkerten Gebiete (Handelsstädte, Gewerbelandschaften) an.

Durch die Einführung des mechanischen Drahtzugs hatte sich die Drahtzieherei ausdifferenziert, und zum Flechten eines Drahtsiebes konnten entsprechend dünne Drähte bereitgestellt werden.

Die Folgen für Produkt und Produktion waren erheblich. Durch die Einführung des tierischen Leims wurde die Saugfähigkeit des Papiers verringert und damit das Papier als Beschreibstoff für Tinte überhaupt erst tauglich.

Der Lumpenrohstoff (für sehr gutes Papier wurde z. B. weißes Leinen genommen) und seine Aufbereitung im Stampfwerk führte zu einem Faserstoff, bei dem das Wasser recht schnell ablief. Durch das starre Drahtsieb, das eine schnellere Schöpffolge als das Bambus- oder Schilfsieb gestattete, wurde dieser Effekt verstärkt. Andererseits war es nun nötig, zwischen die frischgeschöpften Bogen jeweils ein Filztuch zu legen, damit diese nicht ihre Form verloren und zusammenklebten. Auf diese Weise setzte sich die Arbeitsteilung zwischen Schöpfer, Gautscher und Leger bei der Arbeit an der Bütte durch. Infolge dieses Hand-in-Hand-Arbeitens stieg die Produktivität beim Schöpfen erheblich:

«Diese Epoche, in der die Schöpfform aus Draht den Herstellungsprozeß des Papiers beherrschte, war gekennzeichnet durch immer vollkommenere Ausnutzung der Möglichkeiten zur Verbesserung der Produktion und Steigerung der Produktivität, die die Verwendung des Handsiebs als entscheidendes Produktionsinstrument gestattete. Dieser Prozeß beinhaltete die Erhöhung der Kontinuität des Arbeitsprozesses, die Weiterentwicklung der Produktionsinstrumente, die Qualifizierung der menschlichen Arbeitskraft, die Ausweitung der Arbeitsteilung und hatte die Herausbildung kapitalistischer Produktionsverhältnisse zur Folge» (Schlieder, 1963, S. 91 f.).

Freilich machte die Anlage einer Papiermühle nun auch einen erheblichen Kapitalaufwand nötig. Da das Papier zur Zeit seiner Einführung in Europa aber sehr kostbar war, fanden sich durchaus Unternehmer, die diese Marktchancen erkannten und Produktionsstätten finanzierten. Die Gründung der ersten deutschen Papiermühle ist ein Musterbeispiel hierfür.

Einführung und Verbreitung der Papiermühlen in Deutschland

Die Gründung der ersten deutschen Papiermühle ist in dem ‹Püchel von mein geslecht und von abentewr› beschrieben. Dieses Büchlein seines Geschlechts und seiner Unternehmungen schrieb der Nürnberger Ulman Stromer (oder Stromeir) (1329 bis 1407), der zusammen mit seinem Bruder Andreas seit 1390 Hauptherr, also Chef, der großen Stromerschen Handelsgesellschaft war. Es handelt sich um das erste Werk der deutschen Betriebsgeschichtsschreibung.

Die Nürnberger Patrizierfamilie der Stromer betrieb eines der bedeutendsten Nürnberger Fernhandelsunternehmen mit engen Beziehungen nach Oberitalien. Ulman Stromer, der als Kaufmann in der Lombardei Einblick in die Technik der Papiermacherei gewonnen hatte, gründete mit Hilfe deutscher Gesellen, die vermutlich in Italien die Papiermacherei erlernt hatten, in der ‹Gleismühl› der Reichsstadt Nürnberg den ersten deutschen Papiermacherbetrieb. Wahrscheinlich wollte er damit die beträchtlichen Zoll- und Transportkosten für das aus Italien importierte Papier ersparen.

Im Jahre 1390 wurden in der Gleismühle, die vorher zur Metallverarbeitung diente, zwei Papiermacher namens Clos Obsser und Jörg Tirmann verdingt. Wann die Produktion erfolgreich anlief, ist nicht genau zu sagen. Aus dem ‹Püchel› ist jedenfalls zu entnehmen, daß Ulman Stromer mit Tirmann 1394 einen Verlagsvertrag abschloß – die Papiermacherei wurde also mit ihrem Beginn in Deutschland als Verlag bzw. Manufaktur und nicht als Handwerk betrieben. Stromer lieferte das Betriebskapital in

Form von Betriebsgebäuden, Maschinen und Rohstoffen und sorgte für Vertrieb und Absatz des Produktes. Der Pächter Tirmann stellte das Papier auf eigene Kosten her und hatte es zu einem festen Verlagspreis an seinen Verleger Stromer abzuliefern. Betrieb und Produktion liefen aber wohl nicht reibungslos, frühzeitig fielen bereits Reparaturen an, 1398 verließ Tirmann nach einem Streit die Papiermühle.

Nach Stromers Tod wurde sie 1407 bis 1413 von seiner Witwe Agnes in Stellvertretung für ihre Söhne weitergeführt. Dann ging die Leitung an den Sohn Georg Stromer über. Unter dessen Führung und infolge der Hussitenkriege wurde die Papiermühle 1430/31 in einen Bankrott verwikkelt. Einige Jahre später hörte die Produktion von Schreibpapier auf, anschließend wurde gewerbliches Papier als Verpackungsmaterial für Nürnberger Kleineisen- und Metallerzeugnisse gefertigt. In späterer Zeit beherbergte die Mühle auch wieder Metallverarbeitungsbetriebe; neben dem Recht zur Papiermacherei hafteten an ihr nämlich noch die Rechte zum Betrieb einer Mahlmühle sowie zur Metallverarbeitung. 1479 brannte der gesamte Mühlenkomplex ab.

Diese kurzen Hinweise auf die wechselhafte Geschichte der ersten deutschen Papiermühle zeigen, wie sehr der Beginn der Papiermacherei an den ‹Boom› von Handel und Gewerbe im Verlauf der ‹Industriellen Revolution des Spätmittelalters› gekoppelt war.

Auch die sonstigen frühen Papiermühlen, etwas später als die Stromersche gegründet, wurden von Fernhandelskaufleuten in Fernhandelsstädten – die nächsten in Ravensburg – als Verlags- bzw. Manufakturbetriebe etabliert. Dies ist kennzeichnend für die Anfänge der deutschen Papiermacherei: als Handwerk wurde sie erst später ausgeübt.

Die Reihenfolge der Betriebsformen, in denen die Papiermacherei betrieben wurde, widerspricht eigentlich herkömmlichen Auffassungen. Üblicherweise nimmt man eine Entwicklung von Technik und Arbeit an, die von der betrieblichen Form des Handwerks über Verlag und Manufaktur zur Fabrik führt. Das handwerklich ausgeübte Gewerbe gilt dann als Kennzeichen des Mittelalters, Verlag und Manufaktur gelten als Betriebsformen einzelner Gewerbe – so vor allem des Textilgewerbes und der Luxusproduktion, wie Porzellan-, Gobelin- und Kutschenherstellung – in der Frühen Neuzeit und im 18. Jahrhundert, und die Fabrik schließlich gilt als Kennzeichen der Industrie.

Die veränderte Reihenfolge der Betriebsformen in der Papiermacherei hat mit der geringen Nachfrage nach dem Produkt, also dem Stand der Schriftlichkeit der seinerzeitigen Gesellschaft und damit mit den Absatzmöglichkeiten zu tun. Nur Fernhändler mit ihren weitreichenden Handelsbeziehungen konnten anfangs den Absatz des Luxusgutes Papier und damit die Rentabilität von Papiermühlen sichern.

Es wurde wenig geschrieben, und für dieses Wenige war das Pergament als Beschreibstoff eingeführt. Eine Papiermühle zur Versorgung einer Stadt wäre also überflüssig gewesen, da sie viel zuviel Papier produziert hätte.

Im Laufe des 15. Jahrhunderts führte der technisch-gewerbliche Wandel zu einer Nachfragesteigerung, vor allem infolge der Erfindung des Buchdrucks und der Verbreitung des Bilddrucks. Kupferstich und Radierung, als neue Möglichkeiten der Bildherstellung, setzten sich ebenfalls um diese Zeit durch und förderten die Nachfrage.

Der weiterhin steigende Papierbedarf im 16. Jahrhundert erklärte sich dann nicht nur aus technischen Erfindungen, sondern auch aus neuen politischen Verhältnissen und geistigen Strömungen: So wuchs der Anteil der Stadtbürger an der Bevölkerung; neben den Städten bildeten sich Territorialstaaten mit ihren Landesherrschaften heraus – in beiden wurden Verwaltung und Bürokratie ausgedehnt, Kanzleien entstanden und verbreiteten sich; Humanismus und Naturwissenschaft brachten eine neue Blüte der Schriftkultur hervor; der Meinungsstreit in Reformation und Bauernkrieg wurde u. a. durch Kampfschriften und Flugblätter ausgetragen; schließlich benötigten Handelsherren Papier für ihre Geschäfte und Produkte.

Diese Entwicklungen schlugen sich in den Gründungsphasen der deutschen Papiermühlen nieder. Die Zahl der Papiermühlen wird heute für die Zeit um 1450 auf 10, für die Zeit um 1500 auf 60 und schließlich für die Zeit um 1600 auf 190 geschätzt (Schulte, 1955; Bayerl, 1983).

Während also anfangs eine Papiermühle nur rentabel war, wenn das Produkt über den Fernhandel abgesetzt werden konnte, machte der steigende Papierbedarf zunehmend eine Produktion auch nur für lokale Märkte möglich. Damit verlor der ökonomische Überblick des Fernhandelskaufmanns, sein Wissen um Absatzmärkte und Transportmöglichkeiten, seine Kenntnisse von Messen und Messepreisen etc. an Gewicht, während günstige Standortbedingungen für die Produktion immer bedeutsamer wurden:

> «Je höher der Bedarf der einzelnen Papierverbraucher wurde, um so kleiner mußte das Absatzgebiet werden, das mindestens für die Rentabilität einer Papiermühle erforderlich war. So konnten die eigentlichen Standortbedingungen für den Betrieb einer Papiermühle, wie gutes Betriebswasser, ausreichendes Lumpenaufkommen und direkter Nahabsatz stärker wirksam werden. Das stellte ein Moment dar, das die Verbreitung der Papiermacherei förderte» (Schlieder, 1966, S. 116).

Diese Entwicklung vollzog sich im 15. und 16. Jahrhundert. Papierproduktion konnte damit auch im Handwerksbetrieb ausgeübt werden. Aufgrund der Besonderheit des Produktionsprozesses in der europäischen Papiermacherei ist aber zu vermuten, daß es sich bei der vorindustriellen Papierproduktion nur bei Kleinbetrieben um ein Handwerk gehandelt hat. Eigentlich tendierte die arbeitsteilige Papierproduktion seit ihrer Einführung in Deutschland zum Verlag und Manufakturbetrieb.

Nach einer Stagnation in der ersten Hälfte des 17. Jahrhunderts infolge des Dreißigjährigen Krieges ist für die zweite Jahrhunderthälfte mit einem Bestand von über 500 Papiermühlen zu rechnen. In der zweiten Hälfte des 18. Jahrhunderts dürfte die Anzahl der Papiermühlen auf dem Territorium des alten deutschen Reiches zwischen 950 und 1000 betragen haben, um dann in der ersten Hälfte des 19. Jahrhunderts nochmals anzusteigen. Allerdings wird es hier bereits zunehmend schwierig, zwischen Papiermühle und Papierfabrik zu unterscheiden (Bayerl, 1983, S. 776).

Wir haben so seit Einführung der Papiermacherei in Deutschland bis zur Ablösung der Papiermühle durch die Papierfabrik eine kontinuierliche Ausdehnung der Papiermacherei vorliegen. Diese basiert aber nicht nur auf einer Zunahme der Betriebe, sondern auch auf einem technischen Wandel schon in der Phase der vorindustriellen Produktion, der durch Einführung neuer Maschinen, Durchsetzung eines immer kontinuierlicheren Produktionsflusses und damit Steigerung der Produktivität gekennzeichnet ist.

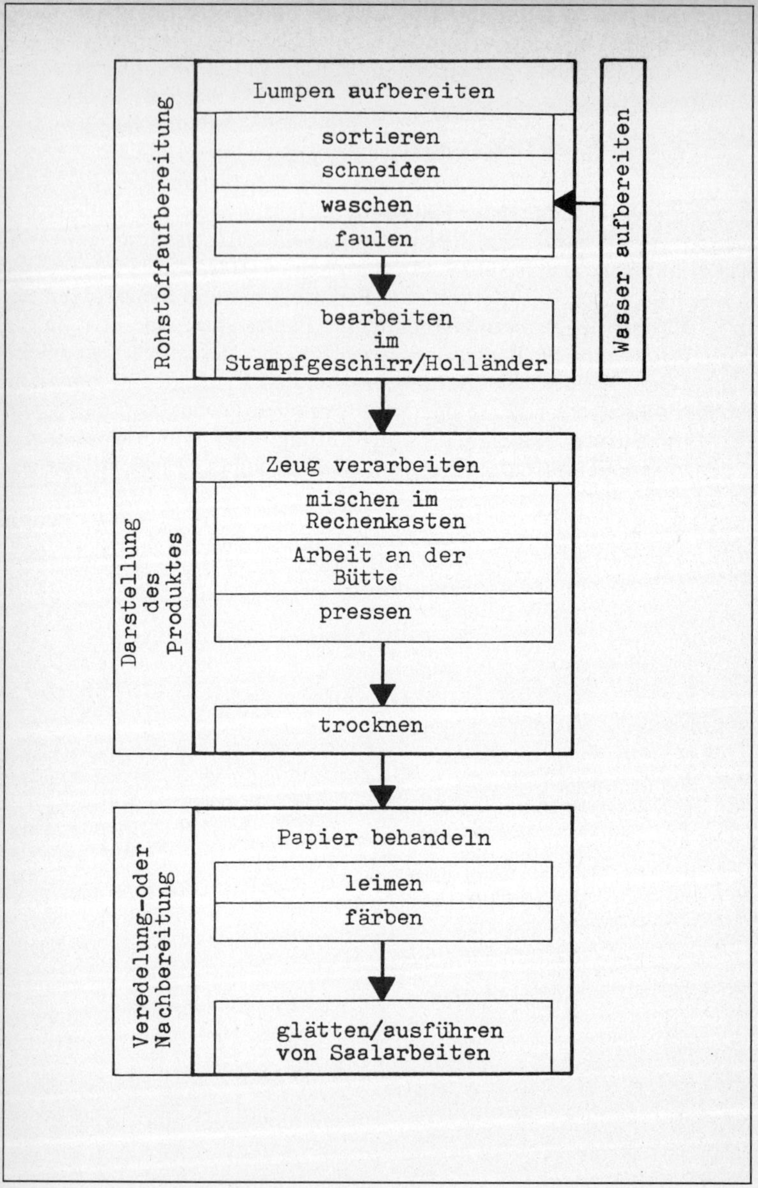

Tabelle 1: Stufen der vorindustriellen Papierproduktion.

3. Der vorindustrielle Produktionsprozeß

Wie bei den meisten Gewerben kann man auch in der vorindustriellen Papiermacherei drei wesentliche Stufen der Produktionsabfolge unterscheiden: Rohstoffaufbereitung; Darstellung des Produkts (‹Darstellung› ist hier der Fachbegriff für die eigentliche Herstellung des Produkts); Veredelung (Tabelle 1). Unter der Produktionsstufe ‹Veredelung› ist hier die Nachbearbeitung oder fertigmachende Bearbeitung des Papiers verstanden, da dieses nach dem bloßen Trocknen noch nicht in seiner handelsüblichen Form vorliegt, sondern u. a. noch zu glätten, evtl. zu leimen ist.

Die hier benutzte Dreigliederung des Produktionsprozesses läßt sich auf verschiedene historische Erscheinungsformen der unterschiedlichsten Produktionsbereiche anwenden und ermöglicht damit eine deutlichere Beschreibung des technischen Wandels. Sie ist in der Papierproduktion nicht völlig identisch mit heutigen Kategorien, bei denen z. B. der Begriff ‹Veredelung› eher unter das Stichwort ‹Ausrüstung› fallen würde. Für die langfristige Betrachtung bietet sich eine solche Unterteilung jedoch an.

Die Rohstoffaufbereitung

Bis zur Erfindung des Holzschliffs im 19. Jahrhundert war der Rohstoff der Papiermacherei ein eigentlicher Sekundärrohstoff; abgetragene Textilien, Lumpen, auch ‹Hadern› genannt, bildeten den Ausgangsstoff der Papierfertigung. Es handelte sich bei dieser Produktion also um eine Altmaterialverwertung.

Andere Rohstoffe, die bereits im 18. Jahrhundert erprobt und in einigen wenigen Mühlen auch verwendet wurden, kann man als nebensächlich für die vorindustrielle Periode betrachten (z. B. wurde gegen Ende des 18. Jahrhunderts vereinzelt schon Strohpapier gefertigt, das sich aber nicht durchsetzen konnte).

Die Lumpenaufbereitung sollte den Rohstoff tauglich für die Arbeit im Stampfgeschirr machen. Unter diese vorbereitenden Arbeitsgänge fielen das Sortieren der Lumpen, deren Zerschneiden und Säubern, unter Umständen ihr Waschen und Anfaulen. Reihenfolge und Intensität dieser Arbeiten waren regional unterschiedlich.

Die Lumpen wurden entweder vom Händler bezogen oder von den Lumpensammlern der Papiermühle angeliefert. Die gelieferten Hadern waren sorgfältig zu sortieren, da aus den diversen Lumpensorten unterschiedliche Papierarten produziert wurden und vor allem die für die Produktion untauglichen tierischen Fasern der Wolle auszuscheiden waren.

Aus Bauernhemden oder Leinenlumpen mittlerer Qualität entstand Konzeptpapier, aus groben Leinenhadern Papier für Tüten, aus feinem Leinen Herrenpapier, aus holländischer Leinwand Postpapier etc. (Halle, 1762). Das Sortieren war auch insofern wichtig, als die Bearbeitungszeit im Stampfgschirr je nach Art der Lumpen unterschiedlich war.

Da der ‹Rohstoff Lumpen› nicht beliebig in die Produktion eingeführt werden konnte, sondern von Kleidungsgewohnheiten, Modeströmungen und nicht zuletzt dem Stand des Textilgewerbes abhängig war, fielen je nach Region unterschiedliche Lumpensorten an und bedingten damit den Standard der örtlichen Papierproduktion:

«Tragen die Leute in der gleichen Provinzen viel feines Linnen, und sind zur Reinlichkeit geneigt, desto besser Papier wird an dergleichen Oertern gemacht werden können: wie es von Holland, der Schweiz und einigen Reichsstädten, insonderheit zu Nürnberg und in Schlesien bekannt ist» (Keferstein, 1766, S. 19).

In Frankreich war es üblich, die Lumpen vor dem Sortieren zu waschen; dies kam in Deutschland seltener vor. Hier wurden die Lumpen erst nach dem Sortieren gereinigt. Die erste Hauptreinigung der Lumpen geschah durch Schaben mit dem Messer. Oft ging diese Tätigkeit Hand in Hand mit dem Zerkleinern der Lumpen, d. h. ihrem Auseinandertrennen und -schneiden an feststehenden Messern. Bisweilen wurden die Lumpen erst zerkleinert, wenn sie vorher angefault, also kurz fermentiert worden waren. Hierdurch waren sie mürbe und damit besser zu zerkleinern; man mußte den Faulprozeß aber rechtzeitig stoppen, damit sie sich nicht zersetzten.

Die Reihenfolge der hier beschriebenen Tätigkeiten wird in der zeitgenössischen Literatur unterschiedlich geschildert, und es scheint, daß sie von Mühle zu Mühle verschieden war.

Bisweilen wurden die Lumpen mit Hackmesser oder Lumpenbeil auf einem Klotz zerhackt, dann führten Männer diese Arbeit aus. Ansonsten war das Lumpenreinigen, -sortieren und -zerkleinern Frauen- und Kinderarbeit (Abb. 12). Frauen und Kinder zerkleinerten die Lumpen mit Hilfe eines feststehenden Messers – manchmal hatte dies sogar das Ausmaß einer Sense. Dies war an einem Tisch befestigt, dessen Platte durch ein Drahtgitter ersetzt war, so daß Lumpenstaub und -schmutz durch das Gitter abfallen konnten. Diese Arbeiten waren oft im ‹Lumpenboden›, dem ersten Stockwerk der Papiermühle, angesiedelt. Es ist offensichtlich,

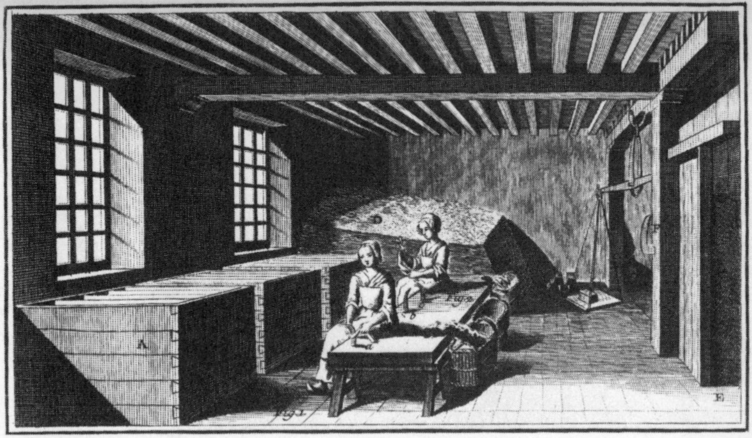

12: Frauen beim Sortieren und Zerschneiden der Lumpen. Die Arbeitsplätze waren den Fenstern zugeordnet, um Licht für die Arbeit des Sortierens zu haben, außerdem konnte bei geöffneten Fenstern der Staub abziehen und der Raum gelüftet werden.

daß sowohl das Lumpensäubern wie -zerkleinern eine erhebliche Gesundheitsbelastung mit sich brachte. So galt der trockene Husten als Lumpensammlerkrankheit, und sicher war dieser auch bei den in der Papiermühle beschäftigten Frauen und Kindern verbreitet, die ihre Arbeit im staubgeschwängerten ‹Lumpenboden› verrichteten. Darüber hinaus waren sie dem Gestank der alten Lumpen und deren Hitze ausgesetzt, die bei längerer Lagerung und bei den Faulprozessen entstanden. Die Gefahr von Infektionskrankheiten bestand durch den Umgang mit den abgetragenen Hadern, und der Milzbrand galt als ‹Hadernkrankheit›. Andererseits konnte man diese unangenehme Arbeit nicht umgehen, da die kräftige Reinigung der Lumpen für die Qualität des Papiers ausschlaggebend war. Das gewünschte Weiß des feinen Papiers konnte nur durch Vermeiden von Verunreinigungen und Schmutzflecken erreicht werden. Im 18. Jahrhundert wurden schließlich durch Wasserkraft angetriebene Maschinen erfunden, die diese Tätigkeit erleichterten: die Lumpenwaschmaschine und der Lumpen- oder Hadernschneider.

Erste schriftliche Nachrichten von einer Lumpenwaschmaschine sind seit der Mitte des 18. Jahrhunderts überliefert. Im Regelfall handelte es sich bei diesen Maschinen um eine einfache Waschtrommel, die auf einer vom Wasserrad angetriebenen Welle saß (Abb. 13). Im Innern der Trommeln waren zwei Bretter eingelegt, gegen die die Lumpen bei der Drehung der Trommel fielen und dadurch ausgeklopft wurden. Die Trommel drehte sich in einem mit Wasser gefüllten Bodenkasten, und da die Seiten-

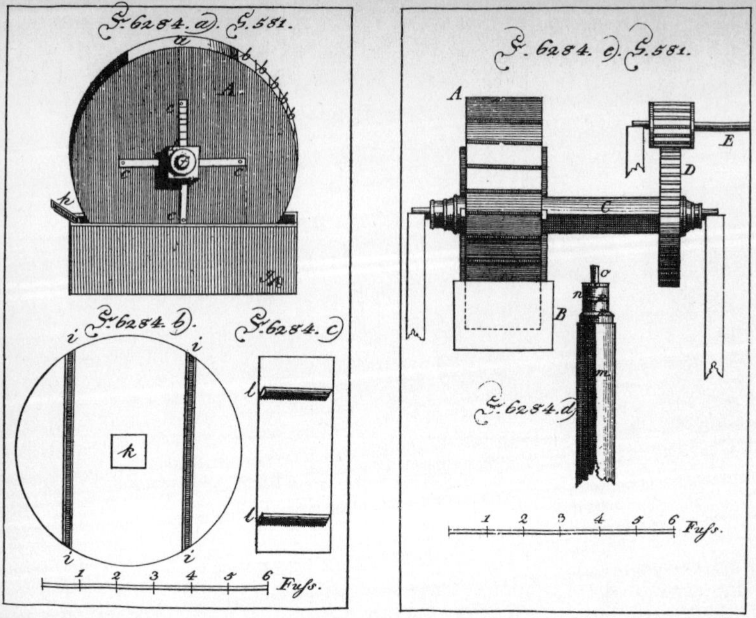

13: Waschmaschine des Papiermachers Lüdemann, um 1795.

bretter die Trommel nicht abdichteten, sondern Abstände aufwiesen, konnte das Wasser des Bodenkastens eintreten und das Waschgut durchspülen. In einer Beschreibung der Maschine um 1795 wurde ausdrücklich darauf hingewiesen, daß zu ihrer Bedienung ein Lehrbursche ausreiche und mit ihr nicht nur Lumpen, sondern auch die für das Schöpfen benötigten Filze und die zum Leimen notwendigen Schafbeine ausgewaschen werden könnten (Wehrs, 1795).

Im übrigen wurden diese Maschinen schon bald ein beliebter Diskussionsgegenstand technologischer Magazine und ihre Einführung nicht nur für die Papiermacherei, sondern auch für den Haushalt vorgeschlagen. So kam der Regensburger Pfarrer und Naturforscher Jacob Christian Schäffer (1718 bis 1790) bei seinen Versuchen, die Lumpen als Rohstoff der Papiermacherei durch andere Materialien zu ersetzen, über den Gebrauch des Waschwerks schließlich zur Propagierung einer ‹bequemen und höchst vorteilhaften Waschmaschine› für den Haushalt (Abb. 14). In mehreren Schriften von 1766 bis 1768 diskutierte er dann u. a. die Frage, ob diese Waschmaschine den Wäscherinnen ihren Lebensunterhalt, Nahrung und Lohn nehme. Er verneinte dies allerdings, indem er die Vorteile der Waschmaschine gerade für den Betrieb der ‹Wäscherinnen und Waschweiber› herausstellte. In seinen Beiträgen dokumentiert sich eine heftige Diskussion zu diesem Thema, die zeigt, daß das Problem von Maschineneinführung und Arbeitsplatzsicherheit auch im 18. Jahrhundert schon auftauchte. Was hier aber für einen ganzen Berufsstand negative Wirkungen haben konnte, wird für die Papierproduktion in der Folgezeit als vorteilhaft angesehen: die Mechanisierung der ungesunden und belastenden Lumpenreinigung. Gegen Ende des 18. Jahrhunderts scheint zwar die Lumpenwaschmaschine nicht generell zur üblichen Einrichtung einer Papiermühle zu gehören, sich aber doch in vielen Fällen durchgesetzt zu haben.

Bisweilen wurde die Lumpenreinigung auch mit der Lumpenschneidemaschine verbunden. Dem Lumpenschneider vorgeschaltet war dann ein Drahtsieb, das durch ein von der Wasserradwelle abführendes Übertragungsgestänge hin und her geschüttelt wurde und so den Staub durch Rütteln entfernte. Der Lumpen- oder Hadernschneider war schon in der ersten Hälfte des 18. Jahrhunderts, also vor der Waschmaschine, in Gebrauch. Der Cröllwitzer Papiermüller Georg Christoph Keferstein ermahnte 1766 seine Söhne:

«Euren Lumpenschneider besorgt mit größtem Fleiß: denn hiervon habt Ihr den erheblichsten Nutzen ...» (Keferstein, 1766, S. 20).

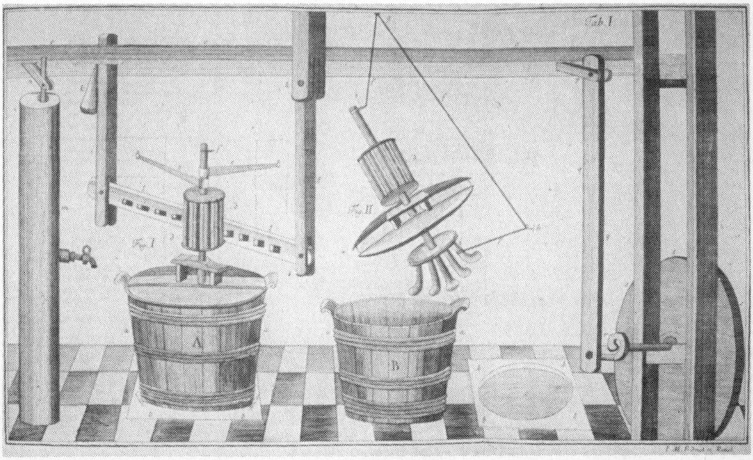

14: Die Schäffersche Waschmaschine, 1766. Die Kurbelübertragung von der Welle bewegt das hin- und hergehende Antriebswerk der Maschine, das auch beim Rührzeug des Rechenkastens bisweilen zu finden ist.

▲
15: Erste Darstellung des Hadernschneiders bei Schübler, 1736. Von rechts werden die Lumpen in das Räderwerk gegeben, das sie zum Fallbeil an der linken Seite des Hadernschneiders transportiert. Dort werden sie zerhackt.

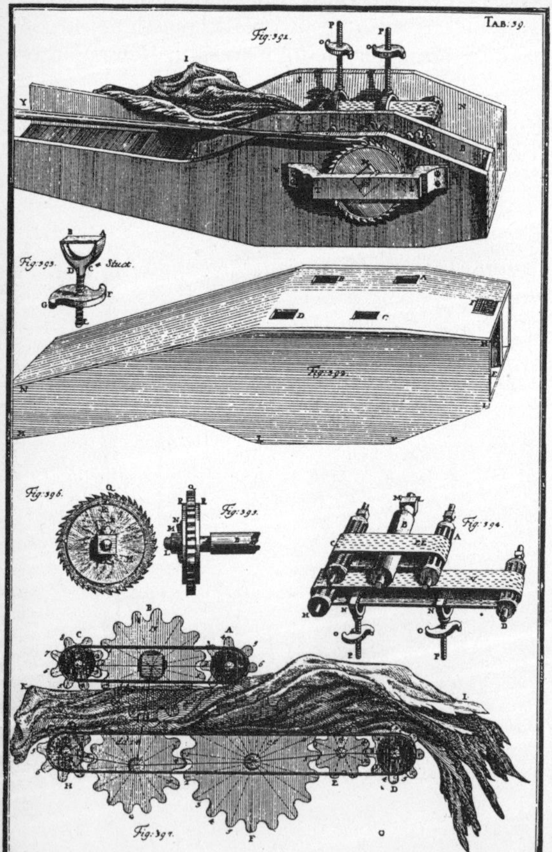

◄ 16: Das Transportsystem des Lumpenschneiders, 1736.

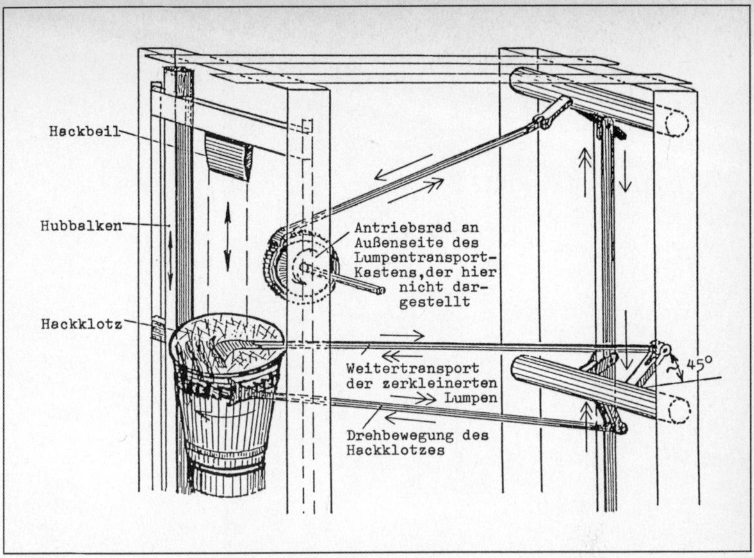

17: Funktionsweise des Hadernschneiders. Der gesamte Mechanismus wird vom Wasserrad angetrieben. Die Lumpen werden innerhalb des Kastens durch ein Rollensystem (s. Abb. 16) weitertransportiert, das durch eine Zahnstange, die ins Antriebsrad eingreift, bewegt wird. Durch ein Fallbeil zwischen dem linken Balkengerüst werden die Lumpen zerschnitten und fallen durch das vor dem Hackblock angebrachte Bodenloch in das darunterliegende Geschoß zur weiteren Bearbeitung. Durch die im Vordergrund sichtbare untere Stange wird der Hackblock durch Eingreifen in einen an ihm befestigten Zahnkranz fortwährend ein Stück gedreht, damit er nicht von dem sonst ständig auf dieselbe Stelle treffenden Fallbeil gespalten wird. Die in der mittleren Bildebene eingezeichnete Stange, die oben auf dem Hackklotz aufliegt, wird ebenfalls hin- und herbewegt und schiebt dadurch die Lumpen in das Falloch. Bei diesem Hadernschneider mußten die Lumpen nur eingegeben werden; er stellte eine vollmechanisierte Maschine dar.

In Cröllwitz stand seit 1754 ein Lumpenschneider auf dem Lumpenboden. Die Einführung des Hadernschneiders, mit hoher Wahrscheinlichkeit eine deutsche Erfindung, lag aber schon vor dieser Zeit, wenngleich bereits die Zeitgenossen seine Erfindung nicht genau datieren konnten. Der berühmte Technologe Johann Beckmann legte die Einführung des wasserbetriebenen Schneidegeräts in das erste Viertel des 18. Jahrhunderts und mag damit noch am ehesten recht haben (Beckmann, 1777, S. 140).

Die erste bekannte Abbildung eines Lumpenschneiders ist in dem 1736 erschienenen Buch ‹Sciagraphia artis tignariae oder Zimmermannskunst› von Johann Jakob Schübler zu finden; eigenen Angaben zufolge hatte er die Maschine nach einem Besuch in der Papiermühle Stein bei Nürnberg,

18: Lumpenschneider in der üblichen und weitverbreiteten Ausführung.

wo er sie in Betrieb sah, gezeichnet (Schübler, 1736, Tafel 38 und 39) (Abb. 15/16/17).

Es handelte sich bei diesem Lumpenschneider um ein vollmechanisiertes Gerät, in das nur noch die Lumpen eingegeben werden mußten. In einer komplexen Zusammensetzung waren technologische Elemente der Zeit zu einem raffinierten und sinnvollen Mechanismus kombiniert. Allerdings scheint sich das Prinzip des Lumpenschneiders bald geändert zu haben, denn eine ähnliche Darstellung taucht nicht mehr auf. Die später abgebildeten Hadernschneider funktionierten nicht mehr nach dem Prinzip des Fallbeils, sondern zerkleinerten die Lumpen in einem Schneidewerk nach Art einer Schere; sie waren viel einfacher und robuster gebaut (Abb. 18). Wahrscheinlich bewährte sich der Typ des von Schübler gezeichneten Lumpenschneiders in der Praxis nicht: Bei aller Raffinesse war er derart diffizil konstruiert, daß er vermutlich sehr anfällig und reparaturbedürftig war. Im übrigen ähneln die Lumpenschneider stark den

Strohschneidemaschinen, die in Mühlenbüchern dieser Zeit als ‹Heckerlings- oder Hächsel-Mühlen› vorgestellt wurden. Das mag auch ein Hinweis darauf sein, weshalb kein Erfindungsdatum vorliegt. Es handelt sich beim Lumpenschneider kaum um eine völlig neue Einrichtung, sondern eher um die Übertragung aus dem Haus- und Landwirtschaftsbereich in das Papiergewerbe. Für die vorindustrielle Technologie sind solche Übertragungen häufiger festzustellen und deshalb auch viele ‹Erfindungen› nicht genau datierbar. Hilfsmittel, Geräte und Maschinen der Praxis waren häufig in mehreren Gewerbebereichen gleichzeitig anwend- und damit übertragbar.

Wie weit der Hadernschneider insgesamt verbreitet war, ist nicht genau geklärt. In den größeren und mittleren Papiermühlen taucht er verstärkt in der zweiten Hälfte des 18. Jahrhunderts auf. Eingeführt wurde er, weil er die «langweilig, mühsam und kostbar» Arbeit des manuellen Lumpenschneidens ersetzte (Krünitz, 1807, S. 801) und weil seine

«... Bearbeitung vorzüglicher ist; weil durch den Hadernreißer die Strazzen [Strazzen = Hadern = Lumpen] zugleich ausgebeutelt, und mehr und besser als sonst vier Personen zu thun vermögen, durchgearbeitet werden» (Schreyer, 1790, S. 106).

Hinweise, daß die Lumpenschneider auch unter dem Gesichtspunkt der Ersetzung einer unangenehmen, schmutzigen Arbeit eingeführt wurden, sind kaum zu finden; hygienische Überlegungen spielten zu dieser Zeit noch kaum eine Rolle. Da in den zeitgenössischen technologischen Magazinen häufig auf die Kostenersparnis durch Einführung dieser Maschine hingewiesen wurde, ist im Umkehrschluß zu vermuten, daß er nur deshalb nicht weiter verbreitet war, weil das Lumpenschneiden ohnehin von billigen Arbeitskräften – Frauen und Kindern – vorgenommen wurde.

Rohstoffaufbereitungsmaschinen: Lumpenstampfwerk und Holländer

Damit der Rohstoff zum Papierschöpfen tauglich wurde, mußte das Textilgewebe der Lumpen in seine feinsten Bestandteile, die einzelnen Fasern, zerlegt werden. Dies wurde in den Papiermühlen durch das Stampfgeschirr und den Holländer bewerkstelligt.

Das Stampfgeschirr – auch Lumpenstampfe, Stampfwerk, deutsches Geschirr genannt – war seit Einführung der Papiermacherei in ihrer italienischen Form die übliche wasserkraftbetriebene Mechanik, um die Lumpen, die vorher zerschnitten und grob gesäubert worden waren, unter Zugabe von Wasser zu einem Brei, dem Zeug, zu verarbeiten (Abb. 19). Nach der ersten Zerfaserung nannte man ihn Halbzeug, nach der zweiten

19: Lumpenstampfwerk, 1607.

Ganzzeug, der nach der Bearbeitung gelagert und schließlich im Rechenkasten für das Schöpfen in der Bütte aufbereitet wurde.

Gemäß seiner Grundaufgabe war das Stampfgeschirr konstruiert. Im sogenannten Löcherbaum war eine unterschiedliche Zahl von Löchern eingelassen, in welche die Stempel, die von der Nockenwelle gehoben wurden, durch ihr Eigengewicht fielen. Die Löcher dienten der Aufnahme von Lumpen und Wasser. Wir haben hier also neben dem mechanischen Stampfvorgang auch einen kontinuierlichen Wasserdurchlauf vor uns, da die Lumpen auch noch ausgewaschen werden mußten.

Die einzelnen Funktionen des Lumpenstampfwerks

Das Stampfwerk mußte mit einer festen Balkenkonstruktion im Boden verankert sein und war im Unter- oder Erdgeschoß der Papiermühle gelagert, da durch den beständigen Gang des Werks eine erhebliche Erschütterung auftrat. Im Regelfall waren alle ‹gehenden Zeuge›, also Stampfwerk und Holländer, in der sogenannten Mühlstube zusammengefaßt, da nicht nur Bewegung und Erschütterung, sondern auch ständig verspritztes Wasser und somit andauernde Feuchtigkeit einen Steinfußboden, Ab-

20: Ansicht eines Stampfgeschirrs aus Frankreich mit sechs Löchern und jeweils drei Stampfhämmern.

laufrinnen etc. erforderten. Davon getrennt waren dann die ‹Werkstube›, in der geschöpft wurde, und die übrigen Betriebsräume.

Wie schon der Name sagt, wurden Löcherbäume üblicherweise aus Baumstämmen gefertigt (Abb. 21); in Italien und Frankreich kamen bisweilen Stampflöcher aus Stein vor. Im 18. und 19. Jahrhundert wurden solche häufiger verwendet. Bisweilen wurde nämlich das Holz knapp, da in verschiedenen Regionen im 18. Jahrhundert sich ein zunehmender Holzmangel bemerkbar machte. Vor allem war es manchmal schwierig,

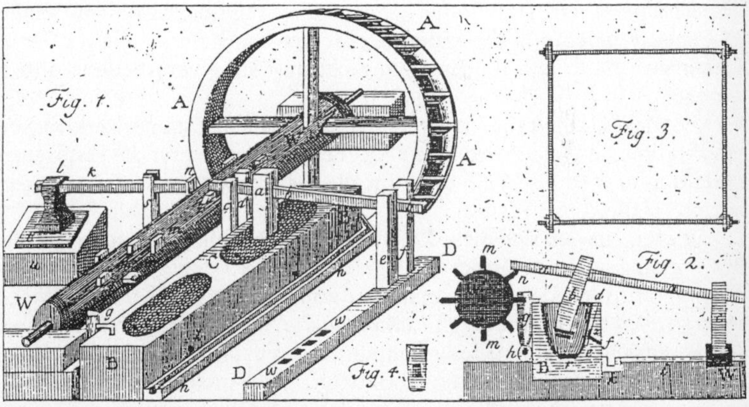

21: Stampfwerk mit einer Schlagstampfe zum Glätten des Papiers gekoppelt (Fig. 1) Querschnitt durch ein Stampfloch mit der Wirkungsweise der Nockenwelle (Fig. 2)

die für einen Löcherbaum notwendigen gerade gewachsenen, sehr großen Bäume zu finden. So liest man auch im Hinblick auf die zunehmende Ersetzung des Stampfgeschirrs durch die – steinernen – Holländer am Ende des 18. Jahrhunderts:

«Diese Einrichtung wird immer nötiger werden, je seltener in den Waldungen Bäume werden, welche zu Löcherbäumen dienen können» (Beckmann, 1802, S. 143f.).

Die Angaben darüber, ob ein Stampfgeschirr aus eins, zwei oder drei Bäumen besteht, wieviel Löcher jeder Baum hat und wieviel Stempel in jedes Loch fallen, sind unterschiedlich (Abb. 20). Stampfgeschirre mit einem oder zwei Bäumen kommen allerdings in Angaben häufig, solche mit drei Bäumen nur selten vor. Die Löcherzahlen pro Baum schwanken zwischen drei und zehn Loch, am häufigsten kommen aber drei bis sechs Loch pro Baum vor. In Deutschland sind im Regelfall vier Hämmer pro Loch, in Frankreich und Italien wohl auch öfter drei Hämmer pro Loch anzunehmen. Diese Zahlen sind insofern wichtig, als sie die Lumpenverarbeitungskapazität einer Papiermühle bestimmen.

Über die Ausgestaltung der Stempelfüße sowie die Aufgaben, die die jeweiligen Löcher im Verarbeitungsprozeß haben, besteht Einheitlichkeit: die Lumpen werden im Laufe des Stampfens von Loch zu Loch transportiert, und je nach Loch sind die Stempel- oder Hammerfüße mit unterschiedlichem Besatz versehen, anfangs mit groben Eisenzacken und Nägeln, schließlich mit platten, feineren Eisenstiften, zum Schluß ist der Stempelfuß bloß noch aus Holz ohne Eisenbesatz. So werden in fortlaufender Reihenfolge die Lumpen im Stampfwerk drei Prozeßschritten unterworfen: 1 Zerreißen und Zerfasern, 2 Feinmachen, 3 Durchmengen und Fertigmachen. Der Boden eines jeden Stampflochs war mit einer Eisenplatte belegt, da ansonsten der Besatz der Stempelfüße das Holz aufgerissen hätte und die Lumpen nicht anständig verarbeitet worden wären.

Die Angaben über die Dauer der Verarbeitung im Stampfwerk variieren, als übliche Dauer wird man aber rund 10 Stunden für die Halbzeugbereitung und 16 bis 24 Stunden für die Ganzzeugbereitung annehmen dürfen (Halle, 1762; Pfeiffer, 1780).

Andererseits ließ sich diese Zeit ohnehin nicht generell bestimmen, da der Vorgang stark von örtlichen Gegebenheiten abhängig war, wie Bewegungsgeschwindigkeit der Hämmer aufgrund der augenblicklichen Wasserkraft, Art der bearbeiteten Lumpen usf. Daher mußte die Erfahrung den Papiermacher den rechten Zeitpunkt lehren, an dem er das Stampfen der Lumpen zu beenden hatte – z. B. dann, wenn «man nichts leinewandartiges mehr gewahr wird» (Pfeiffer, 1780, S. 464).

Wichtig für eine ordnungsgemäße Rohstoffaufbereitung war auch die

Bewegung der Lumpenmasse im einzelnen Stampfloch, da dies Voraussetzung dafür war, daß sämtliche Lumpen gleichmäßig fein zerkleinert wurden. So mußten die Lumpen vom Wasser im Kreis herumbewegt und immer wieder unter die Stempelfüße geschwemmt werden. Dies wurde durch die ovale Formung des Stampfloches sowie den Rhythmus der Stempel und die Art der Wasserzuführung ins Stampfloch bewirkt:

«... so kommt doch immer viel darauf an, daß die Hammer eines Stampflochs sich nach und nach in derjenigen Ordnung heben, welche für die einförmigen Bewegungen der Masse in diesem Stampfloch die schicklichste ist» (Seebaß, um 1800, S. 59).

Genau zu regulieren war auch die jeweilige Wasser- und Lumpenmenge im Stampfloch, die der ‹Mühlbereiter› oder der Meister zu kontrollieren hatte. Er konnte die Wasserzufuhr absperren oder auch den Abfluß mittels eines Siebes an der Seite des Stampflochs beschleunigen. Bei der Regulierung des Abflusses war darauf zu achten, daß nicht zuviel Lumpenfasern mit dem Abwasser wegflossen.

Trotz dieser Zuarbeit und Kontrolle haben wir hier ein doch ausgereiftes mechanisches Verfahren vorliegen – die Bewegung der Lumpen im Stampfloch ist ein ziemlich ausgetüfteltes selbsttätiges System. Insgesamt hatte der Arbeiter an der Stampfe neben in längeren Zeiträumen vorzunehmenden Wartungs- und Ausbesserungsarbeiten beim Betrieb lediglich Kontroll-, Aufsichts- und eventuelle Regulierungsaufgaben wahrzunehmen:

«Der Mühlen-Aufseher hat die Sorge für den wichtigen Theil der Arbeit des Zermalmens der Masse durch die Hammer; er ist es, welcher zuerst die Ausfaserungs-Tröge mit Lumpen, und die Feinerungs-Tröge mit Teig versieht, und welcher alle Arbeiten dieser Maschine bis zur völligen Zermalmung beobachtet» (Seebaß, um 1800, S. 60).

Er hatte die Masse, die aus den Löchern herausspritzte, zurückzugeben und auch Tröge, Hämmer und Siebe des Geschirrs öfters mit Wasser abzuspülen, um Verstopfungen zu verhindern. Er hatte ferner den Verfahrensprozeß zu beobachten und bei Bedarf korrigierend einzugreifen:

«Er muß oft der Bewegung der Masse mit der Hand zu Hülfe kommen, wenn sie entweder aus Mangel an Wasser oder wegen der Langsamkeit der Mühle, nicht gehörig umher getrieben wird» (Seebaß, um 1800, S. 60).

Ferner hatte er ‹Tag und Nacht› auf das Wetter zu achten. Beispielsweise waren Gewitter gefährlich, da sich bei starken Gewitterregen das Wasser trübte, so daß es für die Reinigung der Lumpen im Stampfgeschirr nicht mehr geeignet war und die Wasserzufuhr in diesem Falle abgestellt werden mußte. Diese Schilderung der Aufgaben des Mühlenbereiters bei der Kontrolle des Stampfwerks macht deutlich, daß trotz einer ausgefeilten

Technik, die durchaus den selbsttätigen Ablauf einzelner Prozeßschritte bewirkte, ergänzend die Überwachung, die Bedienung des Geräts und teilweises manuelles Eingreifen notwendig waren.

Dennoch ist es berechtigt, bezüglich des Stampfwerkes ebenso wie bei anderen Einrichtungen der Papiermühle von einer ‹Maschine› zu reden, wie es auch die Zeitgenossen taten. Der Prozeß läuft in großen Teilen selbsttätig ab, der Arbeiter hat Kontrolle, Wartung, Reparatur, Rohstoffzugabe und Produktentnahme zu bewerkstelligen. Zwar ist er bei der Prozeßkontrolle auf Erfahrungswissen angewiesen, aber dies ist vielfach in vergleichbaren industriellen Arbeitsbereichen genauso der Fall. Der wesentlichste Unterschied zum industriellen System besteht in der direkten Form der Naturabhängigkeit, die beispielsweise bei den Problemen mit dem Stand des Antriebswassers, der Witterung etc. deutlich wird.

Der Holländer oder das ‹holländische Geschirr›

Der deutsche Kameralist Johann Joachim Becher veröffentlichte 1682 ein Buch mit dem eigenartigen Titel ‹Närrische Weißheit und Weise Narrheit›, in dem er u. a. auch von einer neuen Papiermühle berichtet:

«Ich habe aber eine neue Art von einer Papier-Mühle zu Serndamm in Holland gesehen / welche ohne einigen Stämpffel gehet / sondern durch eine Waltze in kurtzer Zeit und mit leichter Mühe die Lumpen zu einer Pappe gepreßt werden / welches sehr compendiös und wohl Anmerckens würdig» (Becher, 1682, S. 68f.).

Becher hatte damals eine ‹technologische Reise› gemacht und war über Holland nach England gefahren. Unter dem im Text genannten Serndamm ist Zaandam bei Amsterdam zu verstehen, das er 1680 besucht hatte.

Neben diesem ersten Bericht über den Holländer in einem deutschen Buch sind dann 1718 in dem Mühlenbuch von Leonhard Christoph Sturm die ersten Abbildungen eines Holländers, ebenfalls nach der Einrichtung der Zaandamer Mühle gezeichnet, zu finden (Abb. 22). Auch Sturm lobt die Vorzüge des Holländers gegenüber dem Lumpenstampfwerk. Bei Erscheinen seines Buches wurden gerade die ersten ‹holländischen Werke› in einigen deutschen Papiermühlen eingeführt.

Ein Erfinder dieser Maschine konnte bis heute nicht namhaft gemacht werden, das ist kein Zufall. Es handelt sich bei der Innovation des Holländers um den typischen Fall einer Maschine, die sich aus einer regionalspezifischen Ausprägung der Gewerbetechnologie und dem intensiven Zusammenwirken verschiedener dort angesiedelter Gewerbe entwickelte.

Von seiner Anlage her war der Holländer zwar voll in die Wasserpapiermühle integrierbar, seine Entstehung ist aber durch die Sonderform der holländischen Papiermacherei, wie sie sich auf der Basis des Windkraftantriebs entwickelte, bedingt worden:

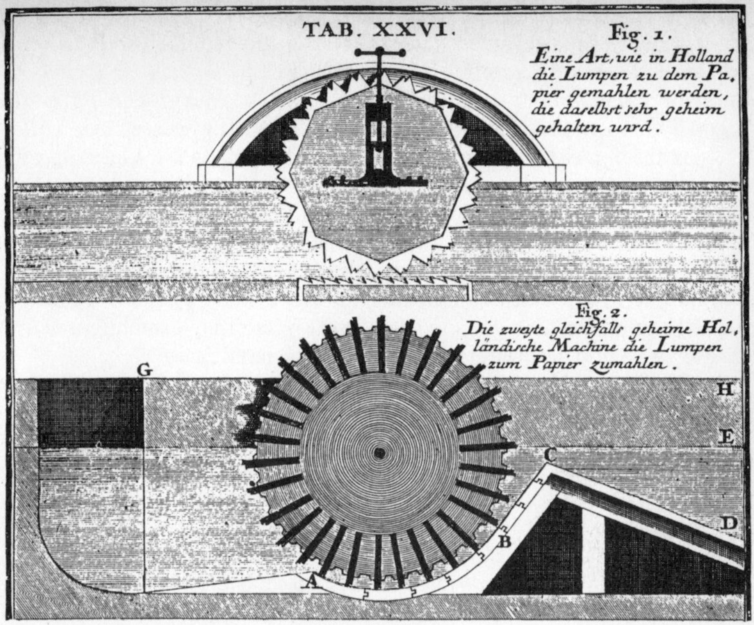

22: Erste bildliche Darstellung des Holländers, 1718.
Fig. 1: Messerwalze zum groben Zerreißen der Lumpen.
Fig. 2: Messerwalze zum Feinmahlen.

«In den zaanländischen Windpapiermühlen wurden schon früh die Hadern erst mit der ‹Kapperij› zerkleinert, dann gemahlen in einem Werkzeug, vielleicht aus dem Kollergang entwickelt, doch um 1670 schon ganz einem Holländer ähnlich. 1673 wird dieses Mahlwerkzeug verbessert, die eisernen Schienen [Messer] und die eiserne Platte werden durch Messer und Platte aus Metall [Mischung von Kupfer, Messing und Silber] ersetzt. Hierdurch wird die Herstellung von weißem Schreibpapier in den Windmühlen möglich. Die ersten Benützer dieses verbesserten Holländers waren Gerrit Pietersz van der Ley und sein Sohn Pieter Gerritsz, welche 1674 die Mühlen ‹De Bonsem› und ‹De Wever› hiermit ausstatteten. Gleichzeitig wurde dieselbe Verbesserung von anderen erfunden, u. a. von Maerten Cornelisz Sevenhuysen» (Voorn, 1955, S. 38ff.).

Hier wird also keine direkt-einmalige Erfindung des Holländers gesehen, sondern seine Entwicklung im Rahmen eines bestimmten Produktionsprozesses betont; wir haben damit denselben Sachverhalt vorliegen, wie er auch für die Einführung des Lumpenstampfwerks in der Papierproduktion gilt.

Nun stellten in der zaanländischen Windpapiermacherei andere Ausgangsmaterialien als die üblichen Lumpen den Rohstoff zum Papier: Schiffstaue, Seile und Fischernetze. Da diese widerstandsfähiger waren, existierten andere Rohstoffaufbereitungsmaschinen: die sog. Kapperij, ein Stampfwerk mit nur wenigen Stempeln, die aber mit großen, scharfen Schneidemessern bestückt waren, und der Kollergang. Diese beiden Maschinen waren nicht nur dem speziellen Rohstoff angepaßt, sondern auch aus anderen Gewerben, die in der Zaangegend betrieben wurden, bekannt. Unter anderem waren sie in Farbstoff- und Tabakmühlen üblich. So scheint sich der Holländer infolge eines Zusammenwirkens von alternativer Rohstoffbasis, anderer regionalspezifischer Gewerbetechnik und Windmühlen- statt Wassermühlenantrieb entwickelt zu haben. Dennoch stellte er eine Maschine dar, die leicht in die Wasserpapiermühle zu übernehmen war, und verbreitete sich dementsprechend rasch.

An Einführungsdaten wird für das Gebiet des alten deutschen Reiches als frühestens das Jahr 1710 genannt, in dem in Bensen in Böhmen ein Holländer aufgestellt wurde. Die Mühle gehörte der weitverzweigten Papiermacherfamilie Ossendorf, die gegenüber Neuerungen aufgeschlossen war und an der Verbreitung der Papiermacherei im südöstlichen Teil des Reichs großen Anteil hatte (Eineder, 1960; Neder, 1906; Thiel, 1940). Weniger bekannt ist die Einführung eines Holländers in Raumland an der Eder bereits 1717, in Semil in Böhmen zwischen 1715 und 1718 und in Wörschweiler in der Rheinpfalz 1725. Eine der ältesten ‹Holländermühlen›, die Papiermühle am Werbellin-Kanal, die von der Brandenburgischen Regierung erbaut und 1712 fertiggestellt wurde, zeigt, daß sich des öfteren aus Gründen der Gewerbeförderung die staatliche Verwaltung selbst um die Anschaffung dieser Maschine bemühte. Dasselbe gilt für die älteste Papiermühle des Markgrafentums Ansbach-Bayreuth in Moschendorf bei Hof an der Saale. Dort wurde ebenfalls auf obrigkeitlichen Befehl hin der Holländer eingeführt, allerdings erst im Jahre 1773 (Bayerl, 1983, S. 272 ff.).

Der Holländer bedeutete im Endeffekt die Ersetzung des Stampfprinzips durch das Walzprinzip (Abb. 23, 24). Die Vorteile für die Kraftübertragung sind offensichtlich. Die Holländerwalze konnte mit einem bedeutend geringeren Kraftaufwand bewegt werden, als ihn die Hebung der schweren Stampfhämmer erforderte. Es ist aber nicht so, daß die Bearbeitung des Zeugs im Holländer nur Vorteile gehabt hätte. Grundsätzlich wirkten die Stampfgeschirre durch normalen Stoß, sie quetschten also die Fasergewebe und zerteilten die Faserbündel nach ihrer Längsachse. Die Holländer hingegen wirkten reibend durch ihren gleitenden Druck und zerrissen die Fasern auch nach ihrer Querachse. Aus dieser unterschiedlichen Bearbeitungsweise erklärt noch 1896 Dahlheim, Verfasser eines Handbuchs für Papierfabrikanten, die größere Brüchigkeit des mit dem Holländer gefertigten Papiers. Allerdings hängt dies auch von der jewei-

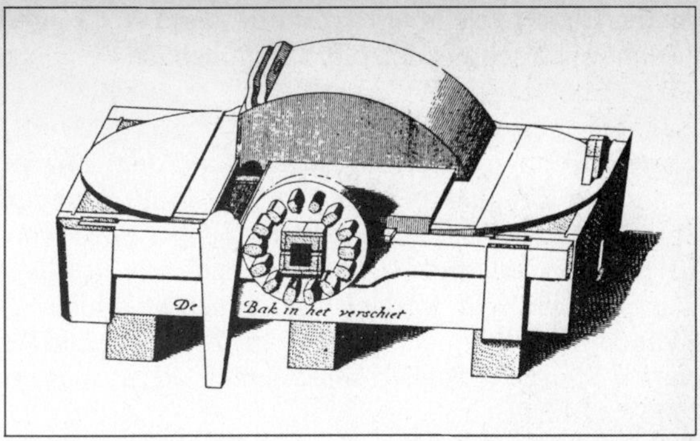

23: Holländer mit geschlossener Haube, 1734. Die Haube verhindert bei der Rotation der Messerwalze das Herausschleudern des Papierstoffs.

ligen Einstellung des Holländermahlwerks ab (Dahlheim, 1896). Auch bei der Produktion bestimmter Papiersorten war mit dem Stampfgeschirr eine bessere Qualität zu erzielen. So heißt es 1825 in einem Bericht über die Papierfabrikation im preußischen Staat, daß das Kupferdruckpapier,

24: Das Holländergeschirr in der Wasserpapiermühle Arnheim mit aufgeklappter Schutzhaube.

das aus Frankreich importiert wurde, aus dem Grunde so gut geeignet sei, weil die Bearbeitung durch die Stampfen ein weicheres Papier ergebe als die Bearbeitung im Holländer.

Insgesamt freilich überwogen die Vorzüge des Holländers, die auch von den Zeitgenossen herausgestrichen wurden. So wurde nicht nur die schnellere Zeugbearbeitung – die im Lumpenstampfwerk ungefähr 24 Stunden dauernde Bearbeitung des Zeuges wurde vom Holländer in 8 bis 10 Stunden erledigt –, sondern auch die Reparaturanfälligkeit des Stampfgeschirrs im Vergleich zur neuen Maschine betont. Während der Zylinder des Holländers über 15 bis 20 Jahre ohne Reparatur laufe, mache das Stampfwerk alle 5 Jahre eine starke Ausbesserung nötig (Bergius, 1780, S. 242ff).

Von größter Bedeutung beim Holländer allerdings war, daß die Bewegung der Masse in fortlaufendem Fluß gehalten wurde und weniger Eingriffe des Mühlbereiters erforderte, als zur Regulierung des Bewegungsablaufs im Stampfloch notwendig waren. Wir sahen ja bereits beim Stampfgeschirr, daß dort durch sinnvolle technische Einrichtung ein Bewegungsfluß der Lumpen-/Zeugmasse gegeben war, der allerdings neben der Kontrolle gelegentlich auch der Nachhilfe per Hand bedurfte. Dieses Verfahren war im Holländer durch die Walzenbewegung und eine entsprechende Bodenform des Holländerkastens wesentlich verbessert und die Tätigkeit des Mühlbereiters hierbei im hauptsächlichen auf die Kontrolle beschränkt worden. Darüber hinaus entfiel der Transport der Lumpen von Loch zu Loch, wie er bei den verschiedenen Bearbeitungsstufen des Stampfgeschirrs immer noch notwendig war, zugleich war damit auch eine Gefahrenquelle beseitigt.

Nachdem die Rohstoffaufbereitung in der Papiermacherei bereits durch das Stampfwerk mechanisiert worden war, haben wir hier den zweiten wesentlichen Schritt, um den Produktionsfluß in der vorindustriellen Papiermacherei zu verbessern. Hierdurch war auch eine erhebliche Steigerung der Produktivität und teilweise Verbesserung des Produkts gegeben:

> «Aus der bisherigen Beschreibung hat man ersehen, daß durch die sogenannten Holländer zwei drittel Zeit, gegen die Stampfen erspart werde; jedoch sind dieses nicht alle Vorzüge welche die Walzen vor die Stampfen haben. Letztere sind nicht im Stande die Zerreissung der Masse so vollkommen, so gleichförmig zu bewürken, als die Schleifwalzen, durch deren Schienen, alle die verschiedene Lumpen ohne Unterschied, und ohne Zwischenzeit durchgehen, mithin allezeit eine gleichartige und allenthalben übereinstimmende Materie ausmachen müssen, daher denn auch das holländische Papier eine vorzügliche Gleichförmigkeit und innige Vereinigung seiner Bestandtheile behauptet» (Pfeiffer, 1780, S. 67f.).

Trotzdem wurden, da die Aufbereitung durch das Stampfwerk einige Vorzüge bot, im allgemeinen Holländer und Stampfwerk nebeneinander betrieben. Seit der Einführung des Holländers in Deutschland in den ersten Jahrzehnten des 18. Jahrhunderts hatte es sich eingebürgert, daß die erste Bearbeitungsphase (Halbzeug) vom Stampfgeschirr, die zweite (Ganzzeug) vom Holländer übernommen wurde. Im letzten Drittel des 18. Jahrhunderts wurden dann in Deutschland zunehmend neue Papiermühlen gegründet, die völlig auf das Stampfgeschirr verzichteten und nur mit mehreren Holländern betrieben wurden. Da dies aber nicht für sämtliche Regionen des Reiches galt und sich auch in den herkömmlichen Papiermühlen das Stampfgeschirr weiterhin hielt, kann von einer endgültigen Ablösung des Stampfgeschirrs erst gegen Mitte des 19. Jahrhunderts gesprochen werden, als die alten Papiermühlen ohnehin allmählich ihren Betrieb einstellten. Das Prinzip des Holländers hingegen war den Bedürfnissen des industriellen Systems bereits so angemessen, daß er eine Weiterentwicklung während der Industrialisierung erfuhr und noch heute bei der Produktion von Spezialpapier eine der wichtigsten Maschinen in der Papierproduktion darstellt.

Die Darstellung des Produkts: Arbeit an der Bütte und das Trocknen des Papiers

Mit Übernahme der Papiermacherei nach Europa wurde der Kernprozeß der Produktion, das Schöpfen des Papiers aus der Bütte, wesentlich verändert: Er wurde arbeitsteilig eingerichtet und war damit sehr viel effektiver und moderner als in der nichteuropäischen Produktion. Allerdings blieb sich dieser Arbeitsvorgang dann über Jahrhunderte hinweg gleich, während bei den anderen Arbeitsschritten schon vor der Industrialisierung einige Tätigkeiten mechanisiert wurden. Im Arbeitsbereich des Schöpfens wurde lediglich die Mischung der Zeugmasse im Rechenkasten mechanisiert, ferner kamen auch wasserkraftgetriebene Pressen gegen Ende des 18. Jahrhunderts auf. Ansonsten blieb der zentrale Arbeitsprozeß der vorindustriellen Papiermacherei Handarbeit.

‹Kleine Mechanisierung› am Rande – die Mischung der Zeugmasse im Rechenkasten

Nach der Verarbeitung der Lumpen zur Zeugmasse war diese gelagert worden und damit auch ein wenig eingetrocknet. Für das Papierschöpfen war es nun notwendig, diese Masse gleichmäßig im Wasser der Bütte zu verteilen; je besser Zeug und Wasser in der Bütte miteinander vermischt waren, desto besser und gleichmäßiger wurde das geschöpfte Papier.

Lange Zeit gab man so Kübel für Kübel vom Zeug in die Bütte und verrührte es mit dem Wasser, was sehr umständlich und zeitraubend war. Im 17. Jahrhundert taucht in der Literatur die Erwähnung des ‹Rechenkastens› auf; daraus ist zu schließen, daß er wohl in der ersten Hälfte dieses Jahrhunderts in verschiedenen deutschen Mühlen eingeführt war. Im Gegensatz zu Deutschland ist in französischen oder holländischen Quellen dieser Rechenkasten nicht erwähnt, er muß also eine deutsche Spezialität gewesen sein. Dies mag auch mit der jeweils etwas unterschiedlichen Art des Schöpfens zusammenhängen.

Ein solcher Rechenkasten ist zum erstenmal im ‹Orbis sensualium pictus oder Die sichtbare Welt› des Johann Amos Comenius (1592 bis 1670) abgebildet (Abb. 25). Dieses 1658 erschienene Werk war das berühmteste Schulbuch seiner Zeit und wollte in anschaulichen Bildern die ‹ganze sichtbare Welt› darstellen. Neben anderen Produktionsprozessen ist auch ein Kapitel der Papiermacherei gewidmet. In der Folgezeit ist die Abbildung oder Erwähnung des Rechenkastens dann häufiger zu finden.

Wir haben mit diesem Rechen, Rechenkasten oder Rührzeug eine Mechanik vorliegen, die zwar frühzeitig in die deutsche Papiermacherei Eingang gefunden hat, seltsamerweise in der Papiergeschichtsschreibung aber kaum berücksichtigt wird. Durch den Rechenkasten wurde ein Arbeitsgang mechanisiert, der bisher von Hand ausgeführt werden mußte. Man sollte diese Erfindung, wenn sie auch im Gesamtrahmen der Papiermühle nur eine nebensächliche Maschine darstellt, nicht unterbewerten.

Der Rechenkasten funktionierte folgendermaßen: In ein viereckiges Becken wurde Wasser eingelassen und der Zeug hinzugegeben. Über dem Kasten befand sich eine senkrechte Rührstange, die vom Wasserradantrieb über einige Übertragungsmechanismen hin und her gezogen wurde und deren unteres, ins Wasser tauchendes Ende mit Quersprossen versehen war, die somit wie ein Kamm oder Rechen durch Zeug- und

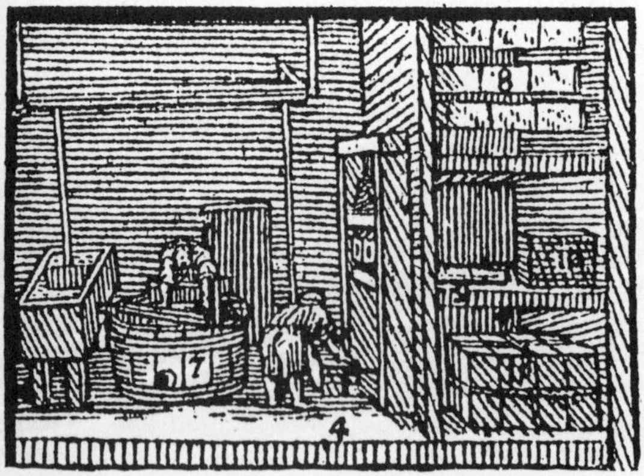

25: Rechen in einer Papiermühle, 1658.

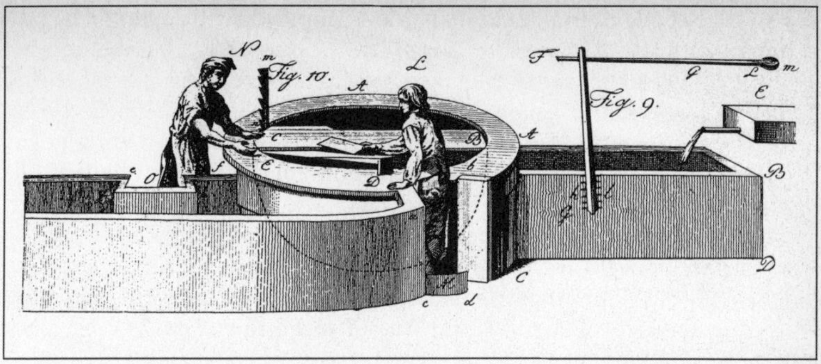

26: Bütte und Büttenarbeit. Interessant ist bei dieser Darstellung, daß durch Zusammenfassung von Rechentrog mit Wasserzuführungskasten, Bütte sowie Schöpfer- und Gautschstuhl ein geschlossenes System entstanden ist, bei dem von rechts nach links ein durch das Gerät vorgegebener ‹Fließprozeß› etabliert wurde, in dem die beiden Arbeitskräfte voll integriert sind.

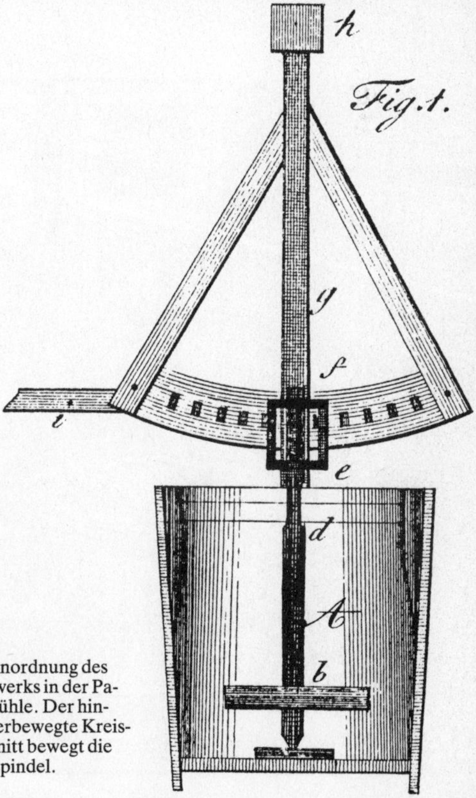

27: Anordnung des Rührwerks in der Papiermühle. Der hin- und herbewegte Kreisauschnitt bewegt die Rührspindel.

Wassermassen hindurchgezogen wurden. Der Zeug wurde im Rechenkasten damit für die Arbeit in der Bütte besser als vorher aufbereitet (Abb. 26). Dieser Rechenkasten wurde nahezu hundertfünfzig Jahre lang beibehalten, erfuhr aber kurz vor der Industrialisierung eine Verbesserung. Er wurde nun als Rührwerk gebaut und war in dieser Form gegen Ende des 18. Jahrhunderts wohl in einigen Papiermühlen zu finden. Die Kreisbewegung des Wasserrads wurde nach wie vor in eine Hin- und Herbewegung übersetzt, damit aber nicht mehr ein Rechen hin- und hergezogen, sondern durch eine weitere Übersetzung in eine Drehbewegung erreicht, daß ein Quirl angetrieben wurde. Damit war also ein Rührwerk vorhanden, das die Zeugmasse im Wasser verquirlte (Abb. 27).

Das Schöpfen, Gautschen, Pressen und Legen

Daß die Arbeit an der Bütte (Abb. 28) der Kernprozeß der vorindustriellen Papiermacherei war, geht schon aus einer Definition dessen, was Papier ist, hervor:

28: Arbeit an der Bütte, 1568. Der Büttgeselle steht an einer einfachen Bütte. Rechts am Bildrand eine Ablage zum Gautschen der geschöpften Bogen. Der Lehrling trägt einen Stapel Papierbogen zur Presse.

«Unter Papier versteht man ein aus einem mit Wasser verdünnten Faserbrei hergestelltes Erzeugnis, bei dem die Fasern künstlich (ursprünglich auf dem Schöpfsieb des Handschöpfers, in der späteren Zeit auf dem endlosen Sieb der Papiermaschine) verfilzt und unter nachträglicher Entziehung des Wassers durch Pressen und Wärme zum Trocknen gebracht werden ... Daß ein Sieb aus feinen Metalldrähten die zarten, dem Auge nicht sichtbaren Fasern auf seiner Oberfläche sammelt, daß es dem Schöpfgesellen gelingt, seinen Rahmen in so gleichmäßige Schüttelbewegung zu versetzen, daß sich die Fasern einheitlich miteinander verfilzen und ein in allen Teilen gleichmäßiges Blatt entsteht, ist das eigentliche Wunder der Papierwerdung» (Renker, 1938, S. 14 u. 19).

Nachdem die Rohstoffaufbereitung der Aufschließung der Fasern gedient hatte, erfolgte nun ihre Verfilzung; die restlichen Bearbeitungsschritte dienten der Entwässerung sowie der Formvollendung und Oberflächenbehandlung des Bogens durch das Glätten und ferner der Erzielung bestimmter Qualitäten des Papiers.

Die Arbeit an der Bütte – Schöpfen, Gautschen, Pressen und Legen – umfaßt folgende Einzelarbeitsschritte:

Der Schöpfgeselle steht mit der Siebform in der Hand im Schöpferstuhl, einem Bretterverschlag hinter der Bütte, der ihn vor der Nässe beim Schöpfen schützen soll (Abb. 29). Auf das Sieb oder die Form legt er nun den Deckel (Abb. 30). Dies ist ein Rahmen, der auf der Oberseite des

29: Arbeit an der Bütte im 18. Jahrhundert. Schöpfer, Gautscher und Leger arbeiten erkennbar Hand in Hand. Auf dem Steg über der Bütte schiebt der Schöpfer dem Gautscher das Sieb zu.

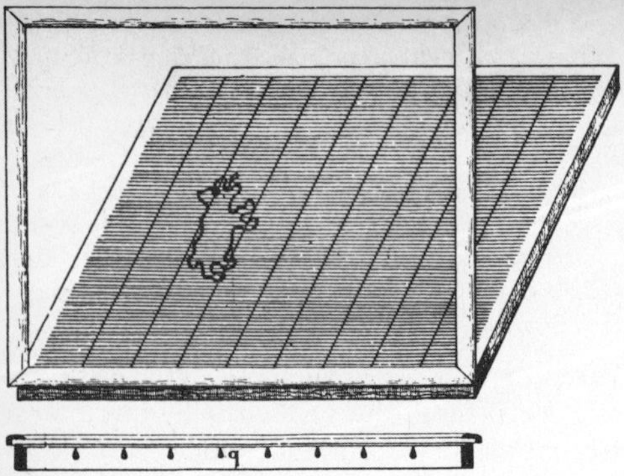

30: Siebform mit aufgeklapptem Deckel. Darunter Querschnitt durch die Form mit zugeklapptem Deckel.

Siebes liegt und dessen Ränder abschließt. Dadurch fließt der Papierbrei nicht völlig ab, sondern bleibt in einer bestimmten Dicke, der späteren Blattstärke, auf dem Sieb liegen. Nun taucht der Schöpfer Siebform samt Deckel mit beiden Händen ins Wasser und schöpft beim Hochheben die Form voll. Dann hält er das Schöpfsieb über der Bütte, damit das überschüssige Wasser über den Rahmen hinweg in breitem Fluß ablaufen kann (Abb. 31). Ist dies geschehen, schüttelt er die Form in mehreren Richtun-

31: Der Schöpfer hat soeben die Form aus der Bütte gehoben. Der überflüssige Papierbrei läuft über den Rahmen des Siebes ab.

32: Schöpfer in der Papiermühle Arnheim. Er nimmt den Deckel von der Form ab, der frisch geschöpfte Bogen haftet noch auf dem Sieb.

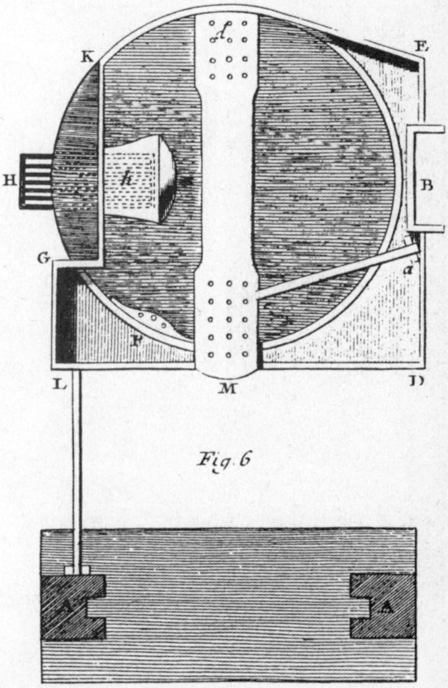

33: Bütte in der Draufsicht. Auf dem Steg a schiebt der Schöpfer, er steht bei B, dem Gautscher, der bei L steht, die Form mit dem fertigen Bogen zu. Dieser lehnt sie zum Abtropfen an den Esel F und legt einen Filz auf den Papierstapel zwischen Bütte und Presse A. Dann nimmt er die Form und gautscht den Bogen auf das Filztuch des Papierstapels. Danach schiebt er die leere Form auf dem Quersteg M wieder dem Schöpfer zu (s. Abb. 28).

gen hin und her, damit sich die Fasern gleichmäßig auf dem Sieb verteilen. Zudem dient dies dem weiteren Wasserablauf durch die Zwischenräume der Siebdrähte hindurch. Dieser Vorgang verlangt viel Geschick und ist wesentlich für die spätere Gleichmäßigkeit und stete Dicke des Blattes. Dann nimmt der Schöpfer den Rahmendeckel ab (Abb. 32) und schiebt die Siebform auf dem Steg (Abb. 33) dem ihm schräg gegenüber stehenden Gautscher zu. Gleichzeitig erhält er auf dem Quersteg von diesem eine zweite, leere Form, auf die er nun seinen Deckel wieder aufsetzt und den Schöpfvorgang von vorne beginnt.

Der Gautscher, der ebenfalls zum Schutz gegen die Feuchtigkeit in einem ‹Stuhl› steht, nimmt die Form mit dem geschöpften Blatt vom Büt-

34: Papierschöpfen in einer englischen Mühle, um 1750. Durch den Blickwinkel ist hier gut zu erkennen, wie der Pauscht O nach P direkt in die Naßpresse gezogen werden kann. Die Wirkung der Naßpresse wird durch die Haspel G, mit der der Preßbalken über ein Seil angezogen werden kann, gesteigert.

35: Pressen mit Hilfe der Haspel.

tensteg auf und lehnt sie einen Moment lang an ein Holzgestell am Büttenrand, den Esel, damit restliches Wasser abtropfen kann. Während die Form am Esel lehnt, legt er einen neuen Filz auf den Stapel seines Gautschbretts und kippt dann die Form auf den Filz – er ‹gautscht den Bogen ab›.

Wenn ein Pauscht (181 Bogen) geschöpft ist, wird dieser auf dem Gautschbrett unter die Presse gebracht. Durch ein Signal – Klingeln, Pfeifen oder Tuten – werden weitere Arbeiter herbeigerufen, denn das Naßpressen erfordert einen hohen Kraftaufwand. Nachdem die Schraube der Presse angezogen ist, müssen sich alle mit voller Kraft ‹ins Zeug stemmen›, d. h. den in die Löcher des Schraubenkopfes gesteckten Preßbalken, den ‹Preßbengel›, mit voller Kraft drücken und ziehen. Wenn dann die Leistung, die mit dieser Hebelwirkung erreicht werden kann, ausgeschöpft ist, wird um das Ende des Preßbalkens ein Seil gelegt, das an einer Haspel, die einige Meter von der Naßpresse entfernt steht, befestigt ist. Diese Haspel wird nun von den Leuten gedreht und dadurch die Preßleistung erneut erhöht (Abb. 34, 35).

Vor dem Schöpfen des nächsten Pauschtes wird frischer Zeug aus dem Rechenkasten in die Bütte gegeben und erneut durchgerührt, damit er sich gut mit dem Wasser vermischt. Ferner wechseln nach bestimmten Zeitabständen, oft jede Stunde, die beiden Gesellen an der Bütte, manchmal auch einschließlich des Legers alle drei, ihren Platz, da das Schöpfen anstrengender als das Gautschen und Legen ist.

Der in der Naßpresse ausgepreßte Pauscht kommt nun zum dritten Gesellen an der Bütte, dem Leger. Dieser sortiert Filze und Papierbogen auseinander, legt die Filze zum neuen Gebrauch auf einen eigenen Haufen und schichtet die Papierbogen auf den sogenannten Legestuhl, ein Brett, auf dem jeder Bogen einzeln ausgebreitet und am Rande mit ‹Schlitten› oder ‹Schleppe› – dies ist ein mit Tuch überzogenes schmales Brettchen oder eine Schindel – beschwert wird. Auf diese Weise werden die Bogen glattgezogen, in eine ordentliche Form gebracht und gestapelt. Die Stapel, die sogenannten weißen Pauschte, werden anschließend in der Trockenpresse ausgepreßt, bevor man schließlich die Bogen zum Trocknen aufhängt.

Der Leger arbeitet als dritter Mann an der Bütte zwar mit dem Schöpfer und Gautscher zusammen, seine Arbeit ist jedoch etwas unabhängiger vom Rhythmus der beiden anderen:

«Die Beschäftigungen der zwei ersten Arbeiter sind nothwendig mit einander verbunden; aber der Leger kann geschwinder fertig werden als die beiden andern» (Seebaß, um 1800, S. 86).

Hieraus erklären sich Zusatzarbeiten, die der Leger zu machen hat, beispielsweise den Zeug in die Bütte zu füllen. Insgesamt sind aber die Arbeitsintervalle der Leute an der Bütte aufeinander abgestimmt.

Handwerksgeschick, Akkord oder Pfusch?

Die Beschreibung der Arbeit an der Bütte gibt Anlaß zu einer allgemeineren Überlegung. Häufig wird die Auffassung vertreten, daß erst mit Einführung der industriellen Maschinerie in der Fabrik repetitive Teilarbeit und Leistungsdruck entstanden seien, während die vorindustrielle Arbeit durch eine freiere, individuell-schöpferische Tätigkeit gekennzeichnet gewesen sei. Dies stellt aber eine verkürzte und reduzierte Anschauung der seinerzeitigen Arbeitswelt dar und führt zu irrtümlichen Vorstellungen einer vorindustriellen Idylle, wie sie sich teilweise auch in der Geschichtsschreibung finden:

«Die Aussagen zum vorindustriellen Arbeitsplatz stützen sich auf eine heroisierende Handwerksgeschichte sowie eine interessierte Betriebsgeschichtsschreibung. Hier verbinden sich dann oft handwerkliche Traditionspflege, Sozialromantik und betriebliche oder branchenspezifische Imagepflege zu einer irreführenden Darstellung historischer Arbeitswelten. Im handwerklichen Bereich lag eine weit größere Differenzierung der einzelnen Arbeitsplätze vor, als man landläufig annimmt. Schon im Mittelalter können wir eine stark arbeitsteilige, auf repetitiver Teilarbeit beruhende Arbeitsgestaltung beobachten. Dieser Prozeß vollzog sich zum einen in einer weitgehenden Ausdifferenzierung einzelner Berufe, zum anderen in der Kombination einzelner Produktionsphasen mit spezifischen, voneinander getrennten Arbeitsplätzen» (Troitzsch/Wohlauf, 1980, S. 25).

Gerade die Arbeit an der Bütte, häufig als die ‹schöpferische› Tätigkeit der Papiermacherei schlechthin herausgestellt, verdeutlicht die ‹neue Qualität› vorindustrieller Arbeit seit der technisch-gewerblichen Revolution des Spätmittelalters. Wenn handwerkliche Arbeit gekennzeichnet ist durch langes Erfahrungswissen, persönliches Geschick und individuelle Arbeitstechnik, dann kommt hier etwas Neues hinzu, nämlich das Bemühen, in der vorgegebenen Zeit möglichst viele Bogen zu schöpfen. Teilweise wurde auch bereits das Stücklohnverfahren eingeführt. Es überschneiden sich also bereits in der vorindustriellen Papiermacherei der herkömmlich handwerkliche, an der Produktqualität orientierte und der moderne zeitorientierte Arbeitsstil.

So war zum einen die Qualität des Produkts weitgehend abhängig von der individuellen Geschicklichkeit des Schöpfgesellen: Beim Schöpfen wurden die gleichmäßige Form des Bogens, die gleichmäßige Dicke des Blattes, die saubere Oberfläche etc. bewirkt oder nicht bewirkt (Abb. 36)! Die Möglichkeiten, beim Schöpfen, Gautschen oder Legen das Papier zu verderben, waren zahlreich. Der Papiermüller Keferstein schilderte dies in seinem ‹Unterricht eines Papiermachers an seine Söhne›

36: Büttgeselle, Gautscher und Leger bei der Arbeit. Zwischen Gautscher und Leger steht die Naßpresse.

im Jahre 1766, wenn er darin meinte, daß sich die Leute zwar wunderten, daß die Handgriffe beim Gautschen so geschwind erfolgten und auch das Legen recht leicht anzusehen sei; bei beidem aber, genau wie beim Schöpfen, vielfältige Fehler gemacht werden könnten. Und im einzelnen mahnte er:

«Begreifet das Gautschen recht, ohne Tropfen zu werfen, und gewöhnt Euch einen guten Zug bey der Bütte an, das ist, macht den ersten Bogem vom Post [Pauscht] nicht stärker, als den letzten, sorget, daß Euch der Deckel schneidet [d. h., daß der Rahmendeckel der Siebform gut abschließen soll, damit keine ausgefransten Blattränder entstehen], und lasset von diesem keine Tropfen an den gemachten Bogen fallen: überhaupt macht euer Papier egal stark» (Keferstein, 1766, S. 26).

Damit nannte er einige der seinerzeitigen Hauptfehler: mehrfach geht er darauf ein, daß am Ende eines Pauschtes andere Blattdicken geschöpft würden als zu Beginn – dies hänge damit zusammen, daß der Zeug in der Bütte weniger wird; der geschickte Geselle muß dies beim Schöpfen ausgleichen und ferner während des Schöpfens des öfteren den Stoff in der Bütte umrühren. Diese Hinweise auf Mißgeschicklichkeiten, die bereits beim Schöpfen den Bogen verderben konnten, zeigen schon, wie sehr der Erfolg dieser Arbeitsvorgänge auf der Geschicklichkeit der Papiermacher beruhte.

Die andere Dimension der Arbeit an der Bütte war jedoch die der Leistung, d. h. der Erstellung möglichst vieler Bogen. Daß hier häufig eine Art ‹akkordmäßiger Arbeit› vorlag, wird in der Literatur durchaus belegt, und man kann dies nicht nur den Klagen der Zeitgenossen über zu schnelle und daher schlampige Arbeit entnehmen, sondern auch anhand von entsprechend vorgeschriebenen Mindestmengen, die pro Tag zu schöpfen waren, sowie Bezahlungsweisen, die sich an der Menge der geschöpften Bogen orientierten. So wird die Geschwindigkeit des Produzierens in einer Schilderung aus der Mitte des 18. Jahrhunderts recht deutlich:

«Solchergestalt siehet man, daß vermittelst zweyer Formen, die unaufhörlich in Bewegung sind, keine Zeit verlohren gehet. Während der Zeit, daß die eine Forme eingetauchet wird; so wird der Bogen aus der andern Forme geleget. Wenn der Büttgeselle dem Kautscher eine Forme zuschiebet; so empfängt er eine andere, die leer ist, auf welche er den Deckel thut, den er von der ersten abnimmt: und er tauchet so fort von neuen ein.

Die Arbeiten, die wir iezt beschrieben haben, gehen so geschwind von statten, daß sieben bis achte Bogen von mittlerer Große, so wie das Kronenpapier [bestimmtes Format], in der Minute gemacht werden können dergestalt, daß ein Büttgeselle acht Rieß [rd. 400 Bogen] den Tag über machen kann. Es würde in der That nützlicher seyn, wenn man langsamer verführe; das Papier würde dadurch viel besser werden. Man wird in denen Reglements wahrnehmen, daß man genöthiget worden ist, denen Arbeitern zu verbiethen, daß sie das gewöhnliche Tagewerk nicht übersteigen, oder dasselbe allein in dem Vormittage verfertigen sollen; indem man befürchtet hat, daß der Mißbrauch hierinnen noch größer werden möchte» (de la Lande, 1762, S. 371).

Hier wird die problematische Beziehung zwischen Qualität und Quantität des geschöpften Papiers deutlich, andererseits auch die Tatsache, daß Leistungsdruck nicht nur von außen durch den Unternehmer ausgeübt wurde, sondern auch durch die eigenen Gewinnerwartungen der Papiergesellen. Allerdings verschärften sich die Anforderungen gegen Ende des 18., Anfang des 19. Jahrhunderts, als sich der ‹industrielle Geist› allmählich durchsetzte und die alten Mitsprache- und Schutzrechte der Gesellen immer weniger galten. Die Arbeitsordnungen der Krauthausener Papiermanufaktur sind hier sehr aufschlußreich, da sie aus einer Papiermühle stammen, die von einer in mehreren Betriebsbereichen tätigen Industriellenfamilie bereits gegen Ende des 18. Jahrhunderts im Sinne neuer kapitalistischer Rationalität betrieben wurde. Hier wurden durch Vorschriften die Arbeitserleichterungen der Büttgesellen abgebaut, was zugleich zu einer Dequalifizierung führte. So heißt es in Artikel 5 der «Verordnung, auf welcher Art und Weise die Bütten-Knechten auf der Krauthausener Papier-Mühle gehalten sind, die Post-Papiere zu verfertigen» vom 18. Mai 1814:

«Das Abwechseln an den Bütten und dem Kutsch-Stuhl wird nicht erlaubt, sondern ein Bütten-Knecht muß beständig scheppen, und sein Kamerad beständig kutschen, indem dadurch das Papier egaler gearbeitet wird» (Geuenich, 1959, S. 434).

Mit diesem Artikel wird also das bereits erwähnte ‹Rundarbeiten› an der Bütte verboten: Da das Schöpfen der anstrengendste Teil der Büttarbeiten war, wurde herkömmlicherweise entweder nach jedem Pauscht oder in bestimmten Zeitintervallen zwischen Schöpfgesellen, Gautscher und Leger oder aber, wenn der Leger nicht schöpfen konnte, zwischen Schöpfgesellen und Gautscher abgewechselt. Bei einem Verbot dieses Abwechselns konnte man zwar bessere Qualität und Quantität an Papierbögen erzielen, es bedeutete aber gleichzeitig eine Erschwernis durch die Gleichförmigkeit der Arbeit und führte auch dazu, daß sich jeder der drei Büttgesellen auf nur eine der drei Tätigkeiten spezialisierte und damit an allgemeinerer Qualifikation verlor.

So war also auch in der vorindustriellen Arbeit der Prozeß der Arbeitsteilung und einer eventuell mit ihr einhergehenden Dequalifikation bereits gegeben, wenngleich er im Industrialisierungsverlauf erneut und verstärkt auftrat.

Körperkraft oder Kapital –
Pressen am Ende des 18. Jahrhunderts

Der Vorgang des Naß- und Trockenpressens der frischgeschöpften Bogen wurde bereits angesprochen. Am Ende des 18. und Anfang des 19. Jahrhunderts gab es hier einige Neuerungen. Diese verbreiteten sich vermutlich nicht allgemein, waren aber doch in einigen Papiermühlen eingeführt. Sie sind deshalb erwähnenswert, weil sie wiederum auf generelle Probleme vorindustrieller Arbeit sowie Strukturen des Industrialisierungsvorgangs hinweisen. Die Einführung neuer wasserkraftgetriebener Pressen, die sowohl Zeit wie auch Arbeitsaufwand ersparten, war nämlich so kostspielig, daß sich kleinere Papiermühlen nur körperliche Arbeit, nicht jedoch teure Geräte leisten konnten.

Im Regelfall gab es zwei Arten von Pressen in der Papiermühle: die Naßpresse für das Pressen des nassen Pauschtes und die Trockenpresse, in der der sogenannte weiße Pauscht mehrfach gepreßt wurde. Waren diese beiden Pressen in einer Papiermühle vorhanden, so unterschieden sie sich eindeutig in ihrer Größe: Die Naßpresse (Abb. 37) war die gewaltigste, sie erforderte auch den größten Körpereinsatz, die Trockenpresse war kleiner. In schlecht ausgestatteten Papiermühlen stand allerdings für beide Arbeitsvorgänge oft nur eine Presse zur Verfügung. Auch dies war ein Punkt, der die Produktionskapazität einer Papiermühle einschränken konnte:

«Jeder Bogen Papier muß, ehe er verkauft werden kann, mehr als 10mal durch die Preße gehen» (Donndorf, 1789, S. 267).

Die Arbeit an der Naßpresse erforderte hohe Kraft und damit, wie beschrieben, den Einsatz mehrerer Arbeitskräfte. Die Trockenpresse hingegen konnte von nur einem Mann betätigt werden.

Dieser Arbeitsbereich wandelte sich nun – vermutlich war dieser Wandlungsprozeß aber auf die größeren Papiermühlen beschränkt – seit der Mitte des 18. Jahrhunderts in dreifacher Weise:

- zum einen betraf er das Trockenpressen in der Art, wie das Papier dort behandelt wurde, zielte also auf die Glätte des gefertigten Papiers;
- zum zweiten betraf er die Konstruktion und Materialbeschaffenheit der Pressen;
- zum dritten wurde die menschliche Arbeitskraft durch Wasserkraftantrieb ersetzt.

Die erste Neuerung brachte das sogenannte Austauschverfahren. Es handelte sich hierbei um eine neue Art, die weißen Pauschte zu pressen. Während man sie herkömmlicherweise mehrmals für längere Zeit in die Trockenpresse gab, wurden sie nun einmal gepreßt, aus der Presse ge-

37: Naßpresse aus dem 17. Jahrhundert.

nommen, die Bögen durcheinandersortiert – wobei vor allem darauf zu achten war, daß die Blätter gewendet und im neuen Stoß in einer anderen Lage geschichtet wurden – und dann erneut gepreßt. Durch die vielfach veränderte Lage und das Mehrfachpressen sollte die Oberflächenglätte begünstigt werden.

Die zweite Neuerung betraf das Baumaterial der Pressen und brachte den Übergang von Holz zu Eisen. Da aber eiserne Pressen sehr teuer waren, setzten sie sich nur langsam durch. So wurde zuerst das wichtigste Element der Presse, die Spindel, aus dem neuen Material gefertigt. Die hölzerne Presse mit eiserner Spindel war daher die übliche Übergangsform dieser Zeit.

Die dritte Neuerung war die Anwendung sogenannter Wasserpressen (Abb. 38), die nicht mit den späteren hydraulischen Pressen verwechselt werden dürfen: Bei den Wasserpressen wurde die herkömmliche Preß-

38: Wasserpresse der Papiermühle Haynsburg.

technik durch Wasserkraftantrieb bewältigt, die hydraulischen Pressen stellen ein neues Preßprinzip dar.

Wer die Wasserpresse, die eine durchaus wichtige Zwischenform vor der Entwicklung der hydraulischen Presse darstellt, erfunden hat, ist ungeklärt.

Daß es der Papiermacher Johann Michael Luber von der Papiermühle Burgthann war, der sie um 1800 erfunden hätte, ist angesichts der zu dieser Zeit im ‹Journal für Fabrik, Manufaktur, Handlung und Mode› laufenden Diskussionen nicht unbedingt überzeugend (Weiß, 1983, S. 227). Denn Ludwig Keferstein, Papierer in Kröllwitz, und Grove, Papierer in Michaelstein im Harz, lieferten sich zu dieser Zeit (1796 und 1797) mittels Aufsätzen bereits ein Gefecht, wessen Wasserpresse besser sei. So rühmte Keferstein zwar die Arbeitserleichterung und Zeitersparnis, gab aber zu, daß seine Maschine nicht billig sei:

«Diese Maschine ist freilich kostbar und erfordert, wenn sie gut und dauerhaft gemacht werden soll (die eiserne geschnittene Preßspindel und metallene Mutter mit eingerechnet) leicht eine Summe von 500 bis 600 Thalern zu ihrer Anlegung, die sich aber gewiß hinlänglich verzinsen wird» (Keferstein, 1796, S. 367).

Grove kritisierte die hohen Kosten, die Kefersteins Presse verursache, und meinte, bei seiner Seil-Wasserpresse (d. h. durch das Wasserrad wird ein Seil angezogen, das die Preßspindel heruntertreibt, während bei Keferstein die Übertragung von Wasserrad und Preßspindel über hölzerne Kamm- und Stirnräder vermittelt wurde) seien nicht nur die Anschaffungskosten – 120 Taler – geringer, sondern auch die Betriebsergebnisse besser:

«Eine durch Menschenhände getriebene gewöhnliche Presse erfordert zu ihrer Bewegung 5 Menschen; also immer 2 Personen mehr, als an der Bütte mit Verfertigung des Papiers beschäftigt sind. Im Durchschnitt wird täglich 40mal gepreßt: die zu der Presse außer den Arbeitern in der Werkstube nöthigen Personen müssen also eben so oft von ihrer anderweitigen Arbeit abgerufen werden, und von den Böden, oft aus einem Nebengebäude zur Presse eilen. Hieraus entsteht ein doppelter unangenehmer Aufenthalt. Sie werden so oft von ihrer Arbeit entfernt, die darunter ein Beträchtliches leidet; die an der Bütte arbeitenden müssen auf die Ankunft jener Gehülfen warten; und überdieß erfordert das Pressen durch Menschenhände einen Aufwand von 4 Minuten Zeit. Ich rechne nicht zu viel, wenn ich behaupte, daß die an der Bütte stehenden durch diese Verhinderungen täglich jeder eine Stunde, die beiden andern täglich zwei Stunden durch Hin- und Herlaufen und Warten verlieren; gewiß kein unbedeutender Verlust, besonders wo die Arbeit dringend ist und keinen Aufschub verträgt» (Grove, 1797, S. 102).

Die beiden Wasserpressenausführungen von Keferstein und Grove, die für etliche weitere stehen, und die Argumentation der Innovatoren machen jedenfalls deutlich, daß die Investitionskosten für diese Geräte doch so erheblich waren, daß man kaum eine allzu weite Verbreitung annehmen darf. Dasselbe gilt schließlich auch für die hydraulische Presse selbst, die zu Beginn des 19. Jahrhunderts von dem vielseitigen englischen Mechaniker Bramah erfunden und von den Gebrüdern Perrier in Frankreich nachgebaut wurde. So heißt es noch 1838 zusammenfassend über die in der deutschen Papierfabrikation üblichen Pressen:

«Diese sind entweder gewöhnliche Schraubenpressen aus Holz, oder Eisen, oder es sind die in neuerer Zeit vielfach angewandten Wasserpressen oder auch hydraulische, auch hydromechanische Pressen genannt, welche zu Gunsten der Papierfabrikation mit wenig Kraftaufwand eine ganz ausserordentliche Wirkung äussern und zugleich wenig Raum einnehmen. Ihr etwas hoher Preis steht jedoch ihrer allgemeinen Anwendung noch etwas entgegen» (Rüst, 1838, S. 55).

Deutlich wird somit wiederum, daß nicht allein das Vorhandensein einer Erfindung wesentlich ist für ihre Einführung in den Produktionsprozeß, sondern auch die Abwägung der verschiedenen Kostenprobleme.

Das Trocknen

Das Trocknen des Papiers war ein Arbeitsvorgang, der die Naturabhängigkeit der vorindustriellen Produktion besonders augenfällig macht, da er stark von der jeweiligen Witterung abhing. Das Aufhängen des Papiers erforderte einige Aufmerksamkeit, da die Festigkeit der frisch geschöpften und gepreßten Bogen noch gering war und das Blatt leicht zerrissen und verdorben werden konnte. Um dies zu vermeiden, wurden vorsichtig immer mehrere Blätter zusammen aufgehängt.

In Papiermühlen war es üblich, das Dachgeschoß als Trockenraum zu benutzen (Abb. 39). Daher ist auch heute noch eine Papiermühle schon an ihrer äußeren Gebäudeform durch den hochgezogenen Dachaufbau erkennbar, der oft mehrere Etagen umfaßt und durch lange Reihen von Trockenluken gekennzeichnet ist (Abb. 40).

Eigene, ebenerdige Trockenräume waren aufgrund der besonderen Bauform der Windpapiermühle in den holländischen Papiermühlen schon früher üblich; in Deutschland kamen sie bisweilen vor, wenn es sich um ländliche Papiermühlen handelte, die sich in einem herkömmlichen Landwirtschaftsbetrieb etablierten und daher über zahlreiche Wirtschaftsgebäude verfügten. Ansonsten verstärkte sich erst im 18. Jahrhundert die Tendenz zu eigenen Trockenschuppen oder Trockenhäusern. Die Beheizung derartiger Trockenhäuser kam wohl hauptsächlich erst im 19. Jahrhundert auf, war aber auch dann nur von unwesentlicher Bedeutung und vor allem für kleinere Papiermühlen wichtig, da in größeren mit der Einführung der Papiermaschine frühzeitig beheizte Trockenzylinder angewandt wurden. Im übrigen war diese Heizung häufig der erste Grund

39: Trockenboden mit aufgehängten Papierbogen.

40: Die Papiermühle von Dusnizki, Polen. Hinter dem Ziergiebel liegen die Trockenböden mit ihren Luken.

41: Aufhängen der Papierbogen zum Trocknen.

für die Anschaffung eines Dampfkessels, während Dampfmaschinen zum Betrieb der Papiermaschine erst relativ spät eingeführt wurden.

Das Aufhängen des Papiers wurde bisweilen von Kindern und Männern vorgenommen, war aber im Regelfall Frauenarbeit. Ob hier die frühere Vorstellung von der besonderen weiblichen Geschicklichkeit und Fingerfertigkeit mitspielte, ist unbekannt (Abb. 41).

Bei der Einrichtung eines idealen Trockenbodens hatten sich einige Feinheiten herauskristallisiert, da nicht nur das Aufhängen erleichtert, sondern auch der verfügbare Raum optimal ausgenutzt werden sollte. Die Luken des Trockenbodens mußten viel Luft durchlassen, andererseits aber bei einem Witterungsumschwung, zum Beispiel dem Aufzug eines Gewitters, rasch geschlossen werden können. Man durfte also während der Papierproduktion nie vergessen, das Wetter zu beobachten. Plötzliche Gewitter konnten nicht nur das Produktionswasser, sondern auch die aufgehängten Papierbogen verderben.

Der Trockenraum war mit vielen Pfeilern ausgestattet, in deren Einkerbungen die sogenannten Trappeln eingelegt waren; unter Trappeln muß man Querstangen verstehen, in die wiederum Löcher oder Schlitze eingeschnitten waren, durch die die Trockenseile gezogen werden konnten. Anstelle dieser Seile wurden im 18. Jahrhundert vor allem in Holland, bisweilen auch in Deutschland, Stäbe zum Papieraufhängen benutzt.

Zum Aufhängen selbst bediente man sich eines Hängekreuzes oder einer Hängekrücke, die die vorsichtige Plazierung der Papierblätter auf dem Strick bzw. Stab erleichterten. Die Anzahl der Papierbogen, die so übereinandergeschichtet zum Trocknen aufgehängt wurden, wird in der zeitgenössischen Literatur unterschiedlich angegeben, sicher hing sie auch von der jeweiligen Art des Papiers ab. Es ist von drei bis acht übereinandergelegten Bogen die Rede.

Die geringe Kapazität der Trockenböden war ein Problem für viele Papiermühlen. Eine Person konnte pro Tag die Produktion von drei Arbeitsbütten aufhängen. Jedoch nicht das Aufhängen, sondern die Trokkenzeit war problematisch. Als kürzeste Trockenzeit werden zwei Tage für gute Sommerjahre angegeben, im Winter benötigte das Papier bedeutend länger zum Trocknen, wurde aber andererseits, insbesondere wenn Frost herrschte, geschmeidiger und war damit besser zu bedrucken. Bedenkt man nun, daß während dieser Trockenzeit mehrere Tageskapazitäten neu geschöpften Papiers anfielen, so wird deutlich, weshalb es nötig war, durch geschickte Anordnung der Trappeln im Trockenboden den Raum bestmöglich auszunutzen. In einer Berechnung, die von einer Tagesproduktion von sechs Ries, einer als seinerzeit üblich angenommenen Produktionsmenge, ausgeht und eine durchschnittliche Trockendauer des Papiers von drei Tagen setzt, ferner die erzeugte Menge zur Hälfte als Schreibpapier mit zweimaliger Trocknung (im Gegensatz zum Druckpapier muß das Schreibpapier nach dem Leimen ein zweitesmal getrocknet werden) und zur Hälfte als Druckpapier mit nur einmaliger Trocknung annimmt, wird davon ausgegangen, daß rd. 4500 bis 5000 m Trockenschnüre notwendig waren, also immerhin bis zu fünf Kilometern (Wrana, 1954)!

Dies veranschaulicht, daß auch eine nebensächlich scheinende Einrichtung wie der Trockenboden so nebensächlich für den Betrieb des Papiermüllers gar nicht war: Stricke und Stäbe kosteten durchaus ihr Geld, und der entsprechende Platz war zu schaffen, um die Ergebnisse des Schöpfens auch trocknen zu können. So war auch das Trocknen des Papiers mit erheblichen Investitionen verbunden. Zudem war das aufgehängte Papier naß und konnte deshalb bei schlechten Seilen schimmeln. Die Stricke und Seile mußten also dauerhaft sein und sollten nicht so leicht in Fäulnis übergehen; zum anderen sollten sie nicht schmutzen und damit das Papier durch Abfärbungen beeinträchtigen. Oft verwandt wurden Hanfseile, die aber nicht so geeignet waren wie die im 18. Jahrhundert als besser propagierten Pferdehaarseile. Ferner wurden um diese Zeit zunehmend aus England und Kopenhagen importierte Seile empfohlen: diese waren aus Kokosfasern gefertigt und sollten besonders beständig sein. Das Trocknen blieb somit bis zur Einführung der Trockenzylinder in der industriellen Papierfabrikation witterungsabhängig.

Die Veredelung oder Nachbereitung des Papiers: Leimen, Glätten und Saalarbeiten

Arbeitsschritte zur Anfertigung von Spezialpapier sollen hier nicht behandelt werden, da diese mehr oder weniger der Stufe der Papierverarbeitung zugerechnet werden müssen und teilweise auch von anderen Berufen, wie z. B. Buchbindern, ausgeführt wurden. Solche speziellen, gerade im 18. Jahrhundert stark nachgefragten Sorten waren Farb- und Buntpapiere, wie z. B. das sog. türkische oder marmorierte Papier.

Hier werden unter Veredelung oder Nachbereitung die Arbeitsschritte verstanden, die nach dem Trocknen noch zur Herstellung des handelsüblichen Druck- und Schreibpapiers notwendig waren.

Das Leimen

Im Gegensatz zum Druckpapier mußte das Schreibpapier zwecks Verringerung der Saugfähigkeit geleimt werden, damit die Tinte nicht verlief. War in China und im islamischen Kulturkreis die Behandlung mit pflanzlichen Oberflächenleimen üblich, so wurde in Italien die tierische Oberflächenleimung entwickelt; für 1275 und ca. 1290 sind die ersten italienischen Papiere mit tierischer Leimung nachgewiesen (Voorn, 1961). Die

Leimung war notwendig, weil die Saugfähigkeit des Papiers, das mehr oder weniger ein Kapillarsystem mit zahlreichen Hohlräumen zwischen den einzelnen Fasern darstellt, die Tinten, Tuschen und Farben, mit denen das Blatt beschrieben wurde, hätte verlaufen lassen. Die Leimmasse füllte nun die Zwischenräume der Papierfasern aus und versperrte damit für die Schreibflüssigkeiten weitgehend den Zugang in das Blattinnere.

Die tierische Oberflächenleimung hatte gegenüber den früheren Leimungsarten den Vorzug, den Leimungsprozeß selbst zu vereinfachen, da relativ dünnflüssige Leimbrühen, die leicht und schnell aufzutragen waren, eingesetzt werden konnten. Andererseits blieben das Leimkochen und das Leimen eine Arbeit, die häufig vom Meister selbst vorgenommen wurde, da sie große Erfahrung erforderte. Aufgekocht wurde der Leim aus tierischen Rohmaterialien wie Schafsfüßen, Rehläufen, Knochen und Abfällen von Leder und Tierfellen, die von Gerbern angeliefert wurden. Das Leimkochen war eine ‹berüchtigte› Angelegenheit und brachte manche Papiermühle in ihrer Nachbarschaft ‹in einen schlechten Geruch›.

Georg Christoph Keferstein schildert in seinem ‹Papiermacher-Unterricht› von 1766 die Schwierigkeiten des Leimens zusammenfassend:

> «Das Netzen oder Leimen setzt sehr viel voraus, denn wenn das gemachte Papier geleimt werden soll, so muß auch der Leim nothwendig rechter Art seyn ...
>
> Nehmet 40 oder 50 Schock Schafbeine, lasset sie in einem Fasse täglich mit reinem Wasser einige Tage weichen, waschet dieselben sorgfältig, und lasset sie alsdenn in einem großen Kessel, oder besser in einem eisernen Pott, kochen. Schöpfet das Fett, so oben schwimmet ab, und schlagt diesen Leim durch einem Korb in Fässer. Thut alsdenn zu diesen Schafbeinen noch gute Arten von Leimleder, und zieht denselben in kleine Fässer durch ein Tuch ab. Es versteht sich von selbst, daß ihr wenigstens 20 bis 25 Pfund Alaun hierzu haben müßt ...
>
> ist euer Leim klar und noch milchwarm, so fangt in Gottes Namen das Netzen an, allein nehmet keine zu große Hände voll, so sey denn schlecht Papier: denn dieß kann man allenfalls auf Legebreten Netzen. Doch hierzu gehört eine geübte Hand, sowohl als: ... zum Durchziehen: Dieß ist ohnstreitig eine der schwersten Arbeiten und erfordert so viel Erfahrung als Gedult. Wenn ihr alles gehörig einzurichten wisset, so seyd ihr klug. Doch, wenn ich Euch rathen soll, so thut es selber» (Keferstein, 1766, S. 24f.).

Das hier angesprochene Netzen und Durchziehen betrifft den eigentlichen Leimvorgang. Es wurden etliche Bogen Papier zusammen mit Holzklötzchen an einem Ende angefaßt und in die Leimbrühe getaucht; dann wurden die Blätter mit den Klötzchen am anderen Ende angefaßt und wiederum eingetaucht. Fingerfertigkeit, Geschicklichkeit und rechter Gebrauch der Klötzchen mußten bewirken, daß das Blatt an allen Stellen und möglichst gleichmäßig geleimt war. Nach dem Abtropfen wurden die Bogen unter die Leimpresse gebracht, ausgepreßt und zum erneuten Trocknen aufgehängt (Abb. 42).

42: Leimküche mit Feuerstelle und Leimkessel sowie zwei Leimpressen.
Fig. 1: der aufgekochte Leim wird gesiebt; Fig. 2: die Bogen werden geleimt, Fig. 3: Pressen der geleimten Bogen.

Die gute Beschaffenheit des Leims hing nicht nur von den Zutaten und dem Kochen selbst, sondern unter Umständen auch von der Witterung ab. Vielfach sind die Hinweise auf das Wetter, das nötig sei, um den Leim nicht zu verderben; so sollte z. B. der Alaunanteil an der Leimbrühe um ein erhebliches vermehrt werden, wenn man große Sommerhitze oder stürmisches Wetter erwartete. Generell galten Winter und Sommer als die Jahreszeiten, die zum Leimen ungeeignet waren. Auch der Herbst wurde wegen seiner Witterungsschwankungen als ungünstig eingeschätzt. Das Frühjahr galt als die günstigste Zeit zum Leimen. So mußten die Papiermüller bei dieser Arbeit nicht nur das Wetter beobachten und vorausahnen, sie hatten oftmals auch ihre eigenen ‹Rezepte› zum Leimkochen, die als Geheimnis gehütet wurden und daher kaum schriftlich überliefert sind. Generell kam in den Eintauchkessel, in dem die Papierbogen geleimt wurden, zur Hälfte reines Wasser, zur anderen Hälfte die aus den Tierabgängen mit weiteren individuellen Zugaben aufgekochte Leimbrühe, ferner wurde ungefähr ein Zwanzigstel der Brühe an Alaun hinzugefügt.

Leimte der Meister nicht selbst, was eigentlich nur in größeren Mühlen der Fall war, so war dies die Aufgabe eines eigenen Leimgesellen.

Der Arbeitsvorgang des Leimens ist einer der Produktionsschritte in der vorindustriellen Papiermacherei, die besonders saison- und damit naturabhängig waren. Hier wird auch deutlich, daß nicht in allen Mühlen eine kontinuierliche Produktion, in der sämtliche Stufen der Papierbereitung ständig und gleichzeitig vorgenommen wurden, üblich war. Eine solche Betriebsweise war von Ausstattung, Betriebsmaterialien, Vorratswirtschaft und Mitarbeitern her nur in größeren Mühlen möglich. In kleinen Betrieben wurde eben diskontinuierlich gearbeitet, d. h. zu bestimmten Zeiten die Lumpen aufbereitet, zu bestimmten Zeiten geschöpft, getrocknet und geleimt und zu bestimmten Zeiten ‹gefeiert›, d. h. Betriebspausen eingelegt. Daß ferner ein derartig anfälliger und witterungsabhängiger Produktionsschritt der Industrialisierung der Papiermacherei im Wege stand, ist offensichtlich. Daher war es wohl kein Zufall, wenn neben der Erfindung der Papiermaschine auch die Erfindung des ‹Leimens in der Masse› die Papiermacherei an der Wende vom 18. zum 19. Jahrhundert charakterisierte.

Das Glätten des Papiers

Nach dem Leimen und Trocknen mußte das Papier geglättet werden. Dieses Glätten geschah anfangs per Hand, bereits gegen Mitte des 16. Jahrhunderts wurde aber die wasserkraftbetriebene Schlagstampfe erfunden, und im 18. Jahrhundert kamen hand- und wasserkraftgetriebene Glättwalz- und Schlagwerke hinzu. Ferner glättete man um diese Zeit das Papier auch durch mehrfaches Pressen in feuchtem Zustand. Bei diesem aus Holland übernommenen sog. Austauschverfahren wurden die Blätter nach jedem Preßvorgang umgeschichtet, ‹ausgetauscht›, damit sie an allen Stellen gleichmäßig glattgepreßt wurden.

Es ist ein auffälliges Phänomen der Papiermacherei, daß sich das Handglätten trotz der frühen Erfindung der Schlagstampfe als Arbeitsverfahren bis nahezu ins 19. Jahrhundert hinein halten konnte. Die anderen oben angedeuteten Glättverfahren spielten ohnehin erst in der zweiten Hälfte des 18. Jahrhunderts eine Rolle. Das unterschiedliche Arbeitsverfahren aber, Papier mit der Hand oder mit der Schlagstampfe bzw. dem Schlaghammer zu glätten, führte zu einer Spaltung der Papiermacher. Die ‹Handarbeiter›, die das Papier mit einem angefetteten Stein glattrieben, hießen die ‹Glätter›, die mit der wasserkraftgetriebenen Schlagstampfe arbeitenden Papierer hießen die ‹Stampfer›. Beide Papiermachergruppen erkannten sich wechselseitig nicht an, die Glätter verriefen die Stampfer zudem als Pfuscher, und der Streit zwischen ihnen dauerte bis zum Ende der alten Handpapierzeit an.

Daß die Schlagstampfe (Abb. 43) erheblich mehr leistete, ist unbestritten; nach zeitgenössischen Angaben konnte eine Person von Hand täglich sechs Ries der Papiersorte Kronenpapier glätten; der Stampfhammer, dessen Bedienung nicht mehr als zwei oder drei Personen erforderte, konnte täglich 80 Ries bearbeiten – drei Viertel der als Glätter beschäftigten Arbeitskräfte wären somit einzusparen gewesen (de la Lande, 1762). Hierin ist vermutlich auch die Ursache des Widerstandes von Teilen der Papierer gegen die Einführung der Schlagstampfe zu sehen.

Der Glätthammer (Stampfhammer, Schlagstampfe) soll 1541 in der Papiermühle des Hans Frey in Altenberg bei Iglau/Mähren erstmals verwandt worden sein – diese in der Papiergeschichte immer wieder weitergegebene Angabe bedarf aber noch der Überprüfung, da die Einführung dieses Produktionsinstruments bislang nicht wissenschaftlich beschrieben wurde.

Verwunderlich wäre die frühe Anwendung dieses mechanisierten Glätthammers nicht, da es sich hier lediglich um das seinerzeit bereits in vielen Gewerben verwandte Prinzip des Schwanzhammers handelt: Die Nocke der Wasserradwelle drückte den Schwanz des Hammers nieder und hob damit infolge der Hebelwirkung den Hammerkopf, der aus schwerem Eisen bestand und durch Eigengewicht zurückfiel. Im Vergleich zu den in metallverarbeitenden Gewerben üblichen Hämmern mußte nur die Form des Hammerkopfes für die speziellen Zwecke der Papiermacherei umgestaltet werden, d. h. es mußte ein flacher, ebener Hammer auf die im Boden verankerte Eisenplatte fallen, auf die jeweils mehrere Papierbogen gelegt wurden. Der Glätter saß bei dieser Einrichtung in einer Vertie-

43: Glätten mit der Schlagstampfe (s. Abb. 21).

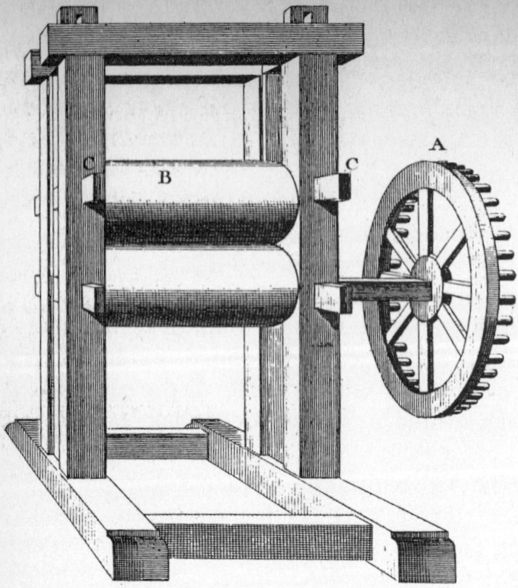

44: Zylinder-Glättwerk, 1762.

fung des Bodens und hatte die Bogen mit beiden Händen unter den Hammer zu halten sowie immer wieder deren Lage zu verändern, damit die gesamte Oberfläche durch das Schlagen glattgedrückt wurde.

Über die anteilige Verbreitung des Hand- bzw. Schlagstampfglättens in der vorindustriellen Papiermacherei sind sich sowohl die Zeitgenossen wie auch die Papiergeschichtsforschung im unklaren.

Man wird je nach Größe der Papiermühle sowie den dort gefertigten Papiersorten unterscheiden müssen. Aus der Literatur läßt sich belegen, daß in größeren, gut ausgestatteten Mühlen die Schlagstampfe zum selbstverständlichen Inventar gehörte. Zudem wird sie bei der Fertigung von großformatigem, feinerem und Spezialpapier notwendiger gewesen sein als bei kleinformatigem, einfachem Papier, das vermutlich leichter mit der Hand geglättet werden konnte.

In den siebziger und achtziger Jahren des 18. Jahrhunderts ist dann ein rascher Wandel bei den Glätteinrichtungen in deutschen Papiermühlen festzustellen: Immer mehr setzen sich die Glättwalzwerke und Zylindermühlen durch (Abb. 44). Dennoch beklagen auch um diese Zeit noch bekannte Technologen und Kameralisten den Schaden, der der deutschen Papiermacherei durch den alten, aber fortwährenden Streit zwischen Stampfern und Glättern entstünde:

«Das am ersten in die Augenfallende Gebrechen unserer Papiermanufacturen ist das Zunftmäßige Verfahren, die dabei vorgehende Mißbräuche, der Haß der Papiermacher unter sich selbst; kaum sollte man es denen sogenannten Wilden zu gute halten, wenn Leute von ein und eben der Profeßion sich tödtlich hassen, und keinem Gesellen erlauben, bei einem Meister zu arbeiten, der den eingeführten alten Mißbräuchen entsagt hat. Und worin bestehet das Wesentliche ihrer Verschiedenheit und folglich die Ursach des Hasses? Darin, daß die eine Zunft sich Glätter, und die andre sich Stampfer nennt, und erstere ihr langweiliges, einfältiges, unwirksames Glätten, mit dem Glättsteine nicht verlassen, und sich aus blossem Eigensinn, des Glättens mit dem Hammer, oder besser mit der Glättmühle nicht bedienen will, obgleich das Glätten mit der Mühle ungleich geschwinder gehet, und dem Papiere nicht den mindesten Nachtheil bringt» (Pfeiffer, 1780, S. 510).

Die Industrialisierung machte dem alten Streit aber bald darauf ein Ende.

Die Saalarbeiten

Die Schilderung der einzelnen Produktionsschritte hat gezeigt, daß ein Papierbogen leicht mißlingen konnte. So war es bereits die Aufgabe des Legers, wenn er den Pauscht auseinandersortierte, die beschädigten Bogen auszuscheiden. Sie kamen, da sie noch feucht und nicht besonders konsistent waren, wieder in den Rechenkasten, wurden dem Zeug untergerührt und so wieder in Brei verwandelt.

Die endgültige Qualitätskontrolle gehörte aber zu den Saalarbeiten und war Aufgabe der Ausschießerinnen. Diese hielten die Bogen der Reihe nach ans Licht und suchten, ob sie darin Fehler – Flecken, Falten, Streifen – entdeckten; mit dem sogenannten Schnitz- oder Kratzeisen, einem kleinen Messer, nahmen sie dann vom Bogen die Verunreinigungen ab, die sich entfernen ließen (Abb. 45). Mußten sie allerdings zuviel abkratzen, so ging damit gleichzeitig der Leim ab, und das Papier wurde rauh, saugend und somit unbrauchbar. Es ergab sich also häufiger Ausschuß. Je nach Weiterverwendungsmöglichkeit wurde zwischen verschiedenen Ausschußsorten unterschieden. Man konnte diese Sorten bis auf das zerrissene Papier durchaus gebrauchen, wenn man bei nur teilweise beschädigten Bögen darauf achtete, ob nicht gute halbe oder gute Quartbögen hieraus verfertigt werden konnten. Aus diesen wurde dann Briefpapier, vergoldetes Papier oder Verpackungspapier für kleinere Tüten produziert.

Die Saalarbeiterinnen, die die Papierblätter zählten, wurden die ‹geschicktesten Arbeiterinnen› genannt, da sie die Arbeit der Ausschießerinnen zu kontrollieren und nachzusehen hatten. Die Menge des durchgesehenen Papiers war erheblich. Eine gute Zählerin, die nicht allzuviel an der Arbeit der Ausschießerinnen zu verbessern hatte, konnte täglich 18 bis 20 Ries bearbeiten, während eine Ausschießerin 10 Ries, also mehr als an einer Bütte produziert wurde, bewältigen konnte.

Diese Zahlen zeigen zugleich, daß die Beschäftigung eigener Ausschießerinnen und Zählerinnen eigentlich nur beim Mehrbüttenbetrieb, nicht aber in kleinen Mühlen sinnvoll war. Neben der nochmaligen Überprüfung, ob auch alle schlechten Bogen aussortiert waren, legten die Zählerinnen die verschiedenen Sorten zu ‹Büchern› von je 25 Bogen (beim Druckpapier) oder je 24 Bogen (beim Schreibpapier) zusammen und gaben diese dann an den Saalgesellen oder Saalmeister weiter.

Buchdrucker und sonstige Kunden beklagten sich häufig, daß die Papiermüller gerne Ausschuß in ihre Bücher und Riese einlegten und diese als gutes Papier verkauften; in einer ordentlichen Papiermühle sollte aber auf die genaue Trennung der guten Sorten und der diversen Ausschußsorten geachtet werden:

> «Habt aufs Auskratzen Acht, daß kein Ausschuß drinnen bleibt. Zählet auch richtig»,

ermahnt jedenfalls Keferstein seine Söhne (Keferstein, 1766, S. 25).

Vor dem Verpacken wurde das Papier noch erneut gepreßt, an den Seiten mit einer Reibe oder Feile glattgeraspelt und zusammengebunden. 20 Buch ergaben ein Ries, und 10 Ries ergaben einen Ballen. Bei längerem und insbesondere bei Schiffstransport wurde das Papier in Fässer verpackt.

45: Frauen verrichten Saalarbeiten, 1762. Einige Frauen glätten das Papier mit dem Glättstein; die Ausschießerinnen halten die Bogen ins Licht und überprüfen ihre Qualität, als Lichtquelle sind neben dem durch die Fenster fallenden Tageslicht Kerzen angebracht. Die Frau links außen (C) ist mit dem Auskratzen von Unebenheiten auf dem Bogen beschäftigt. Die Bogen werden ferner nach Buch und Ries abgezählt und in entsprechenden Mengen zusammengelegt; die unterschiedlichen Qualitäten des Papiers werden getrennt sortiert. Die Querbretter A, die die Tische jeweils trennen, sollen die Konzentration der Frauen begünstigen: «... ein Brett A, welches von dem einen Ende der Tafel bis zum andern in der Mitte aufgerichtet steht, trennet die Glätten und verhindert auf einmal die Verwirrung der Arbeit und die Zerstreuung der Arbeiterinnen» (de la Lande, 1762, S. 394).

4. Erste Schritte zur industriellen Produktion: Mechanisierung der Blattbildung

Wandel der Schöpfform

Kernprozeß der Handpapiermacherei war das Schöpfen an der Bütte. Hier wurde das Produkt dargestellt, gegründet auf das Können von Schöpfer, Gautscher und Leger.

Der Rohstoffaufbereitung, deren Aufgabe es war, einen Zeug mit gewünschter Qualität zu erstellen, folgte der Darstellungsprozeß, das Handschöpfen. Hier wurde dem Produkt seine Form gegeben und Merkmale seiner künftigen Qualität festgelegt, dazu gehörten vor allem gleichmäßige Dicke und Oberfläche des Blattes sowie gleichmäßige Form des Bogens. Veredelungsvorgänge wie Leimen, Glätten und eventuell Färben dienten der Qualitätsverbesserung und erweiterten den Verwendungsbereich des Papiers. Das Zusammenwirken der drei Produktionsbereiche Rohstoffaufbereitung, Darstellung und Veredelung bestimmte die Qualität und damit den Wert des Papiers.

Während bis zum Ende des 18. Jahrhunderts in den beiden Bereichen Rohstoffaufbereitung und Veredelung bereits Maschinen und mechanische Hilfsmittel wie Hadernschneider, Holländer, Glättstampfe u. ä. eingeführt waren und die entsprechenden Arbeitsprozesse verändert hatten, war die Darstellung des Produkts seit Einführung der Papiermacherei in Europa gleichgeblieben. Seit der Mitte des 18. Jahrhunderts wurden jedoch am wichtigsten Produktionsinstrument, dem Sieb, Veränderungen vorgenommen, wohl hauptsächlich, um die aufgekommene Nachfrage nach speziellen Papieren zu befriedigen. In der ersten Hälfte des 18. Jahrhunderts war eine Qualitätssteigerung der Druckerzeugnisse durch zunehmende Verwendung von Metall statt Holz bei der Konstruktion von Druckpressen, besonders in England und Holland, erreicht worden. Eine weitere Qualitätssteigerung glaubten die Drucker durch gleichmäßigere Papiere erreichen zu können. Diese forderten die Drucker von den Papierproduzenten.

Mit den Handschöpfformen jener Zeit wurden Papiere mit Rippung erzeugt. Diese ist eine von den Boden- und Stegdrähten des Siebes herrührende Unregelmäßigkeit der Papierdicke. Auch bildeten sich entlang der Stege oft Stoffanhäufungen, die sogenannten Schatten im Papier.

Dies soll auch John Baskerville (1706 bis 1775), den späteren Universitätsdrucker von Cambridge, gestört haben (H. Wangner, 1935). Er habe deshalb von Leinenwebern ein Gewebe aus Draht für Schöpfformen fertigen lassen. Die damit geschöpften Papiere lieferten in der Durchsicht ein völlig markierungsfreies Papier, das wegen seiner dem Pergament ähnlichen Gleichmäßigkeit Velin-Papier – nach dem lateinischen vellum für Pergament – oder ungeripptes Papier genannt wurde. Der genaue Zeitpunkt und die näheren Umstände der ‹Erfindung› des Velin-Papiers sind umstritten – feststeht, daß um die Mitte des 18. Jahrhunderts Drahtgewebe und Velin-Papier in England aufkamen.

Das Velin-Papier erfreute sich wegen seiner Gleichmäßigkeit im Aufbau und der glatten Oberfläche schon bald großer Beliebtheit, und allmählich lüftete sich das Geheimnis um das Verfahren. Dies wiederum hatte zur Folge, daß mehr Drahtgewebe bei den Leinenwebern nachgefragt wurden. So kam es zur allmählichen Ablösung der herkömmlichen Fertigungsmethode der Schöpfformen mit Hilfe einer sich herausbildenden selbständigen Metalltuchweberei, die einen hohen technologischen Standard des Drahtziehgewerbes sowie der Gewebetechnik im Textilsektor zur Voraussetzung hatte. Die Verarbeitung von Draht auf einem Textilwebstuhl erforderte entsprechend flexible und formbare Drähte aus der Drahtzieherei. Fremde Gewerbe stellten also teilweise die technischen Grundlagen bereit, mit denen das Papiergewerbe die neue und stark ansteigende Nachfrage nach Spezialpapieren befriedigen konnte.

Die Einführung neuer Siebformen zur Produktion spezieller Papiersorten führte damit zu einer Differenzierung des herkömmlichen Produktionsinstrumentes Sieb. So wurden nach Abschluß dieser Entwicklung in einer Schrift des Jahres 1806 folgende unterschiedliche Siebformen bezeichnet:

- zuerst die herkömmliche, weiter oben beschriebene Form;
- zum zweiten eine schon vor dem Velin-Sieb entwickelte Form für das ‹Papier ohne Schatten›, bei der

  «das eigentliche Sieb nicht auf den Stegen direkt aufliegt, sondern durch ein System paralleler Drähte getragen wird, welche etwa 3 mm voneinander abstehen, über den Stegen durch Bindedrähte gebunden und auf denselben durch Nähdrähte befestigt sind. Um dabei ferner zur Förderung eines überall gleichmäßigen Abfließens des Wassers das eigentliche Sieb von dem unteren Gitter etwas entfernt zu halten, liegen zwischen diesen beiden zu den Stegen parallel noch Drähte von 0,5 mm Stärke, welche mit sehr feinem Nähdraht sowohl mit dem oberen Sieb als auch dem unteren Gitter zusammengenäht sind» (E. Hoyer, 1887, S. 283/84);

- als dritte Art der Schöpfform die Velinform, die im Endeffekt eine Weiterentwicklung der ‹Form zum Papier ohne Schatten› war. Hier wurde

statt des aus gespannten Drähten bestehenden Siebes ein Metalltuchgewebe auf das Untersieb aufgesetzt.
Das Velin-Papier konnte also hergestellt werden, indem die Drahtbespannung des bisherigen Schöpfsiebes mit einem aus feinen Drahtfäden hergestellten, so engmaschigen Metalltuchgewebe überzogen wurde, daß weder Rippung noch Schatten, noch sonstige Unregelmäßigkeiten im Papier sichtbar waren. Es handelte sich damit um ein Doppelsieb: Die untere Sieblage diente lediglich als Stütze, der obere gewebte Siebteil der Blattbildung.

Die Nachfrage nach Velin-Papier bewirkte somit die Einführung des Metalltuchsiebes in die Papiermacherei; dieses Metalltuch hatte für die weitere Entwicklung grundlegende Bedeutung. Führte seinerzeit der Übergang vom flexiblen zum starren Schöpfsieb zur manufakturmäßigen Arbeitsteilung in der Handpapiermacherei, so war der Übergang vom geflochtenen Siebgitter zum gewebten Metalltuch als Sieb von ähnlich großer Bedeutung. Das Handschöpfen sollte auf der Basis des veränderten Siebes von der Papiermaschine abgelöst werden. Bei der Erfindung der Papiermaschine stand die Umkonstruktion des Siebes zur ‹Siebpartie› im Zentrum der Neuerung. Sowohl bei der ersten Papiermaschine wie auch in der weiteren Entwicklung wird diese Bedeutung des gewebten Siebes offensichtlich (Schlieder, 1963).

Die Erfindung der Papiermaschine und deren anschließende Verbesserungen stehen häufig als ‹individuelle Erfindergeschichten› im Mittelpunkt historischer Betrachtungen. Man darf aber derartige Darstellungen nicht völlig abgehoben von den technologischen Voraussetzungen, die das 18. Jahrhundert geschaffen hatte, sehen. Dies zeigt sich besonders deutlich am Kernelement der Papiermacherei, dem Sieb. Die Erfindung der Papiermaschine und die weitere Mechanisierung dieses Produktionszweiges basierten auf den vorhergehenden technischen Veränderungen im eigenen und in anderen Gewerben, die ein neues Niveau der Technologie schufen.

Eine Maschine gegen aufsässige Arbeiter?

Die Berichte über den Erfinder der Papiermaschine, Nicolaus Louis Robert (1761 bis 1828), geben Aufschluß über einige Gründe, die zur Konstruktion der Maschine führten. Robert kam nach Studium und freiwilligem Kriegsdienst in Amerika als Korrektor zu dem berühmten französischen Druck- und Verlagshaus Didot. Das Haus besaß eine eigene Papiermühle mit etwa 300 Arbeitern in Essonnes bei Paris. Die Mühle lieferte Papier für den Eigenbedarf, aber auch an den französischen Staat, z. B. für die Banknoten (Assignate) der Revolutionsregierung.

46: Großmodell der Robertschen Papiermaschine von 1799, die von Hand angetrieben wurde.

Viele Arbeiter, so auch die der Mühle in Essonnes, waren durch die Revolution und ihre Auswirkungen ermuntert, gegenüber den Unternehmern mit wiederholten Lohnforderungen aufzutreten. In dieser Zeit der dauernden Auseinandersetzungen mit den angestellten Handpapiermachern wurde Robert als Aufsichtsperson über das Personal der Mühle in Essonnes vorgeschlagen. Léger Didot (1767 bis 1829) wollte sich Roberts Führungserfahrungen aus der Soldatenzeit zunutze machen, um die Situation in der Mühle unter Kontrolle zu bringen.

Robert stellte sehr schnell fest, daß er der Lage nicht so leicht Herr werden würde. Ein Teil der Papiermacher des Landes war zu den Revolutionären geeilt, wodurch ein Mangel an Fachkräften eingetreten war. Ungelernte Arbeiter erzielten nur mangelhafte Produktionsergebnisse. Dennoch mußte auf sie, wie aus einer Eingabe Didots an den französischen Finanzminister von 1796 zu entnehmen ist, zurückgegriffen werden (Clapperton, 1967).

Der Mangel an Arbeitskräften machte sich wegen steigender Papiernachfrage besonders bemerkbar. Die Revolutionsregierung hatte für ihre vielen neuen Verordnungen und Ankündigungen einen großen Papierbedarf. Das Volk wurde durch die Presse über die politischen Vorgänge laufend informiert. Wie dringend Papier benötigt wurde, zeigt ein Bericht über jene Zeit. Darin heißt es, daß Didot häufig noch feuchtes Papier an die staatlichen Druckereien zum Druck von Banknoten lieferte, dieses Geld noch nachts von den Bevollmächtigten gezeichnet und morgens frisch ausgegeben wurde, sobald es ausreichend getrocknet war (Clapperton, 1967).

In dieser Situation kam Robert, kein Mann vom Fach, aber mit Gespür für mechanische Abläufe und durch seine Studien- und Militärzeit mit theoretischem Wissen und praktischem Können ausgestattet, auf die Idee, den Handschöpfer durch eine Maschine zu ersetzen. Er wollte die Papierherstellung vereinfachen und damit wesentlich verbilligen, aber vor allem statt einzelner Bögen lange Papierbahnen ohne Hilfe von Arbeitern herstellen. Es dauerte mehrere Jahre, bis er 1798 mit finanzieller Unterstützung seines Arbeitgebers eine funktionsfähige Maschine erstellt hatte, auf die er 1799 ein Patent erhielt (Abb. 46).

Die von Hand zu treibende Maschine bestand aus wenigen Baugruppen (Abb. 47). Ein mit vorstehenden Schöpfleisten besetzter Zylinder (2) tauchte in die Stoffbütte (1) und spritzte den Papierbrei auf ein schräges Leitbrett (3). Von hier lief er auf ein endloses, zur besseren Entwässerung gerütteltes Sieb (4). Nach der Vorentwässerung auf dem laufenden Sieb wurde das Vlies, das ist die gebildete Faserschicht, zur weiteren Entwässerung durch ein Preßwalzenpaar (5) geleitet, damit es die nötige Festigkeit zum Abheben vom Sieb bekam. Eine Holzwalze (6) nahm das Papier selbsttätig vom Sieb ab und wickelte es in Form einer Bahn auf.

Die für Europa neue Idee, den Stoffbrei auf das Sieb zu geben, führte Robert mittels der Schöpf- und Verteilvorrichtung aus. Dabei wurde durch das endlose Sieb von 340 cm Länge und 64 cm Breite ein kontinuierlicher Vorgang mit Gießen, Formen und Entwässern eines ‹endlosen› Papiers geschaffen. Dieses Endlossieb hatte möglicherweise seine Vorbilder in anderen Technologiezweigen, etwa dem Mühlenwesen. Es war ein sorgfältig zusammengenähtes Drahtsieb, wie es für Velinpapiere verwen-

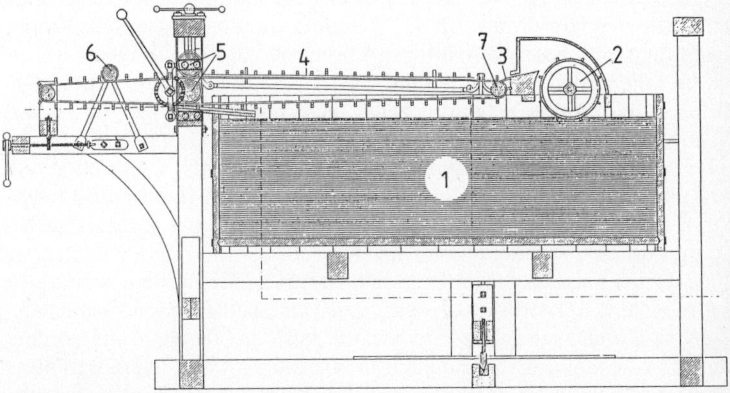

47: Seitenansicht der Papiermaschine von Robert aus dessen Patentschrift.
1. Stoffblüte; 2. Schöpfrad; 3. Leitbrett; 4. Langsieb; 5. Preßwalzen; 6. Aufwickelwolle; 7. Brustwalze.

det wurde. Roberts Maschine ist als Prototyp zu verstehen. Die Regulierung der Papierdicke geschah im wesentlichen durch die Konzentration der Fasersuspension. Das Sieb wurde über die Brustwalze (7) geschüttelt. Die Preßwalzen ließen sich in ihrem Druck einstellen; das ausgepreßte Wasser lief in die Bütte zurück. Die Wickelrolle (6) nahm die Papierbahn selbständig vom Sieb ab und konnte, nachdem etwa 10 m aufgewickelt waren, leicht und schnell ausgewechselt werden.

Es gab jedoch, wie bei neuen Konstruktionen üblich, auch einige Übelstände, die in der Folge zu beseitigen waren. Die Maschine wurde von Hand angetrieben. Die dadurch schwankende Arbeitsgeschwindigkeit hatte ein unregelmäßiges Produkt zur Folge. Die feucht aufgewickelten Papierbahnen konnten beim erneuten Abrollen zum Leimen und Trocknen leicht rupfen. Die ungewohnte Größe der Bahnen verlangte Überlegungen zum sinnvollen Einsatz der üblichen Spindelpressen, zur Ausführung des Leimvorgangs und Trocknens. Der französischen Patentschrift ist zu entnehmen, daß auf den sorgfältigen Lauf des Siebes zu achten war, das wegen noch schlechter Längsspannung leicht Falten werfen und zu Bruch gehen konnte. Die durch das Rücklaufwasser ständig abnehmende Stoffdichte in der Bütte erforderte eine entsprechende Stoffzugabe. Dies geschah, wie auch das Rühren in der Bütte, von Hand. Durch diese Schwachpunkte waren Entwicklungsrichtungen von Verbesserungen vorgegeben, wenn die Maschine einen allgemeinen Einsatz in der Papierproduktion erlangen sollte.

Robert konnte mit seiner Maschine wohl kaum Arbeiter, deren Mangel beklagt wurde, einsparen. Es ist ihm allerdings gelungen, Papier mechanisiert darzustellen. Für die Maschine galten die zunftähnlichen Bestimmungen der Papiermacher nicht. Das ermöglichte die Produktion ohne Fachkräfte durchzuführen. An der Maschine konnten nötigenfalls Kinder und Frauen zum Kurbeln, Rollenwechseln und Rühren eingesetzt werden, und die gesamte Handhabung ließ sich in kurzer Zeit erlernen. Damit hat Robert einen Weg aufgezeigt, nicht nur den Mangel an Facharbeitskräften auszugleichen, sondern auch deren Einsatz zu umgehen.

Die Arbeit an der Bütte stellte bisher den Engpaß der Produktion dar. Mit Roberts Erfindung war ein Anfang gemacht, auch den Blattbildungsprozeß der bereits erreichten Mechanisierungsstufe der Rohstoffaufbereitung und der Veredelung anzupassen. Die Erfindung der Papiermaschine ist nicht als ingeniöser Einzelakt zu sehen, der aus dem Nichts eine neue Maschine hervorbrachte, denn Versuche, das Schöpfen zu mechanisieren, sind mehrfach gegen Ende des 18. Jahrhunderts gemacht worden, z. B. von Michael Leistenschneider in Saarlouis 1797 mit dem Bau einer Rundsiebmaschine. Fließprinzip und Fließrichtung der Produktion waren bereits durch die Bütteneinrichtung und die entsprechende Arbeitsteilung beim Schöpfen vorgezeichnet. Mit Roberts Idee hatte das zentrale

Produktionsinstrument, das Schöpfsieb, eine Fortbildung erfahren, die seine Umwandlung zum beweglichen endlosen Tuchsieb erleichterte. Die Holländerwalze mit ihrer Abdeckung mag als Vorbild der Schöpfeinrichtung gedient haben, wie die Glättwalzen als Vorgänger der Preßwalzen (s. Abb. 44). Wie oftmals in der Geschichte von Erfindungen und Neuerungen bestand also auch hier das Verdienst des ‹Erfinders› zum Teil in der Kombination bekannter technologischer Grundelemente.

Entwicklung und Bedeutung englischer Papiermaschinen

Geldmangel, Streitereien mit L. Didot und die wirtschaftliche und politische Situation in Frankreich ließen Robert keine Möglichkeit, seine Erfindung auszubauen und wirtschaftlich zu nutzen. Didot erwarb zwar Roberts Patent, bezahlte aber nicht den vereinbarten Preis. Nach längeren Querelen wurde Robert das Patent wieder zuerkannt. Didot hatte sich 1802 für einige Zeit den politischen Wirren Frankreichs entzogen, indem er nach England ging. Er hatte schon 1801 mit Hilfe seines englischen Freundes und Schwagers J. Gamble das Patent auf die Robertsche Maschine in England erwirkt.

Die Robertsche Erfindung gelangte zwar eher zufällig nach England, aber gerade dort bestanden die größten Chancen für ihre Verbesserung und Verbreitung.

Das englische Unternehmertum hatte sich von staatlicher Bevormundung weitgehend gelöst. Die Forderungen nach freiem Wettbewerb und Handel theoretisierte Adam Smith (1723 bis 1790) in seinem Werk über den Reichtum der Nationen. Als eine der wichtigsten Aufgaben sah Smith die Steigerung des Arbeitsquantums. Die großen technischen Fortschritte in England in der zweiten Hälfte des 18. Jahrhunderts basierten zum Teil auf der handwerklichen Tradition. Ausgehend von der Fertigung nautischer Instrumente breitete sich ein hoher Stand der Fertigkeiten in anderen Bereichen aus, wie er in anderen Ländern so breit in der Handwerkerschaft zu der Zeit nicht erreicht wurde (Hill, 1977). Eine Kette bedeutsamer Erfindungen und Konstruktionen in England – z. B. die Herstellung des Roheisens mittels Koks, die Dampfmaschine von Watt und die Verbesserung der Werkzeugmaschinen durch Wilkinson – förderte die schnelle technische Entwicklung des Landes (F. Klemm, 1983).

«Englands Vormachtstellung in Technik und Industrie war für jene Zeit unbestreitbar. Auf dem Kontinent ging die Entwicklung viel langsamer vor sich» (F. Klemm, 1983, S. 136).

Die technische Entwicklung wurde durch eine starke finanzielle Grundlage getragen, die zum Teil aus dem Sklavenhandel und der systematischen Ausbeutung Indiens stammte.

«Aber zu Beginn der industriellen Entwicklung sind wohl vor allem die Ersparnisse von einzelnen Familien und Gruppen kleinerer Gewerbetreibender von Bedeutung gewesen, die ihre Gewinne in Industrie und Landwirtschaft reinvestierten» (Hill, 1977, S. 198).

Die Weiterentwicklung der Robertschen Maschine gründete zum großen Teil auf der Investitionsbereitschaft einer solchen Familie.

Die Gebrüder Fourdrinier, reiche Papierhändler und Papiermühlenbesitzer, erwarben Rechte für das Patent der Robertschen Maschine. Dank des zähen Ringens der Fourdriniers und ihrer Mechaniker um die Weiterentwicklung der Maschine reifte die Erfindung Roberts zu einer verkaufsfähigen Produktionsmaschine heran; Bryan Donkin (1768 bis 1855), ursprünglich ein Angestellter der Maschinenfabrik Hall in Dartford, trug ganz wesentlich dazu bei. Er ersetzte 1804 bei der Konstruktion seiner zweiten Maschine den Handantrieb durch einen Wasserradantrieb, führte ein zweites Preßrollenpaar (Gautsche) am Ende des Siebes ein und verbesserte die Siebschüttelung. Er entwickelte verschiebbare Deckelriemen, wodurch auf einer Papiermaschine unterschiedlich breite Papierbahnen hergestellt werden konnten, baute eine Naßpresse hinter dem Sieb ein und vergrößerte die Arbeitsbreite auf 152 cm. 1808 wurde statt des Leitbrettes ein Auflaufkasten für den Stoff eingeführt und 1811 durch Änderung der Gautschwalzenanordnung die Entwässerung entscheidend verbessert. Doch blieb zunächst das Problem der immer noch naß aufgewickelten Papierbahnen ungelöst. 1816 hatte zwar schon Keferstein in Deutschland eine Papiermaschine mit dampfbeheiztem Trockenzylinder entworfen, aber erst 1820 meldete Crompton in England die möglicherweise Keferstein abgesehenen dampfbeheizten Trockenzylinder, allerdings mit Filzführung, zum Patent an. Die Verwendung solcher Filzführungen in der Maschinenpapierfabrikation gab der Filzherstellung einen Aufschwung, aus dem sich eine Filztuchindustrie entwickelte.

Bei den mittlerweile mit größerer Geschwindigkeit laufenden Maschinen wurde nach einem Patent von Dickinson eine zusätzliche Presse eingebaut, um eine ausreichende mechanische Vorentwässerung für die folgende Trocknung mit Zylindern zu erreichen. Die Aufwicklung der Papierbahn erfolgte am Ende der Maschine auf einer Haspel. Mit diesen Erfindungen war der Blattbildungsprozeß auf der Maschine zu einem sinnvollen ersten Abschluß gelangt. Weitere Erfindungen, auf die andere Konstrukteure Patente nahmen, vervollständigten die Papiermaschine; dazu gehören Maschinen zum Längs- und Querschneiden der Papierbahnen, Saugvorrichtungen zum schnelleren Entwässern unterhalb des Siebes und Walzen zum Glätten.

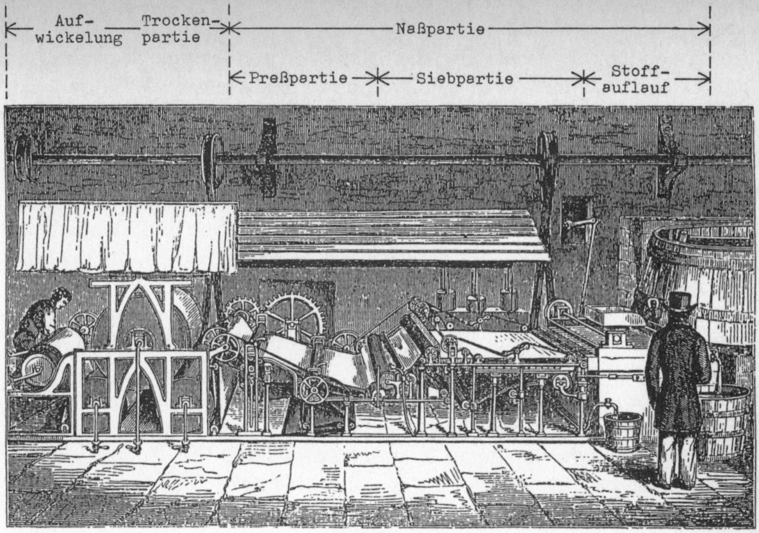

48: Langsiebmaschine, wie sie schon seit etwa 1830 ausgestaltet war. Der Grundaufbau dieser Maschine ist in den Hauptbaugruppen bis heute nur wenig modifiziert worden.

Um 1830 wiesen die Papiermaschinen drei Baublöcke auf (Abb. 48): die Naßpartie, die Trockenpartie und die Aufwickelung. Damit war nicht nur die Blattbildung mechanisiert, sondern auch der zweite Engpaß der Produktion, die umständliche Lufttrocknung, beseitigt und durch die Zylindertrocknung in den Fließprozeß besser eingepaßt worden. Nach neuen grundsätzlichen Lösungen mußte nicht mehr unbedingt gesucht werden. Weitere Erfindungen konnten nur das bestehende System verbessern und ergänzen. Die in der Papiermaschine mit der Aneinanderreihung und Verkopplung einzelner Baugruppen wiederzufindende Arbeitsteilung der manufakturellen Papierfabrikation sollte nun durch ihre Mechanisierung die von Smith geforderte Steigerung des Arbeitsquantums bewirken.

Die Bedeutung der neuen Maschinen ist englischen Parlamentsakten über einen Untersuchungsausschuß für die Fourdriniers zu entnehmen. Die Fourdriniers hatten bei der Weiterentwicklung der Papiermaschine ihr Vermögen eingesetzt und in den ersten zehn Jahren rd. £ 60000 verloren, u. a. deshalb, weil Kunden die fälligen Lizenzgebühren bis zu £ 500 jährlich auf die von dem Mechaniker Bryan Donkin gebauten Maschinen nicht zahlten, weil der Wagemut zu Investitionen bei den Papiermachern nicht sonderlich hoch war, da anfänglich noch laufend Verbesserungen vorgenommen wurden und die Kosten der Maschinen beträchtlich waren; diese lagen um 1806 bei etwa £ 1200 und zusätzlich £ 150 jährlicher

Lizenzgebühr für Maschinen, die zwei Bütten ersetzten. So wurden in den ersten 10 Jahren 19 Maschinen und in den nächsten 10 Jahren weitere 25 Maschinen gebaut. Das britische Parlament setzte wegen des Ersuchens der Fourdriniers um staatliche Hilfe einen Ausschuß ein. Die Akten dazu geben aus der Sicht nach 1830 auch Aufschlüsse darüber, wie bedeutsam der Einsatz der Fourdriniers zur Entwicklung der Papiermaschine war. Die sicher tendenziösen Aussagen, die eine staatliche finanzielle Unterstützung der Fourdriniers bewirken sollten, um die erlittenen Verluste bei der Maschinenentwicklung auszugleichen, sind ein einziges Loblied auf die neue Papiermaschine. Noch heute werden u. a. in angelsächsischen Ländern Langsiebpapiermaschinen Fourdrinier-Maschinen genannt.

Es wurde allgemein vor dem Ausschuß anerkannt, daß eine Maschine fünf bis sieben Bütten ersetze und vor allem gestatte, in wenigen Wochen Anlernzeit ungelernte Leute einzusetzen, während in England sieben Jahre Lehrzeit für Handschöpfer galten. Drucker bescheinigten den Fourdriniers eine gute Qualität der Maschinenpapiere, die die handgeschöpften an Reinheit und Oberflächenqualität weit überträfen. Die Größe der Papiere wurde besonders für Verpackungszwecke gelobt; die Wohlfeilheit der Papiere wurde ebenfalls der Wirkung der Maschine zugeschrieben. Die schnelle Produktion begeisterte die Papierkonsumenten, die Druckhäuser brauchten nicht mehr monatelang auf eine Bestellung zu warten, wie es bei den Handschöpfern besonders wegen vieler Streiks der Fall war. Die Tagesproduktion aller in England eingesetzten Maschinen lag um 1830 schätzungsweise bei 1600 Meilen Papierbahnen (Clapperton, 1967). Auch der beträchtliche volkswirtschaftliche Nutzen, den die Fourdriniers bewirkten, wurde hervorgehoben. Nach einer Rechnung des Untersuchungsausschusses von 1836 wurde der volkswirtschaftliche Nutzen von den bis dahin in England gebauten 280 Papiermaschinen mit über 6,5 Mio Pfund veranschlagt. Das Unternehmen der Fourdriniers hatte jedoch bereits 1808 seine Zahlungen einstellen müssen.

England als Vorbild – Geheimhaltung und Industriespionage

Roberts Erfindung, in England zur Reife gelangt, löste das Problem eines ausreichenden Produktionsflusses an der Bütte zwar prinzipiell, nicht aber sofort für ganz Europa, denn die Erfindung sollte in England geheimgehalten werden.

Die Kunst der Papierherstellung war, wie viele andere Techniken auch, mit einer Art Geheimniskrämerei verbunden. Durch Geheimhaltung neuer Verfahren und Verstecken von Betriebseinrichtungen vor unliebsamen Besuchern verzögerte sich die Ausbreitung der maschinellen Papierproduktion immer wieder erheblich. Noch 1832 bat Donkin einen Besucher, es nicht falsch zu verstehen, daß Werkzeuge und Vorrichtungen der neuesten Maschinen in seinen Werkstätten nicht zur Schau gestellt würden, da diese sein Lebenswerk seien (Clapperton, 1967).

Englands technologisches Können war für viele Länder das erstrebenswerte Vorbild. Der preußische Staat z. B. schickte Agenten nach England, um neben offiziellen Wirtschaftsbeziehungen auch Industriespionage zu betreiben. So sollten Muster und Modelle besorgt sowie Zeichnungen von Maschinen angefertigt werden. Der Agent Steinhäuser schrieb, daß man zur Umgehung des englischen Maschinenausfuhrverbots, das erst 1842 aufgehoben wurde, Tricks anwenden müsse, um Papiermaschinen außer Landes zu bringen (Reihlen, 1978). Der amerikanische Papiermacher Josuah Gilpin warb dem englischen Papier- und Papiermaschinenfabrikanten Dickinson (1782 bis 1869) den besten Mechaniker ab und holte sich auf Reisen durch Europa alle zugänglichen Informationen über Papiermaschinen. Sein Bruder Thomas konstruierte 1816 an Hand dieser Informationen in den USA eine Papiermaschine. Ihrerseits hielten dann auch die Gilpins alles über ihre Maschine so geheim wie möglich.

**Patente –
nicht unbedingt ein sicherer Schutz**

So versuchte jeder, eigene, bedeutende technische Erfolge zu schützen, zunehmend mit Hilfe des Staates. Ein solcher Schutz konnte zum Mittel staatlicher Gewerbeförderung werden. In England galt für Erfinder seit 1623 und in Frankreich seit 1791 ein Patentrecht. In Preußen wurde der Patentschutz erst ab 1815 gesetzlich geregelt und die Berechtigung erteilt, eine neue, selbst erfundene und beträchtlich verbesserte (Patent) oder vom Ausland zuerst eingeführte und zur Anwendung gebrachte Sache (Einführungspatent) für eine bestimmte Zeit ausschließlich zu nutzen (Reihlen, 1978). Diese gesetzliche Regelung löste das Privilegiensystem ab.

Einerseits wurden über Patente Monopolstellungen durch alleinige Nutzungsrechte aufgebaut oder wenigstens finanzielle Abtretungen für gewährte Nutzungsrechte erlangt. Andererseits befürchteten Erfinder durch die Beschreibung der Verfahren und Konstruktionen und Offenlegung der Konstruktionszeichnungen in den Patenten unerlaubten Nachbau. Dickinson z. B. war bekannt dafür, daß er sich mehr auf geheimes Arbeiten als auf Patente verließ, wenn es darum ging, seine Erfindungen zu schützen (Clapperton, 1967). Bei den nur jeweils national gültigen Patenten konnte das Ausland aus den Patentniederschriften leicht Nutzen ziehen. Dieses Problem traf besonders die vielen deutschen Kleinstaaten. Bei deren kleinen Territorien hatte die Nutzung eines patentierten Verfahrens keine große Verbreitung zu erwarten.

Zur Gewährung von Zollerleichterungen bei der Einfuhr von Maschi-

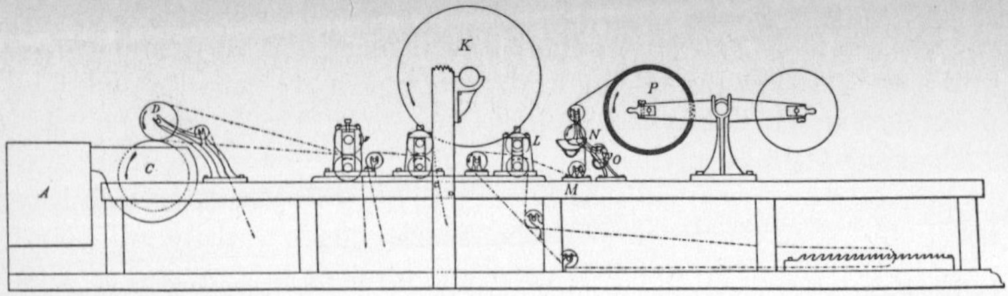

49: Rundsiebmaschine von John Dickinson. Von dem in die Suspension eintauchenden Rundsieb C wird der gebildete Papierfilz durch die Abnahmewalze D abgehoben und weitergeleitet. Neben zwei Naßpressen und dem Trockenzylinder K weist die Maschine eine weitere Presse L auf. Die Leimpressen O, N gestatten mit der Aufwicklung P eine kontinuierliche Produktion. Die gestrichelten Linien zeigen den Lauf der Filzbahn an.

nen verlangte z. B. der preußische Staat sehr häufig eine detaillierte Zeichnung der aufgestellten Maschinen. Dies sollte weniger der Archivierung als vielmehr der Verbreitung ausländischer, fortgeschrittener Technologie dienen. Eine zu starke Förderung solcher ausländischer Technologie behinderte allerdings oft landeseigene Entwicklungen.

Innerhalb Englands erwuchsen den Fourdriniermaschinen trotz ihres Patentschutzes, dessen Einhaltung nicht immer leicht zu kontrollieren war, Konkurrenten. Die Patente von Gamble, Didot, den Fourdriniers und Donkin konnten durch andere Konstruktionen umgangen werden, die auf neuen Ideen beruhten. So entwarf 1805 der Konstrukteur der ersten hydraulischen Presse, Joseph Bramah (1748 bis 1814), eine Papiermaschine, die jedoch bedeutungslos blieb; seine zweite Konstruktion wurde allerdings Ausgangspunkt für die Entwicklung einer noch heute für die Karton- und Pappenfabrikation gebrauchten Rundsiebmaschine. Auch Dickinson stellte 1809 eine funktionsfähige Maschine vor (Abb. 49), die sich durchsetzte, obwohl sie kontinentale Betrachter nach den ihnen vorliegenden Unterlagen als viel zu kompliziert einschätzten. Dikkinson selbst setzte in seinem Produktionsbetrieb anfangs auch die ausgereifteren Fourdriniermaschinen ein und betrieb seine Erfindung als Versuchsmaschinen. Laufende Verbesserungen und die englischen Maschinenbaukünste verhalfen den Dickinson-Maschinen aber bald zu einer tadellosen Funktion.

Bei ungenügendem inländischem Absatz hatten die englischen Papiermaschinenbauer Grund, ihre Waren ins Ausland abzusetzen, was erst nach der Absetzung Napoleons und der Aufhebung der Kontinentalsperre ab 1813 möglich wurde. Zur Entschädigung für den häufig fehlenden Patentschutz im Ausland nahmen englische Maschinenbauer dann jährliche Gebühren für ihre Maschinen. Da den Papierfabrikanten an Geheimhaltung ihrer Verfahren gelegen war, hatten die Konstrukteure aber keine schnelle, unerlaubte Verbreitung zu befürchten.

«Mitteilungen über in der Fabrik bestehende Fabrikations-Verfahren und -Einrichtungen an Dritte, namentlich auch an Fremde, sind unbedingt verboten» hieß es noch 1897 in Arbeitsregeln für Fabriken (Barth, 1897, S. 104).

Die Vorherrschaft englischer Papiermaschinen

Auf dem Kontinent waren die Probleme, denen sich schon Robert gegenübergesehen hatte, auch nach der Aufhebung der Kontinentalsperre, von der praktischen Seite her nach wie vor ungelöst. Ohne englischen Technologietransfer schien der notwendige Fortschritt in der kontinentalen Papierfabrikation nicht möglich.

Gegen Ende des 18. Jahrhunderts hatten sich im Zeichen eines stärkeren politischen Bewußtseins die Auflagen der Zeitungen und Zeitschriften in Europa und USA stark erhöht (Tabelle 2). Die Ursachen waren

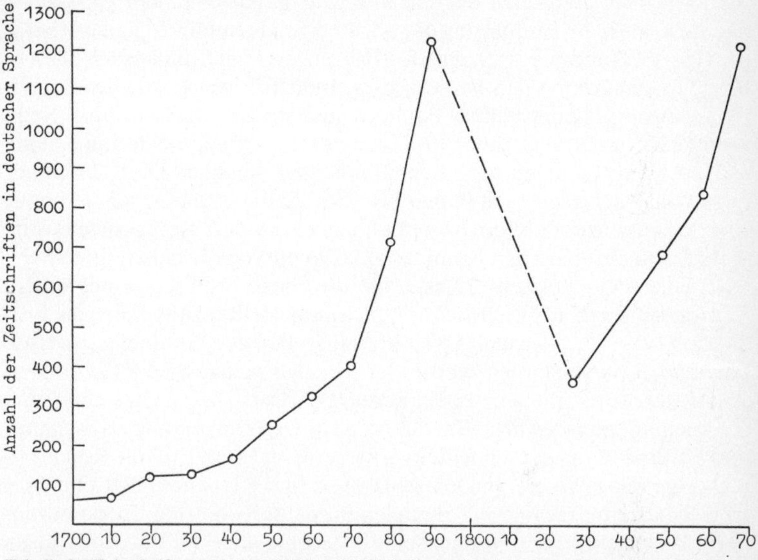

Tabelle 2: Zeitschriften zwischen 1700 und 1870 in deutscher Sprache. «Die stärkere Differenzierung der Wissenschaften und das Bedürfnis nach wissenschaftlichen Fachorganen vergrößert den Umfang des Gesamtbestandes an neuen Zeitschriften im Zeitraum von 1771 bis 1780 um 75 Prozent ... Gegenüber der gelehrten Leserschaft des 17. Jahrhunderts wird im 18. Jahrhundert mehr und mehr das gebildete Bürgertum zum Bezieher und Leser der Zeitschrift. Das 18. Jahrhundert war in seiner aufklärerischen Tendenz der Entwicklung von Zeitschriften günstig gewesen und hatte die lebensfähige Grundlage für den Bestand des deutschen Zeitschriftenwesens geschaffen. Das Zeitalter der Napoleonischen Kriege vernichtete alles an Zeitschriften, was nicht durchweg gesund ist ... Die verschärfte Pressezensur der Karlsbader Beschlüsse Metternichs vom Jahre 1819 vollendete das Vernichtungswerk Napoleons. Der Bestand an Zeitschriften ging bis zum Jahre 1826 auf 371 zurück ... und erst die Nachwirkungen der Juli-Revolution und der 45er Krieg mit ihren frühzeitlichen Bestrebungen gestatteten ein allmähliches Anwachsen des Zeitschriftenbestandes auf 845 im Jahre 1858» (Lorenz, 1937, S. 29ff.).

vielfältiger Art. So wollte der Verleger Cotta (1764 bis 1832) in Deutschland ein Organ für Staatsmänner und Publizisten schaffen, um die Öffentlichkeit zu erreichen und dieser eine ausgleichende Funktion zwischen den rivalisierenden politischen Gruppen zu ermöglichen. Die Ausbreitung des technischen Schrifttums sollte Gewerbe und Industrien fördern. Die umfangreichen Kenntnisse der alten Wissenschaften und der neuen, wie Chemie und Betriebswirtschaft, wurde in Lehrbüchern, Enzyklopädien u. ä. schriftlich festgehalten. Die Zunahme der Geschäfte verlangte mehr Papier. So wurden die noch im Code Napoleon erwähnten Kerbhölzer bald durch Vorschriften zur Buchführung unter Verwendung von Papier abgelöst. Neu aufkommende Moden wie die Verwendung von Bildpostkarten, verzierten Briefbögen, Briefen mit Briefköpfen, Bonboneinwickelpapieren ersetzten den Nachfragerückgang an Zeitungspapieren seit der napoleonischen Herrschaft. Die allgemeine Korrespondenz nahm zu, auch die Einführung der allgemeinen Schulpflicht in der Rheinprovinz 1825 und die strengen Bestimmungen zum Schulbesuch 1827 in Preußen verstärkten den Papierabsatz. Industriezweige wie die Kleineisenindustrie konnten billiges Papier zum Verpacken gebrauchen. Neue Druckmaschinen, z. B. die 1810/11 patentierte Schnellpresse von Koenig & Bauer, hatten einen größeren stündlichen Ausstoß. Diese Faktoren ließen die Nachfrage nach Papier bis etwa 1850 so steigen, daß der industriellen Papierproduktion in Deutschland ein guter Absatz gesichert war.

Auf dem europäischen Kontinent klaffte mit dem Handschöpfen noch 1820 eine technologische Lücke, die die Papierproduktion begrenzte, während in England durch die zusätzlich aufgestellten Maschinen die Produktion vergrößert wurde. An mehreren Stellen des Kontinents, vielfach unabhängig voneinander, wurde der Versuch gemacht, die technologische Lücke zu schließen. In Frankreich entwarf Desestables 1808 eine Rahmenmaschine (Abb. 50), die den Handschöpfvorgang nachahmte, und Ferdinand Leistenschneider verbesserte im Elsaß 1813 die Rundsiebmaschine seines Vaters. In Deutschland entwarf Keferstein 1816 ebenfalls eine Rundsiebmaschine mit metallenen, dampfbeheizten Trockenzylindern. Aus Geldmangel konnte seine Maschine aber nur mit Holzwalzen ausgeführt werden. Diese auf dem Kontinent gebauten Papiermaschinen entstanden auf Initiative von Papiermachern für den eigenen Betrieb. In England dagegen lieferten zur gleichen Zeit erfahrene Maschinenbauer fabrikmäßig hergestellte Papiermaschinen.

1811 brachte Didot mittels eines Einführungspatents die in England erprobte Langsiebpapiermaschine mit allen inzwischen gemachten Verbesserungen nach Frankreich, konnte sie aber wegen des bis 1814 laufenden Robertschen Patents erst 1815 einsetzen. Zwei in Frankreich nachgebaute Maschinen lieferten für die damalige Zeit zwar ausgesprochen große Papiere, waren aber wegen fehlerhafter Bauweise nicht besonders

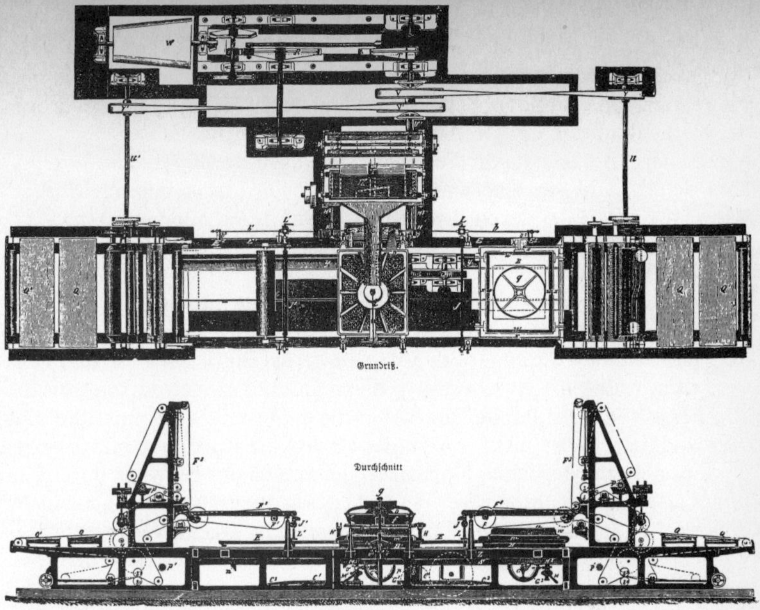

50: Rahmenformmaschine von Max Sembritzki, 1881. Dies war wohl die einzige bewährte Maschine dieser Konstruktionsart zum Schöpfen einzelner Bögen. In der Mitte befindet sich die Schöpfbütte mit dem Sieb. Die geschöpften Bogen wurden abwechselnd nach links und rechts abgelegt.

wirtschaftlich. Insofern konnte man in England noch auf die eigenen Maschinenbaukünste setzen und den kontinentalen Bestrebungen mit Ruhe entgegensehen. Doch mit den ersten kontinentalen Papiermaschinenerfindungen mußten englische Papiermaschinenhersteller neben der Konkurrenz im eigenen Land das Aufkommen ausländischer Konkurrenz befürchten.

Das Patentrecht in Frankreich und die Einführungspatente, wie sie in Preußen ab 1815 möglich waren, boten den Engländern aber die Chance, sich bei frühzeitigem Einstieg ins Auslandsgeschäft Rechte zu sichern, die eigene englische Konkurrenz auszuschalten und den technologischen Vorsprung gegenüber dem Kontinent auszunutzen. So nahm z. B. der englische Kaufmann Joseph Corty 1819 in Berlin ein für 15 Jahre gültiges Patent auf das ausschließliche Recht, mit einer bestimmten englischen Maschine Papier ohne Ende zu fertigen, obwohl ihm keine Geheimhaltung des Verfahrens zugesichert wurde. Die Einrichtung der aufgrund dieses Patents gegründeten Berliner Papierfabrik lieferten die englischen Firmen Hall und Donkin.

Die allgemeine wirtschaftliche und politische Situation der kontinentalen Staaten erleichterte es den englischen Papiermaschinenherstellern, ihre Vorherrschaft zu behaupten. Als in Deutschland die ersten Papiermaschinen von Widmann, Schäuffelen und Oechelhäuser gebaut wurden, waren die deutschen Papiermacher beinahe ausschließlich an englischen Maschinen interessiert, da diese weit störungsfreier liefen. Einfuhrzölle zum Schutz und zur Entwicklung der eigenen Maschinenindustrie erschwerten allerdings deren Ankauf. So gewährte Preußen nur dann Zollermäßigung, wenn aus dem Ausland eine Maschine mit wichtiger Neuerung eingeführt wurde.

Die Einführung neuer Maschinen war wegen der häufig beengten räumlichen Verhältnisse in den alten Papiermühlen nicht problemlos. Die neuen Maschinen waren größer als die bisherige Einrichtung, so daß sie in den alten Mühlen teilweise nur schwer unterzubringen waren und die Trockenpartie z. B. parallel zur Naßpartie aufgestellt werden mußte. Die notwendigen, meist nicht vorhandenen großen Antriebskräfte, besonders für die erforderlichen Holländer, ließen sich nur begrenzt durch Zukauf von Mühlenrechten vergrößern. Das war aber nur sinnvoll, wenn die entsprechenden Grundstücke nicht weit getrennt lagen. Neugründungen von Papiermühlen waren daher zur Zeit der Einführung der Papiermaschinen in Deutschland nicht selten. Dies erforderte aber entsprechendes Kapital. Von den bestehenden Papiermühlen konnten am ehesten die wenigen großen Mühlen, die echte kapitalistische Manufakturen mit moderner unternehmerischer Leitung und überregionalem Absatz waren, die Umstellung auf den Maschinenbetrieb wagen (Schlieder, 1967).

Zusammenwirken von Stoff und Maschine

Die Umgestaltung des Leimens

Die Anwendung der Papiermaschinen veränderte das Produkt Papier in seinem Aufbau. Durch bevorzugte Ausrichtung der einzelnen Fasern in Laufrichtung des Siebes erhielt das Papier in Längs- und Querrichtung unterschiedlich stark ausgeprägte Festigkeits- und Dehnungseigenschaften. Das Papier wurde in der Dicke gleichmäßiger. Durch die vorgeschalteten Einrichtungen wie Sandfang und Knotenfänger wurde es sauberer und besser in der Durchsicht. Den Knotenfänger (Knoten: nicht weit genug zerkleinerter Stoff) hatte Leopold August Franke (1777 bis 1853) 1829 für die Handpapierherstellung erfunden. In der Maschinenproduktion fand er aber schnell Eingang, da die Holländer keinen knotenfreien Stoff lieferten.

Neben den maschinellen wurden entsprechende Änderungen am zu verarbeitenden Stoff vorgenommen, damit die Maschinen noch mehr ihrer Aufgabe entsprechen konnten. Ein zentraler Punkt hierbei war das

Leimen. Bis zum Beginn des 19. Jahrhunderts kannte man nur das nachträgliche Leimen des Papiers. Diesen zusätzlichen Arbeitsgang versuchten Papiermacher und in zunehmendem Maße Naturwissenschaftler um die Wende zum 19. Jahrhundert zu umgehen, indem sie schon der Fasersuspension Leim zusetzten. Die Umständlichkeit und Unwirtschaftlichkeit des alten Verfahrens ließen das angezeigt erscheinen.

«Obgleich die erstgenannte Art des Leimens einen so bedeutenden Zeitaufwand verursachte, daß das so geleimte Papier fast noch einmal so viel Zeit erfordert, ehe es als Handelswaare versandt werden kann, sowie andere bedeutende Nachtheile herbeigeführt, so hat man doch lange Zeit hindurch nur diese einzige Art des Leimens, die höchstens in einigen Handgriffen, nicht aber in der Manipulation abweichend ist, einzig und allein angewandt, bis endlich ein Mittel aufgefunden ist, den ganzen Prozeß durch einen einfacheren zu ersetzen, indem man, statt die fertigen Bogen zu leimen, der Papiermasse einen Leim beimengt» (Rüst, 1838, S. 38).

1805 hatte der Uhrmacher und Sohn eines Papiermühlenbesitzers M. F. Illig (1777 bis 1854) die Methode der Bütten- oder Masseleimung gefunden, die es erlaubte, mit Harzleim, also Leim pflanzlicher Herkunft, das Papier in der Bütte tintenfest zu machen. In einem Büchlein von 1807 beschreibt er das prinzipielle Verfahren. Allerdings war das praktische Gelingen immer noch von vielen unbekannten Randbedingungen abhängig.

«... keineswegs aber darf trotz der unendlich vielen Versuche, das Papier in der Bütte zu leimen, die jetzt hierzu gebräuchlichste Methode als vollkommen und vollendet angesehen werden, indem sich noch stets mehr oder weniger Nachtheile dabei zeigen» (Rüst, 1838, S. 38).

Die noch lange nicht ausgereifte und sich in Deutschland erst ab 1830 weiter verbreitende Methode war nicht allgemein anwendbar und regte zu weiteren Versuchen an, deren Ergebnisse anfänglich geheimgehalten wurden.

«Bis um diese Zeit waren die verschiedenen Arten des vegetabilischen Leims – welche bei der Fabrikation des Maschinenpapiers unter gänzlichem Ausschluß des thierischen Leims die höchste Wichtigkeit erlangt hatten – als Fabrikgeheimniß behandelt worden; 1826 aber lenkte Braconnot die allgemeine Aufmerksamkeit auf den Gegenstand, indem er, gestützt auf chemische Untersuchung einer ihm zugekommenen Papierprobe, eine Anweisung zum Leimen mit Harzseife und gewöhnlicher Seife veröffentlichte» (Karmasch, 1872, S. 744).

Wissenschaftlich begründete Theorien zur Wirkungsweise der Harzleimung und deren Überprüfung sollten den Leimungsvorgang verbessern. Illig selbst hielt das Leimen im wesentlichen für einen physikalischen Vorgang; 50 Jahre später glaubte man zu wissen, daß es sich um eine chemische Reaktion handelt, die im weiteren verschiedene Erklärungen erfuhr. Die komplizierten Vorgänge lassen sich heute befriedigend mit dem Begriff des kolloid-chemischen Systems (Abb. 51) erklären. Vermischt man

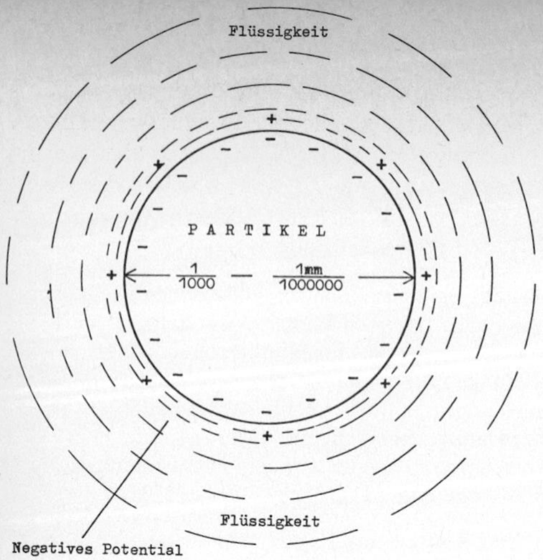

51: Schematische Darstellung eines Kolloids.

Leim mit Wasser, so erhält man ein Kolloid, d. h. eine Flüssigkeit, in der der Leim in Partikeln mit weniger als einem Tausendstel Millimeter Größe verteilt ist. Die Harzleimteilchen des Kolloids tragen eine negative elektrische Ladung. Der bei der Büttenleimung ebenfalls im Wasser verteilte Faserstoff ist auch negativ aufgeladen. Beide Stoffe stoßen sich aufgrund gleicher Ladungswirkung gegenseitig ab, und zwar so stark, daß die gleichzeitig schwach anziehend wirkenden, auf Dipoleffekten beruhenden Kräfte, die van-der-Waals-Kräfte, nicht zur Anziehung ausreichen, Damit kann der Leim nicht auf die Faser aufziehen. Durch Zugabe von Elektrolyten (Säuren, Basen, Salzen) oder anderen Kolloiden verringert man die elektronegative Wirkung auf Leim und Fasern, bis sie nahezu verschwindet, so daß die schwach anziehenden Kräfte wirksam werden können. Durch Zugabe von Aluminiumsulfat [$Al_2(SO_4)_3$] gelingt es, die Faseroberfläche sogar ins Positive umzuladen, so daß die nun gegensätzlichen elektrischen Ladungen von Leim und Fasern zusätzliche Anziehungskräfte entwickeln. Somit werden die negativ geladenen Harzteilchen an der Faseroberfläche gebunden. Die Bindungen zwischen Leim und Faser sind allerdings nicht sehr stabil. Deshalb erreicht die Papierfestigkeit bei dieser Leimung ein Optimum bei etwa 2 Prozent Leimzugabe.

Der in Teilchen auf der Faseroberfläche haftende Leim macht bei der Masseleimung die Fasern des gesamten Papiers wasserabstoßend, also auch innerhalb des Papiers. Dadurch wird die Saugwirkung der feinsten Poren des Papiers herabgesetzt oder sogar aufgehoben. Im Gegensatz dazu verschließt die Oberflächenleimung vorwiegend die Eingänge der Poren an der Papieroberfläche.

Vielfach wird behauptet, daß die Erfindung des Leimens in der Bütte

Voraussetzung für den sinnvollen Einsatz der Papiermaschine war. Dem widerspricht die Praxis in England; dort wurde maschinell bis in das 20. Jahrhundert hinein vorwiegend nachträglich geleimt, obwohl man die Masseleimung erprobt hatte. In Deutschland war die festigkeitssteigernde Wirkung der tierischen Oberflächenleimung bekannt, weshalb gute Papiere dementsprechend geleimt sein sollten (Tabelle 3).

«Nie kann ein Harz- oder Wachsleim den Thierleim hinsichtlich der dem Papier zu gebenden Festigkeit ersetzen. In getrocknetem Zustand ist ersterer eine bröckelnde Masse, der letztere aber kaum zerbrechbar, sie können also nicht gleiche bindende Eigenschaften haben» (Oechelhäuser, 1846, S. 83).

Durch die Büttenleimung verkürzte und verbilligte sich allerdings der Produktionsvorgang wesentlich, da eine zusätzliche Trocknung entfiel. Erst der Harzleim konnte für die maschinelle Stoffleimung verwendet werden, tierischer Leim wäre mit dem Siebwasser abgetropft, ohne an den Stoffasern zu haften.

Zur vollen Wirksamkeit gelangte die Harzleimung jedoch erst durch die weiterentwickelte, mit Trockenzylindern ausgestattete Papiermaschine. Bei Anwendung höherer Temperaturen wurden Harz und Aluminiumhydroxid gefrittet, was ein Zusammenkleben der Fasern bewirkte. Allerdings war dies ein Nebeneffekt, der zufällig erzielt wurde. Die teure Dampftrocknung auf Zylindern wurde nämlich nicht wegen der Leimung eingeführt, sondern war zur Umgehung der atmosphärischen Trocknung

	20% Leinenhadern 80% Holzschliff	90% Leinenhadern 10% Holzschliff	Abnahme bei Verringerung des Haderanteils von 90% auf 20%
Reißlänge ungeleimt	2,35 km	3,10 km	-24%
Dehnung ungeleimt	2,0%	3,60%	-44%
Reißlänge harzgeleimt	2,3 km	2,75 km	-16%
Dehnung harzgeleimt	1,9%	3,0%	-37%
Reißlänge gemischt geleimt	3,0 km	3,1 km	-3%
Dehnung gemischt geleimt	1,95%	3,3%	-41%

Tabelle 3: Papierfestigkeit und -dehnung in Abhängigkeit von Zusammensetzung und Leimung.
Der ungünstige Einfluß vom Holzschliff und der Vorteil der kombinierten Harz-Tier-Leimung (gemischt geleimt) zeigen sich deutlich. Die Dehnung ist in Prozent der Anfangslänge angegeben. Unter der Reißlänge stellt man sich diejenige frei hängende Länge eines Papierstreifens vor, bei der der Streifen durch das Eigengewicht reißt.

notwendig, um das mechanisch nicht entfernbare Wasser zu beseitigen. Andernfalls hätte das Trocknen den Fließprozeß unterbrochen und die Effektivität der Papiermaschine geschmälert. So gesehen kann man sagen, daß erst die Anwendung der Trockenpartie die Büttenleimung auf der Maschine möglich machte, sich also Leimung und Maschinenanwendung gegenseitig förderten.

Viele Papiersorten werden heute immer noch zusätzlich nach dem Tauchverfahren oder mittels Leimpresse oberflächengeleimt, und zwar mit tierischen Leimlösungen neben Stärke, Wachs, Protein und Zelluloseprodukten. Die Art des verwendeten Leimstoffs bewirkt sowohl bei der Bütten- als auch bei der Oberflächenleimung ganz spezielle Papiereigenschaften. So lassen sich neben dem wasserabstoßenden Effekt bessere Bindung der Fasern, eine hohe Festigkeit, geschlossene Oberfläche und bessere Dimensionsstabilität erreichen.

Papier wird durch Füllstoffe vielseitig

Mit den Versuchen zur Büttenleimung kam zu Beginn des 19. Jahrhunderts auch die Praxis der Zugabe von Füllstoffen zum Papier auf. Diese sollten dem Papier ganz besondere Gebrauchseigenschaften verleihen. Zigarettenpapier darf z. B. nicht lodernd verbrennen, sondern muß dem Zug des Rauchers entsprechend glimmen und verbrennen. Aus ästhetischen Gründen sollte eine weiße Asche entstehen. Erreicht wird dies z. B. durch den Füllstoff Magnesiumkarbonat. Darüber hinaus wurden auch Spezialpapiere mit besonderen Zusatzstoffen erstellt, z. B. zum Töten von Insekten (Ersch, Gruber, 1838).

Doch die Verwendung von Füllstoffen war umstritten:

«... [es werden] auch Substanzen angewendet, bei denen nicht in Abrede gestellt werden kann, dass der Fabrikant durch ihren Zusatz einen unerlaubten Vortheil beabsichtigt. Hierzu gehört besonders der Schwerspath oder Baryt (schwefelsaure Baryterde), der, ausser dass er das Gewicht des angefertigten Papiers bedeutend erhöht, die Eigenschaften desselben in keiner Weise verbessert» (Müller, 1862, S. 215).

Füllstoffe dienten und dienen einmal zur Vermehrung der Masse, um teures Fasermaterial einzusparen, daher nannte man sie früher auch Beschwerungsmittel, zum anderen zur Gewinnung spezieller Papiereigenschaften. Verwendet werden hauptsächlich feine weiße, das Papier aufhellende pulverförmige Mineralien, wie Kaolin, Talkum, Kreide, Schwerspat. Wie der Name sagt, sollen die Stoffe die Innenporen des Papiers, die 80 Prozent des Gesamtpapiervolumens ausmachen können, ausfüllen und die Unebenheiten an der Papieroberfläche verringern. Die glattere Oberfläche erleichtert das Drucken. Die Papiere werden weicher und geschmeidiger und je nach Füllstoff weniger durchscheinend. Zuviel Füllstoff läßt Papiere leicht stauben und rupfen, setzt den Leimungsgrad und die Papierfestigkeit herab (Tabelle 4).

Tabelle 4: Einfluß von Kaolin auf Papiereigenschaften.
1 Luftdurchlässigkeit, 2 Lichtdurchlässigkeit (Opazität), 3 Glätte, 4 Leimungsgrad, 5 Rohdichte, 6 Weichheit, 7 Reißlänge.

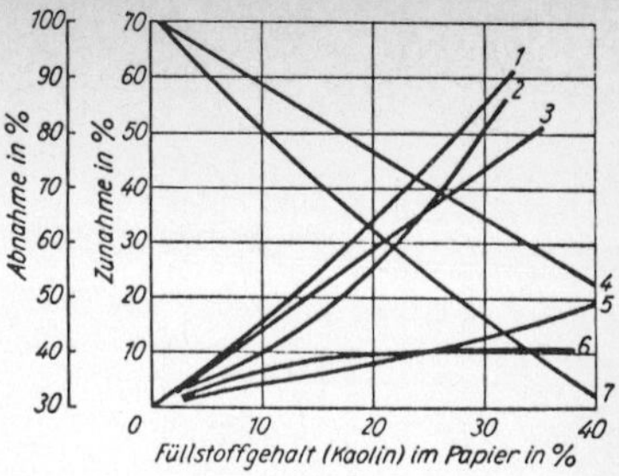

Die nicht verfilzungsfähigen Füllstoffe sind nicht ganz leicht im Papier zurückzuhalten. Größere Teilchen werden hauptsächlich durch die Filterwirkung des Papierfilzes zurückgehalten und kleinere durch Anlagerung derselben an die Faseroberfläche, z. B. durch Überwindung der gleichartigen Ladungswirkung von Faser- und Füllstoff. Je nach Art der Füllstoffe und Fasern ist die Füllstoffrückhaltung unterschiedlich. Das Sieb mit Maschenweiten von 0,1 bis 0,3 mm hat darauf keinen Einfluß. Zur Verbesserung der Filterwirkung werden Flockungsmittel (Retentionsmittel), z. B. Aluminiumsulfat, zugegeben. Die sich dadurch zu größeren Partikeln zusammenlagernden Teilchen durchlaufen nicht so leicht die Papierporen.

Auch der Leim hält einen Teil der Partikel zurück. Es ergibt sich aber immer ein gewisser Verlust an Füllstoff, besonders in der ersten Produktionsphase auf dem Sieb. Er macht sich durch eine ungleiche Verteilung der Füllstoffe im Papier bemerkbar. Je nach Art des Papiers werden unterschiedliche Füllstoffgehalte angestrebt. Im allgemeinen liegt der obere Wert bei 30 Prozent, obwohl wegen des großen Porenvolumens bis 80 Prozent noch realisierbar wären.

Durch die Füllstoffe wurden auch technische Vorteile für die maschinelle Produktion erreicht. Die Reibung im Stoff wurde vermindert und die Entwässerungsfähigkeit verbessert. Die Füllstoffsubstanz ist nicht wasseranziehend, lockert das Papiergefüge auf, erhöht die innere Oberfläche und erleichtert somit die Trocknung durch eine bessere Wasserdampfentfernung. Die veränderte stoffliche Zusammensetzung der Papiere bewirkte also durchaus auch eine einfachere, maschinelle Produktionsweise, fand aber ihre hauptsächliche Bestimmung in der Gebrauchseigenschaft des Papiers (Tabelle 5). Doch die Maschinenproduktion erleichterte sicher auch die Füllstoffverwendung durch das Aufgeben des Stoffs auf das Sieb. Brachten die Beschwerungsmittel einen finanziellen Vorteil beim Verkauf, da Papier nach Gewicht bezahlt wird, so bieten Füllstoffe heute noch den wirtschaftlichen Vorteil, daß sie billiger als das geringwertigste Fasermaterial sind. Deshalb wird auch heute eine möglichst große Füllstoffmenge angestrebt.

Graphische Papiere	Papier für Verpackungszwecke	Karton und Pappe für Verpackungszwecke	Hygiene-Papiere	Technische und Spezial-Papiere	Technische und Spezial-Pappen
Zeitungsdruck-	Schrenz-	Stark- (für Kisten)	Toiletten-	Dekor- (für Holzindustrie)	Karosserie-
Werkdruck-	Spelt-(Ausstopf-)	Maschinen-	Haushaltstücher-	Kondensator-	Schuh-
Tiefdruck-	Einschlag-	Braunschliff-	Taschentücher-	Karbon- (für Kohlepapier)	Koffer-
Naturkunstdruck-	Zellpack-	Braun-	Servietten-	Filter-	Lederfaser-
Bibeldruck-	Seiden-	Grau-	Kinderwindel-	Foto-	Preßspan-
Offsetdruck-	Fotoschutz-	Misch-	Erfrischungstücher-	Zigaretten-	Matrizen-
Chromo-	Kraft-	Stroh-			Rohdach-
Notendruck-	Kreppack-	Duplex- (zweilagig)			Unterlags-
Notenschreib-	Pergament-	Well-			
Durchschlag-	Pergamin (für Konditorei, Gärtnerei)	gestrichenes -			
Schreibmaschinen-	beschichtetes	beschichtetes -			
Luftpost-	Pack-	imprägniertes -			
Wertzeichen-	fettdichtes -				
Sicherheits-					
Lichtpaus-					
Transparent-					
Zeichen-					
Bütten-					
gestrichenes -					
49,7 %	24 %	14,6 %	6,8 %	3,8 %	1,1 %

Tabelle 5: Heute gebräuchliche Einteilung der Papiersorten.
«Im Hinblick auf die große Anzahl von Papiersorten und die stets fortschreitende Spezialisierung in der Papierindustrie läßt sich kaum eine bessere Gruppierung finden als nach Verwendungszwecken. Weder eine Einteilung nach Gewichtsstufen noch nach den verarbeiteten Rohstoffen ... führt zu einer übersichtlichen Abgrenzung bestimmter Kategorien» (Linhardt, 1932, S. 62). Die Einteilung der Papiersorten nach Verwendungszwecken ist durchgängig beibehalten worden; sie zeigt in den Untergruppierungen früherer Einteilungen deutlich den Einfluß der Leimung auf den Verwendungszweck. 1985 wurden etwa 4000 verschiedene Papiere auf dem Weltmarkt angeboten. Die Prozentangaben in der letzten Zeile beziehen sich auf die Gesamtproduktion in der Bundesrepublik.

5. Neue Rohstoffe für die Massenproduktion

Holzschliff erweitert die Rohstoffbasis

In den ersten 40 Jahren des 19. Jahrhunderts war in Europa die Technik der Papierproduktion so ausgestaltet worden, daß einer kräftigen Produktionssteigerung nichts mehr hätte im Wege stehen sollen. Die Maschinen verdrängten die Handbütten aber keineswegs mit einem Schlag. Die Produktion stieg nicht etwa sprunghaft an, wie nach einem Innovationsschub zu vermuten wäre. Dies zeigte sich selbst in dem mit vielen Papiermaschinen ausgestatteten Großbritannien (Tabelle 6). Dort wurden 1840 von 250 laufenden Papiermaschinen nur 32000 t Papier (etwa 75 Prozent der Gesamterzeugung) hergestellt, statt möglicher 56000 t bei voller Maschinenauslastung. Etwa 11 Prozent des britischen Papiers wurde aus eingeführten Lumpen produziert (Coleman, 1958). Das britische Lumpenaufkommen reichte offensichtlich nicht aus. An eine größere Produktion war ohne Einfuhrsteigerung nicht zu denken, auch wenn die Nachfrage eine bessere Maschinennutzung gestattet hätte. In anderen Ländern ergab sich dagegen zur gleichen Zeit ein rechnerischer Lumpenüberschuß; 1835 betrug er in der Schweiz 850000 Pfund bei 5 Millionen Pfund Verbrauch (Lenormand, 1835).

Der Rohstoff Lumpen war nicht beliebig vermehrbar, nur bis zu einem gewissen Prozentsatz erfaßbar und je nach Land unterschiedlich. 1838 nahm Keferstein für Deutschland an, daß

«jeder Mensch, groß oder klein, frei- oder unfreiwillig, jährlich 4 Pfund Lumpen» abgibt, «vorausgesetzt, daß das Sammlungsgeschäft richtig betrieben wird» (nach Benedello, 1959, S. 7).

Landesspezifische Gegebenheiten führten dazu, «... daß in England, Holland und Frankreich schöneres und besseres Papier erzeugt wird, als in den österreichischen Staaten ... Dort reihen sich Städte an Städte; Wohlstand, Reinlichkeit, Sitten und Gewohnheit verleiten selbst den Landbewohner zu einem Luxus in der Wäsche, den man hier nicht ahnet, und der allein jene Masse von Hadern erzeugt, die den dortigen zahlreichen Papiermühlen den Urstoff liefert» (Keeß, 1820, S. 590f.).

Bei der damaligen Technologie betrug der Verlust an Faserstoff während der Produktion noch rd. 50 Prozent, ein zu hoher Betrag für das kostbare Material.

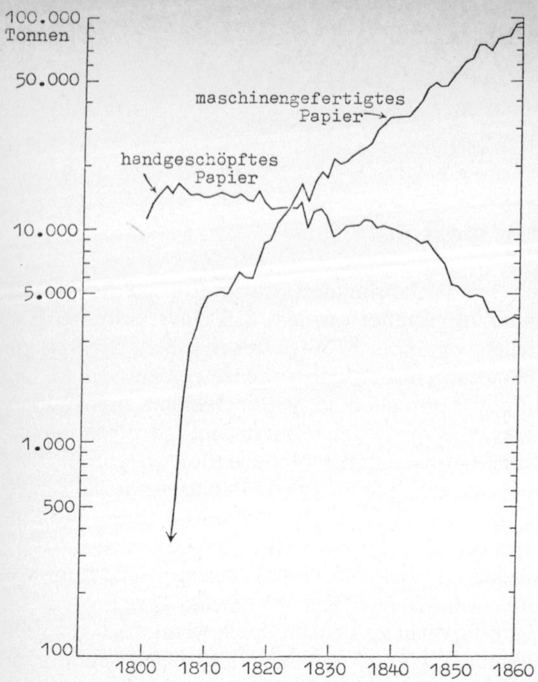

Tabelle 6: Verhältnis der Produktionsmengen von Hand- und Maschinenpapier in England von 1800 bis 1860. Die Kurven geben deutlich den Trend in der englischen Papierproduktion wieder. Erst nach mehr als 20jähriger Entwicklungszeit erreichte die Maschinenproduktion den Ausstoß der Handschöpfer. 1860 war dagegen der Maschinenausstoß schon etwa 20mal höher als der der Handschöpfer.

Durch die ständig wachsende Bevölkerung stieg das Lumpenaufkommen, aber auch der Papierverbrauch. Allerdings nahm die Menge der minderwertigen Lumpen überdurchschnittlich zu. Der Trend, besonders in den Städten, zu mehr Baumwoll- als Leinensachen ergab eine Verschiebung zu Ungunsten des im allgemeinen besseren Papierrohstoffs. Die Qualität eines großen Teils der Lumpen nahm mit der zunehmenden Technisierung ab. Die Lumpen waren erheblich schmutziger, vor allem öliger und fettiger als vorher.

Der Bedarf an Papier war zeitweise sicher größer als die Produktion, der Rohstoffsicherung galten daher private und staatliche Maßnahmen. Je nach Marktlage, Zollbestimmungen, Schutzverordnungen und ähnlichem wurden die Lumpen aus- und eingeführt, verkauft oder geschmuggelt. So traten mancherorts Produktionsstörungen wegen Rohstoffmangel ein, um die Produktion woanders aufrechtzuerhalten.

In Deutschland war die politische Zersplitterung im 19. Jahrhundert zum Teil schuld an diesen Umständen. Die umliegenden Länder erließen Lumpenausfuhrverbote, während sie aus den deutschen Kleinstaaten

Lumpen zu beziehen und sich so Vorteile zu verschaffen suchten. 1811 waren zwar in Preußen die Lumpenprivilegien aufgehoben, aber erst 1873 war der Lumpenhandel durch Aufhebung des Lumpenschutzzolls wirklich frei. Die Einführung der Gewerbefreiheit in Preußen ermöglichte es allerdings Lumpenzwischenhändlern, einen geregelten Export von Lumpen bei entsprechendem Verdienst durchzuführen. Voraussetzung dafür

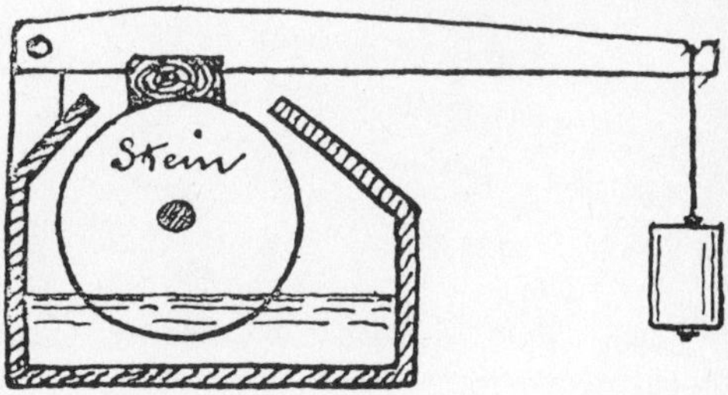

52: Holzschleifer von Keller, 1845. Oben Modell im DM, unten Querschnitt: Der Schleifstein, der das Holz abschleift, taucht mit der Unterseite ins Wasser.

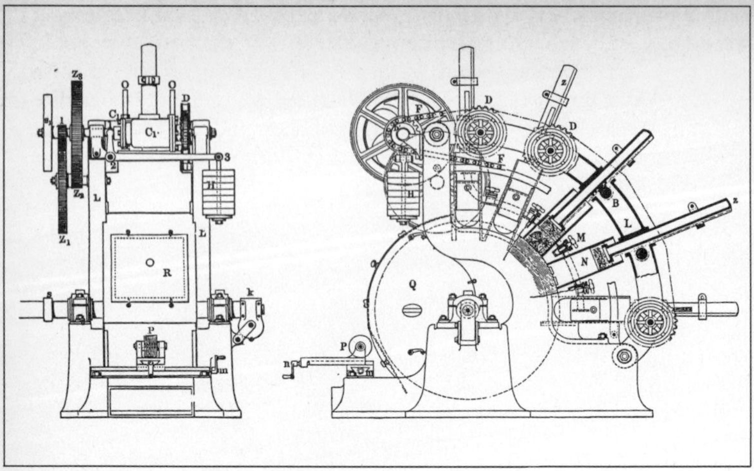

53: Holzschleifer nach Voelter. Über die Kette F und die Zahnräder D, B wird die Zahnstange Z in den mit Holz gefüllten Preßraum N gedrückt.

54: Holzschleifmaschine mit hydraulischen Preßkolben.

waren die verschiedenen Bedingungen, die in unterschiedlichen Ländern vorlagen. Zum Beispiel war es für die USA bei einer Einwohnerdichte von 118 Personen pro Quadratmeile und entsprechend geringem Lumpenaufkommen vorteilhaft, die Lumpen aus Preußen mit 2618 Personen pro Quadratmeile zu beziehen, da die Frachtkosten per Schiff nach den USA in der ersten Hälfte des 19. Jahrhunderts gleich denen zu Lande von Berlin nach Leipzig waren.

Verständlicherweise sah man in dem begrenzten Rohstoffaufkommen einen Grund für die Begrenzung der Produktion und suchte nach Abhilfe. Den Beteuerungen einiger sachkundiger Papierfachleute, daß ein allgemeiner Rohstoffmangel nicht zu befürchten sei, schenkten viele Produzenten keinen Glauben. Sie verspürten die steigenden Rohstoffpreise und suchten deshalb nach Ersatzstoffen. Vielen Versuchen seit der ersten Hälfte des 18. Jahrhunderts waren meist aus wirtschaftlichen Gründen keine durchschlagenden Erfolge beschieden. Nur Stroh wurde seit etwa 1780 in geringem Maß als Rohstoff verwendet.

Erst 1845 erhielt der Weber und Blattbinder Friedrich Gottlob Keller (1816 bis 1895) in Sachsen ein Privileg auf ein Verfahren, Papier aus Lumpen unter Zusatz von 50 bis 60 Prozent Holzfasern herzustellen. 1841 hatte Charles Fenerty in Halifax unabhängig von Kellers langjährigen Versuchen ein solches Papier erstellt. Ähnliche Arbeiten M. Koops (um 1800) waren unbeachtet geblieben. Einige Papierfabrikanten hatten zu Beginn des 19. Jahrhunderts pulverig gemahlene Sägespäne der Holzschneidemühlen als Papierzusatz verwendet. Dieser Füllstoff wurde noch gegen Ende des Jahrhunderts für Packpapier und Tapeten benutzt. Bei den meisten Papieren verursachte der Stoff zu geringe Festigkeit und zu große Rauheit.

Kellers Holzstoff war anderer Art. Nach seinem Patent wurde Holz auf einem mit einer Handkurbel zum Antrieb versehenen Schleifstein unter reichlicher Wasserzugabe zerfasert, also nicht zu Pulver gemahlen (Abb. 52). Das Patent wurde von Heinrich Voelter (1817 bis 1887) übernommen. Als Besitzer einer eigenen Papierfabrik verbesserte dieser die Zerfaserung wesentlich (Abb. 53, 54) und entwickelte Maschinen zur Sortierung und Weiterverarbeitung des immer ungleich anfallenden Holzschliffs (Abb. 55). Wahrscheinlich schon 1846 machte Heinrichs Bruder, Christian Voelter, eine plausible Rechnung auf, in der er zeigte, daß bei ca. 30 Prozent Holzfasereinsatz und einem Jahresverbrauch von ca. 2350 kg Lumpen gegenüber einem 100prozentigen Lumpeneinsatz 10000 Gulden zu gewinnen seien. Doch sollten noch fast 20 Jahre nach Kellers Erfindung vergehen, ehe sich der Holzschliff allgemein durchsetzte.

Ein Holz ist nicht wie das andere

Die Asiaten stellten schon mehr als 1800 Jahre vor Keller Papier ohne Lumpen her. Warum taten sich dann die Europäer mit einem Lumpenersatzstoff so schwer? Sehen wir einmal von wirtschaftlichen Gegebenheiten, Nachfrage, Traditionen, zunftähnlichen Bestimmungen u. a. ab, so trugen die Ansichten über den Vorgang der Papierbildung entschieden zu den Schwierigkeiten bei. Die Papiermacherei hat möglicherweise ihre Technologie der asiatischen Filzbereitung abgesehen (Bockwitz, 1941). Wegen der Verfilzung der Fasern in Filz und Papier schrieb man beiden Stoffen den gleichen strukturellen Aufbau zu. Insbesondere sah man die Ursache der Festigkeit der Stoffe in den mechanischen Verhakungen und Verwicklungen der einzelnen Fasern.

«Das Papier besteht aus kurzen, fein zertheilten Pflanzenfasern, die so dicht und gleichförmig über- und aneinander liegen, daß sie ein Gewebe oder Gefüge von Fasern bilden, an dem man die einzelnen Fasern kaum zu unterscheiden vermag. Zusammenhalt erhält dieß Gefüge theils durch die Zaserigkeit [Faserigkeit] der einzelnen Fasern selbst, theils durch bindende Körper, mit denen man sie getränkt hat» (Leuchs, 1821, S. 3).

Dementsprechend wurden die Faserstoffe hauptsächlich nach ihren mechanischen Eigenschaften, besonders den äußeren Formen, beurteilt. Holz kam nach dieser Beurteilung kaum als Rohstoff in Frage. Man hielt die Holzfasern an den Enden für zu wenig aufgesplissen, um ausreichend mechanische Verbindungen herstellen zu können (Abb. 56). Außerdem

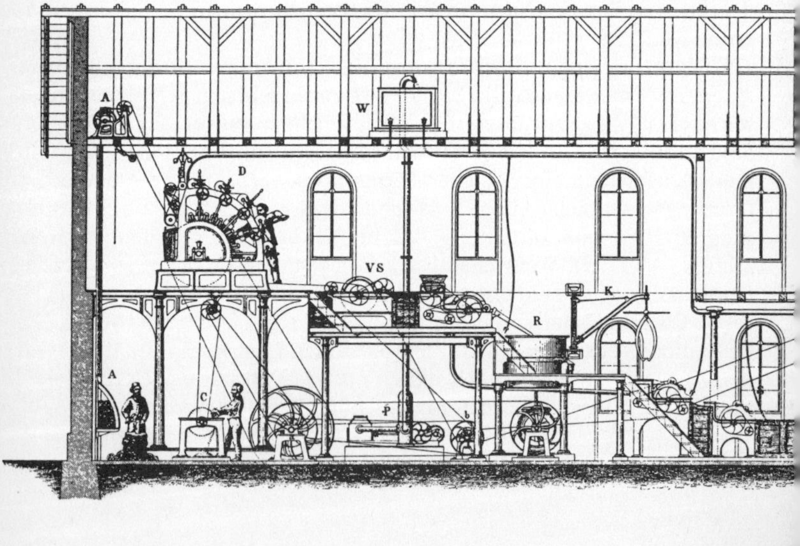

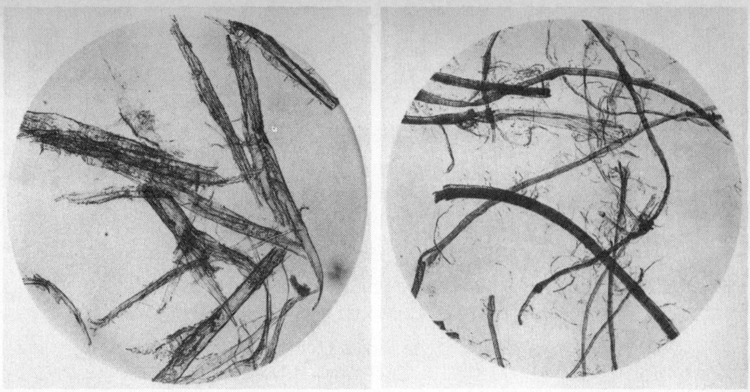

56: Mikroskopische Bilder von Holzschliff- (links) und Leinenfasern. Der Holzschliff ist erheblich geschlossener als die Leinenfasern.

fielen wegen des unterschiedlichen Aufbaus und der unterschiedlichen Zusammensetzung von Nadel- und Laubhölzern, ja sogar der Nadelhölzer untereinander, die oft geheimen Versuche zur Holzstoffbereitung bei dem geringen Wissensstand über diese Dinge zu uneinheitlich aus, um daraus ein allgemein brauchbares technisches Verfahren entwickeln zu können.

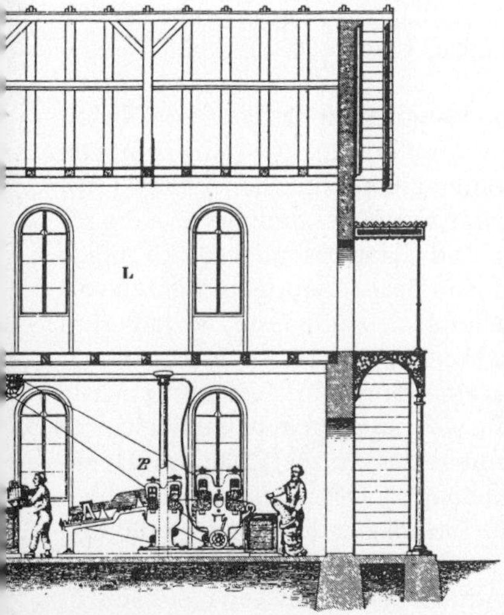

55: Holzzeugfabrik nach Voelter. Der Antrieb der Anlage beträgt 60 PS (44 kW).
D: Schleifmaschine mit selbsttätiger Anpressung des Holzes und Preßdruckbegrenzung
VS: Vorsortierer zur Ausscheidung der groben Holzsplitter
R: Raffineur zur Zerkleinerung der großen Fasern
S: Sortierapparat zur Klassifizierung in drei Feinheitsgrade
P: Wasserpumpe
W: Wasserreservoir
C: Kreissäge mit Bohrvorrichtung zur Entfernung der Äste
A: Aufzug für Holz
K: Kran für Wechsel der Raffineursteine
ZP: Walzenpressen zum Entwässern des Holzschliffs

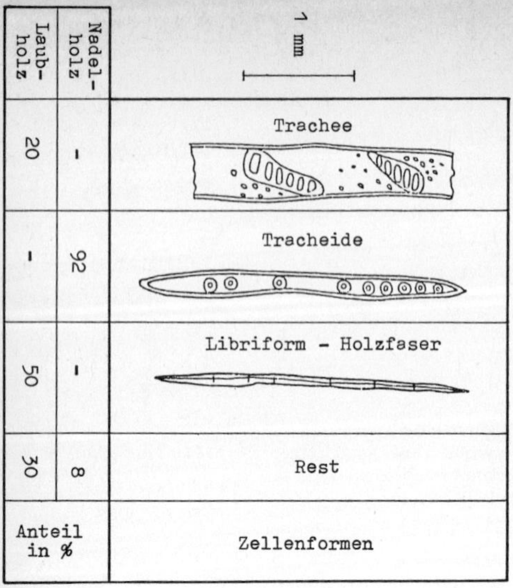

Nadel-holz
Laub-holz
1 mm
Trachee
20
-
Tracheide
-
92
Libriform - Holzfaser
50
-
Rest
30
8
Anteil in %
Zellenformen

57: Zellen von Nadel- und Laubholz, vereinfacht dargestellt. Die Anteile der Verteilung sind gemittelte Werte. Die Verteilung wechselt innerhalb der Baumarten. Die letzte Spalte (Rest) umfaßt vorwiegend Markstrahlzellen und Parenchymzellen.

Warum eignete sich Holz nun doch als Rohstoff? Holz setzt sich aus Pflanzenzellen zusammen. Man kann diese als Räume betrachten, die von Membranen umgeben sind, ähnlich Bällen oder Schläuchen. Die Schlauchform ist die als Papierfaserstoff begehrte Zellenform, Faser genannt. Die Längen sind recht unterschiedlich, z. B. im Mittel bei Nadelholz 3,5 mm und bei der Ramiepflanze, einer ostasiatischen Nesselpflanze (Chinagras), 400 mm. Wesentlich aus papiertechnischer Sicht ist, daß sich trotz vieler prinzipieller Gemeinsamkeiten das Holz von Nadel- und Laubbäumen in den einzelnen Fasern unterscheidet (Abb. 57). Die vorzugsweise in Nadelbäumen vorkommenden länglichen Zellen (Tracheiden) sind begehrte Papierfaserstoffe, sowie bei Laubhölzern die sogenannten Holz- oder Libriformfasern und einige besonders dickwandige Fasern (Sklerenchymfasern), die häufig im Bast einjähriger Pflanzen vorkommen. In Laubbäumen kommen aber auch wenig feste, lange Fasern vor (Tracheen). Ihr papiertechnischer Wert ist gering.

Die Zellwände der einzelnen Holzarten (Tabelle 7) weisen strukturelle und stoffliche Unterschiede auf, die im wesentlichen in den unterschiedlichen Anteilen der drei Hauptbestandteile des Holzes, Zellulose, Hemizellulose und Lignin, zu sehen sind (Anhang 1). Darin liegen unterschiedliche papiertechnische Eignungen der Fasern für die Papierproduktion begründet.

Nachdem man die einzelnen Bestandteile des Holzes genauer kennen-

Recyclingpapier

matt
70 g/qm

Bankpost

holzfrei weiß mit Wasserzeichen
80 g/qm

Transparentpapier

80 g/qm

Naturoffset

---

matt holzfrei weiß
70 g/qm

Werkdruck

---

holzfrei gelblichweiß
mit 1,75fachem Volumen
80 g/qm

Zeitungsdruck

holzhaltig, maschinenglatt
52 g/qm

Kunstdruck

holzfrei weiß glänzend
90 g/qm

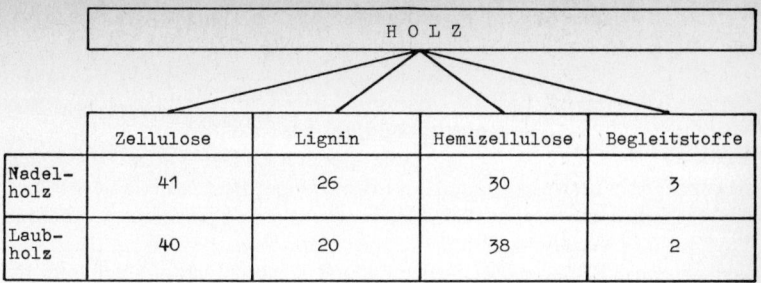

	HOLZ			
	Zellulose	Lignin	Hemizellulose	Begleitstoffe
Nadelholz	41	26	30	3
Laubholz	40	20	38	2

Tabelle 7: Vereinfachte Darstellung der stofflichen Zusammensetzung von Holz. Die Prozentangaben beziehen sich auf wasserfrei gedachtes Holz. Die Zusammensetzung variiert von Baumart zu Baumart und innerhalb der einzelnen Arten. Die angegebenen gemittelten Werte beziehen sich auf Fichte und Birke.

gelernt und deren besondere Wirkung bei der Blattbildung beobachtet hatte, trat die Vermutung auf, daß möglicherweise chemische Kräfte dem Papier einen Teil seiner Festigkeit verleihen. Diese bewirken tatsächlich den Zusammenhalt der Fasern aufgrund von Wasserstoffbrücken (Anhang 2).

Die Forschungen über die Bestandteile des Holzes sind lange noch nicht abgeschlossen. Mit dem bisherigen Stand der Forschungen werden aber die wesentlichen technischen Entwicklungen der Holzstoffverwendung verständlich, einer Technik, die ohne unser heutiges Erklärungswissen entstanden ist.

Verfahrensvarianten

Das Verarbeiten des Holzes nach Kellers Methode erforderte viel mechanische Energie, was man etwa ab 1860 durch Vorbereitung des entrindeten Holzes, z. B. Kochen, zu ändern suchte. So erleichterte Oswald Meyh in Zwickau auch das Schälen des Holzes durch vorheriges Kochen. Aus Versehen wurde eines Tages Dampf in den Kessel geleitet statt Wasser. Das Holz wurde dadurch gebräunt. Nach dem Schleifen erhielt man einen langfaserigen, schön gefärben Stoff, den sog. Braunschliff. Meyh ließ sich das Verfahren 1870 patentieren. Schon 1867 hatte Moritz Behrend in Pommern, auch durch Zufall (bei dem Versuch, Natronzellstoff herzustellen), die gleiche Erfindung gemacht, aber geheimgehalten. 1872 errichtete er eine Braunholzschleiferei.

Der Braunschliff konnte wegen der Farbe nicht allseitig verwendet werden. Dafür war aber der Stoff aus Laubhölzern und vor allem auch aus Kiefern zu gewinnen, während sich der Kellersche Weißschliff im wesentlichen nur aus Fichten herstellen ließ. Bei Kiefernholz bereitete letzteres

Verfahren wegen des hohen Harzgehaltes Verarbeitungsschwierigkeiten, wie Verkleben der Siebe, Schaumbildung im Holländer u. ä.

Keller hatte durch einen in kaltes Wasser tauchenden Schleifstein einen Holzfaserbrei erzeugt. Seine Methode, ein scheinbar rein mechanisches Verfahren, nutzte den Rohstoff optimal aus. Heute werden dabei für 100 kg Holzstoff etwa 105 kg Holz eingesetzt. Der Verlust von 2 bis 5 Prozent geht im wesentlichen auf Lösen einiger Bestandteile des Holzes im Verdünnungswasser zurück. Die Faserauslösung geschieht bei diesem Verfahren in Wirklichkeit auf thermisch-mechanischem Weg, da in der Schleifzone 170 bis 190°C auftreten und sowohl Fichtenholzlignin als auch Hemizellulose bei diesen Temperaturen weich werden. Eine Verstärkung des thermischen Effektes erreicht man durch Zugabe von heißem statt kaltem Spritzwasser auf die Schleifsteine. Die mit diesem Heißschliff verbundene besondere Quellung des Holzes und Erweichung der Mittellamellen bewirkt einen erhöhten Langfaseranteil im Schliff gegenüber den vornehmlich kurzen, dicken Fasern des Kaltschliffs.

Die Vorteile von Braun- und Weißschliff vereinigt das Enge-Verfahren, das hellgelbe lange Fasern produziert. Es setzt das Holz vor dem Schleifen bei 110°C sechs bis acht Stunden einem Überdruck aus. Die Erkenntnis, daß Druck, Temperatur und Wasser den Holzschliff günstig beeinflussen, führte zum chemischen Schliff, der für alle Holzarten geeignet ist. Bei ihm wird nach Vorbereitung des Holzes im Dämpfer vor dem Schleifen eine Chemikalie, z. B. Natriumsulfit (Na_2SO_3), zugegeben. Dadurch werden Teile des Lignins ausgelöst und der Stoff gegenüber dem Weißschliff aufgehellt sowie die Papiergüte erhöht. Die Rohstoffausbeute beträgt aber nur noch 85 bis 90 Prozent wegen des hohen Anteils der ausgelösten Stoffe.

Holzstoffzeit

Die Verfahrensentwicklung zu einem Zeitpunkt mit wirtschaftlich günstigen Bedingungen war bei der Durchsetzung der Holzstoffverwendung von Vorteil. Sie wurde zu einer Zeit vollendet, als Holz in Deutschland an Bedeutung verlor, weil Kohle zunehmend als Brennmaterial und Eisenwerkstoffe als Konstruktionsmaterial verwendet wurden. Damit waren Holzschleifereien willkommene Kunden der Waldwirtschaft, da sie eine Lücke füllten. Die Schleifereien ihrerseits fanden niedrige Holzpreise vor, die teilweise unter denen für Stroh lagen, und dies in einer Zeit, in der die Rohstoffpreise nicht mehr als ein Drittel bis ein Fünftel des Papierendpreises betragen sollten. Für die Forstwirtschaft waren die Schleifereien interessant, weil sie auch dünnes, sonst wenig verwertbares Holz von 10 bis 20 cm Durchmesser und junges Holz wie Baumkronen abnahmen, das in der Holzindustrie sonst kaum zu verwenden war. Dies waren Gründe für den niedrigen Preis des Holzschliffs.

Aus Kostengründen durfte der Transportweg des Holzes zur Schleiferei zu Lande nicht zu groß sein. Als Antriebsenergien wurden Wassergefälle für die Schleifer genutzt. Somit waren die natürlichen Standorte der entstehenden Schleifereien die wasserreichen Waldgebirge, zumal Wasser auch als Produktionsmittel diente. Damit war aber auch gleichzeitig ein wirtschaftliches Grundübel der Schleifereien verbunden, die Wetterabhängigkeit. Diese, zusammen mit den anfänglichen technischen Schwierigkeiten des Verfahrens, bedingte eine besondere Produktionsstruktur. Die kleinen, verstreut liegenden Schleifereien entstanden oft aus ehemaligen Säge- oder Mehlmühlen, die keinen großen Umbau erforderten. Auch manche kleine Handpapiermühle, die durch die Konkurrenz der Maschinen zunächst auf mindere Papierqualitäten ausgewichen war, suchte durch schnellen Umbau in der Holzschliffproduktion ihr Überleben. Handgeschöpft waren nämlich mindere Papierqualitäten aus Lumpenstoff nicht so billig zu liefern wie aus Holzschliff auf Maschinen. Da Frost im Winter und große Trockenheit im Sommer die Produktion der Schleifereien lahmlegen konnten, waren diese nur als Nebenbetriebe, z. B. neben Landwirtschaft, sinnvoll. Sie wurden mit drei bis vier Mann bei geringer Bezahlung betrieben. Die begrenzten Wasserkräfte in Deutschland ließen nur solche Klein- und Mittelbetriebe zu.

Die unregelmäßigen Produktionsmengen, die die maschinelle Produktion behinderten, sowie die unterschiedlichen Stoffqualitäten aufgrund der Holzeigenschaften, mit denen die Schleifer zu kämpfen hatten, erschwerten den Abschluß langfristiger Verträge, an denen die Papierproduzenten interessiert waren. Die Unsicherheit hinsichtlich der entstehenden Qualität führte dazu, daß der erzeugte Stoff die Verwendung diktierte und nicht umgekehrt die Anforderungen an das Papier die erstellte Holzschliffqualität. Der Schleifprozeß bestimmte den Grundcharakter des Stoffes und konnte durch die anschließende Mahlung nur wenig verändert werden.

Diese Umstände ließen bis etwa 1870 keine Großschleifereien als Konkurrenz für die kleinen Betriebe entstehen. Der in den USA kurz nach 1880 entwickelte Heißschliff mit erheblichen Schleifdrücken erforderte eine andere Produktionsstruktur, auf die die deutschen Schleifereien nicht leicht umstellen konnten. Zum Schutz der Schleifsteine bei den höheren Drücken mußten bessere, und damit teurere, astfreie Holzqualitäten verwendet werden. Außerdem war eine Wärmequelle nötig. Mit dieser, in Form der Dampfkraft, konnte wetterunabhängig ständig Holzschliff angeboten werden. Die Umstellung auf Dampfkraft fiel sicherlich den Schleifereien am leichtesten, die als Nebenbetriebe von Papierfabriken arbeiteten. Die kleinen Schleifereien konnten wegen der hohen Investitionskosten und weil ihnen kein Absatz garantiert wurde, nur schwer umstellen. Durch die große Zahl der Schleifereien war nämlich gegen

1890 ein Holzschliffüberangebot eingetreten. Außerdem war der Markt regional begrenzt, da das Gewicht des im Holzschliff enthaltenen Wassers (rd. 65 Prozent) den Transport über größere Entfernungen verteuerte. Eine Reduzierung des Wasseranteils auf weniger als 50 Prozent hätte teure thermische Verfahren erfordert.

Erst Ende des 19. Jahrhunderts lieferte die Holzschleiferei in Deutschland aufgrund der technischen Entwicklung ein qualitativ und quantitativ einigermaßen gleichmäßiges Produkt. Ganz wesentlichen Anteil daran hatten die dem Schleifen nachgeschalteten Sortier- und Aufbereitungsmaschinen, aber auch neue Verfahren wie der Braunschliff, der weniger Sorgfalt bei der Produktion verlangte. Das Wissen zu all dem kam aus der Praxis.

Chemie dringt in die Papierproduktion ein

Die Bleiche mit Chlor

Der Holzschliff, der 1862 als «entschieden zu den Rohmaterialien gehörend betrachtet» wurde (Müller, 1862, S. 14), löste die Rohstofffrage in der Papierfabrikation keinesfalls. Der Lumpenstoff ließ sich durch den Holzschliff strecken, jedoch nicht ganz ersetzen. Die mit Holzschliff erzeugten Papiere wurden nach kurzer Zeit brüchig und gelblich braun, was eine Einschränkung des Verwendungszweckes bedeutete. Für Zeitungen, Tapeten und manche Verpackungen spielten diese Nachteile keine wesentliche Rolle, so daß hier durch Holzschliff sinnvoll teures Lumpenmaterial eingespart wurde. Für bessere Papiere war Holzschliff aber kein geeigneter Ersatzstoff. Um die nötige Papierfestigkeit zu erreichen, mußten dem Holzschliff Lumpen zugegeben werden. Diese Kombination aus Lumpen und Holz bereitete wegen ihrer geringen Festigkeit Verarbeitungsschwierigkeiten auf der Papiermaschine, so daß nur geringe Arbeitsgeschwindigkeiten möglich waren. Lumpen blieben also begehrter und notwendiger Rohstoff.

Das Lumpensammeln und die Organisation des Handels waren, als Kellers Holzschliff aufkam, gegenüber dem 18. Jahrhundert durch die Aufhebung der Privilegien verändert worden. Der bei der fabrikmäßigen Produktion gestiegene Lumpenbedarf konnte dennoch nicht überall zufriedenstellend gedeckt werden. Vor allem hochwertige Lumpen waren häufig knapp. Bei dem freieren Lumpenhandel trafen die Produzenten ihre Rohstoffauswahl nach den verlangten Papierqualitäten, während früher oft nur Papiere nach der gerade vorhandenen Lumpenqualität erzeugt wurden.

Durch geänderte Verarbeitungsverfahren hatten die Produzenten schon vor der Verwendung des Holzschliffs versucht, den Lumpenroh-

«Ein solch Papier …

… an Gold und Perlen Statt ist so bequem, man weiß doch, was man hat.»
Faust II, 1 (Mephisto)

Was Mephistopheles da gerade dem Kaiser anpreist, ist Papiergeld und kein Pfandbrief, wie man glauben könnte. Er kann's nicht sein: Ein so solides Wertpapier ist einfach nicht des Teufels.

stoff besser auszunutzen und das Rohstoffproblem zu entschärfen. Ein wesentlicher Schritt dazu wurde schon im 18. Jahrhundert mit der Erfindung der Chlorbleiche getan. Bleichverfahren wurden in erheblichem Maße seit dem Altertum in der Textilproduktion angewendet, um die gräuliche Grundfarbe der Leinen- und Baumwollgewebe aufzuhellen. Eines dieser Verfahren, die Rasenbleiche, wurde schon in der mittelalterlichen Papierherstellung zur Aufhellung des fertigen Papiers benutzt.

Um den Lumpenrohstoff zu säubern und zu bleichen, ließ man ihn wochenlang in Gruben, oft mit Kalk versetzt, faulen und behandelte ihn mit ätzenden Laugen. Für ‹weißes› Papier, das doch nur gelblich-braun war, waren nur weiße Lumpen zu verwenden, denn Farbe konnte durch diese Vorbehandlung nicht beseitigt werden. Nachträgliches Bläuen, d.h. leichtes Hellblau-Färben, ließ das Papier weißer erscheinen.

Diese Situation änderte sich mit der Anwendung des Chlors, dessen Bleichwirkung der Chemiker Scheele (1742 bis 1786), der auch als Entdecker des Chlors gilt, an den Verschlußstopfen der Aufbewahrungsflaschen bemerkte. Berthollet (1748 bis 1822) entwickelte in Frankreich aus den Laborgeräten Apparaturen für den Großbetrieb zum Bleichen von Leinwand mit gasförmigem Chlor und wendete die Bleichung mit Salzsäure auf Lumpen an. 1785 schlug er ein Verfahren vor, das Chlorgas durch Lösen in Wasser für kommerzielle Bleichungen anzuwenden. Durch Verwendung von Kali(KOH)- oder Natronlaugen (NaOH), die viel mehr Chlor aufnehmen als Wasser und das Gas durch Säurezufuhr wieder freisetzen, wurde das Verfahren verbessert und seit 1789 für die Bleiche von Geweben benutzt. Dies war für die Bleiche von Lumpen und Lumpenstoff willkommen.

Das anfangs gasförmig verwendete Chlor wurde von den Papierfabrikanten selbst nach verschiedenen Rezepten meistens auf der Basis von Braunstein (MnO_2), Schwefelsäure (H_2SO_4) und Kochsalz (NaCI) in eigens eingerichteten Räumen hergestellt. Die bei dem nicht gleichmäßig feuchten Stoff immer ungleichmäßig ausfallende Gasbleiche wies hohe Chlorverluste auf. Die notwendigen Anlagen waren wegen des aggressiven Chlors reparaturanfällig und gesundheitsgefährdend. Die Anwendung des in Wasser gelösten Chlors brachte diesbezüglich wenig Verbesserung. Der Bleichereibesitzer Charles Tennant nahm 1799 ein Patent, Chlor durch trockenes Kalkhydrat zu binden (Lunge, 1909) und festen Chlorkalk zu erzeugen, was zu einer selbständigen Chlorkalkindustrie führte. Damit war eine leicht transportable Form des Chlors gefunden, weil 1 Vol Chlorkalk [CaCl (ClO)] über 100 Vol Chlorgas freisetzt, während z.B. die beste Speicherung in 10°C warmem Wasser nur 2,5 Vol Prozent beträgt. Der Chlorkalk ließ sich mit Einführung des Leblanc-Verfahrens als billiges Nebenprodukt der Sodafabrikation gewinnen und brachte eine Verbilligung der Chlorerzeugung.

Die leichtere Handhabung und geringere Gefährlichkeit des Chlorkalks förderten seine bevorzugte Anwendung. Anfänglich wurde der zerfaserte Stoff, später auch die Lumpen mit Chlor gebleicht. Die Papiermacher nahmen die Chlorbleiche gern an, da jeder Arbeiter sich so gut er konnte vor dem Gestank der alten Faulgruben drückte. Das hatte häufig Vernachlässigungen der Kontrolle des Faulprozesses und damit große Faserverluste zur Folge. Mit dem Chlor verschwand der Faulgestank aus den Papierfabriken, den die Arbeiter offensichtlich unangenehmer empfanden als die beißende Chlorluft.

Die Chlorbleiche verringerte die Produktionszeit, da die Lumpen nicht mehr oder nicht mehr so lange zu faulen brauchten. Wichtiger war aber noch die Rohstoffersparnis. Während eine gut durchgeführte Faulung immerhin noch zu 10 bis 20 Prozent Faserverlust führte (Lenormand, 1835), gingen bei der Bleiche nur 3 Prozent verloren (Dahlheim, 1896). Die Produktion eines Betriebes sollte sich durch die Chlorbleiche gar verdoppeln (Piette, 1833).

Einen wesentlichen Schritt zur besseren Rohstoffnutzung taten 1792 und 1795 in England Hector Campbell und William Cuningham, indem sie die Chlorbleiche in Verbindung mit Kali und Kalk zum Entfärben auf gefärbte und bedruckte Lumpen anwendeten. Dieser minderwertige Rohstoff war damit als neuer Rohstoff für feinere Papiere erschlossen. Das Verfahren bekam in Deutschland um 1830 besondere Bedeutung, da die bisher aus den gefärbten Lumpen hergestellten billigen, blauen Papiere und Konzeptpapiere nur schwer absetzbar waren. Die Anwendung chemischer Mittel erweiterte somit das Rohstoffangebot. Die Chlorbleiche erzeugte obendrein eine dauerhaftere und bessere Weiße als das alte Faulungsverfahren. Bis etwa 1830 war die Chlorbleiche wirtschaftlich notwendig geworden.

«Daher ist dann auch das Bleichen der Lumpen unerläßlich für die Papierfabriken geworden, und diejenigen, welche den Prozeß nicht anwenden, können mit den übrigen keine Concurrenz halten» (Piette, 1833, S. 133).

Die Anwender der Bleiche hatten den zusätzlichen Vorteil, ein helleres, die Kunden ansprechenderes Papier aufzuweisen.

In der Textilindustrie war man mit der Chlorbleiche für leinene Gewebe, deren Lumpen ja für die Papierproduktion bevorzugt Anwendung fanden, vorsichtig, da Faserschädigungen befürchtet wurden. Die sorglose Übertragung des Chlorgebrauchs auf die Papierproduktion, die so schönes, weißes Papier erbrachte, hatte neben den Gefahren im Betrieb auch weitere nachteilige Folgen. Das Chlor gab oft Geruch an die Papiere ab und zerstörte sie recht bald. Die Drucksteine litten zu sehr unter den gechlorten Papieren.

«Es war dieses bis jetzt die allgemeine Klage, daß Papier, mit Chlorkalk und Säure gebleicht, die Tinte nicht allein mit der Zeit verbleiche, sondern auch das Papier mürbe mache ... Dieser Übelstand wird durch Anwendung eines schwach mit kaustischalkalischer Lauge geschwängerten Wassers ganz beseitigt ...» (Piette, 1833, S. 126).

Dies mag die vorweggenommene Idee des Antichlors gewesen sein, ein Mittel zur Beseitigung des schädlichen freien Chlors im Papier. Später haben sich dafür Stoffe wie Natriumthiosulfat ($Na_2S_2O_3$) oder Natriumsulfit (Na_2SO_3) bewährt.

Chlor hat sich bis heute als billiges Bleichmittel erhalten. Seine Wirkung gründet sich auf zwei Prozesse. Zum einen wirkt es direkt chlorierend und bildet z. B. wasserunlösliches Chlorlignin. Zum anderen bewirkt es in Wasser die Freisetzung einatomigen Sauerstoffs, der stark oxydierend wirkt. Die Oxydation bewirkt eine Entfärbung und dauerhafte Bleichung bei geringem Stoffverlust durch die Zerstörung der Farben.

Holzschliff ließ sich so nicht wirksam bleichen, obwohl Voelter schon 1857 den Holzschliff einer Bleiche unterzog. Erst 1877 gelang mit Natriumdisulfit ($Na_2S_2O_5$) die Holzschliffbleiche, eine nicht dauerhafte Reduktionsbleiche. Die Veränderung der Farbe durch Reduktion wird durch allmähliche Oxydation wieder rückgängig gemacht. Deshalb sollten für bessere gebleichte Papiere nicht Holz- und Lumpenstoff gemischt werden, da die Holzteile doch schnell nachdunkelten und das Papier verdarben.

Die chemisch-thermische Behandlung des Strohs

Der vermehrte Einsatz von Chemikalien und die Erfahrung mit deren Umgang seit dem Ende des 18. Jahrhunderts, gefördert durch die zunehmenden Kenntnisse in der Chemie, hatte einen entscheidenden Einfluß auf die Papierherstellung. In England will Matthias Koops durch die Versuche zur Altpapieraufbereitung mit verschiedenen Chemikalien auf die Bereitung des Papiers aus Stroh gestoßen sein (O'Reilly, 1801). In Frankreich waren damals schon länger verschiedene chemische Behandlungen des Strohs zur Verbesserung seiner mechanischen Bearbeitung bekannt. Wegen neu erkannter Wirkungen fanden verschiedene chemische Mittel neben der alten Faulmethode und dem Kalkeinsatz in der Faserstoffaufbereitung in England und Frankreich bald allgemein Anwendung, während Deutschland darin sehr nachhinkte. Die Verwendung des höheren Dampfdrucks, aus der Textilbleiche bekannt, machte die Chemikalienanwendung wirksamer, und dies brachte einen weiteren Ersatzstoff für Lumpen hervor.

Die Versuche zum Auffinden von Faserersatzstoff liefen in Europa bis ca. 1830 immer gleich ab: Zerkleinern der Ersatzstoffe durch Schneiden und Mahlen, Zugabe von Chemikalien zum Bleichen und zur besseren

Zerfaserung. Bei der Strohaufbereitung merkte man, daß sich durch Chemikalien bestimmte Anteile auslösen ließen. Je mehr ausgelöst wurde, desto besser war der zurückbleibende Faserstoff. Damit war der zu verfolgende Weg vorgezeichnet. 1854 gab A. Ch. Mellier ein brauchbares Verfahren zur Gewinnung feiner Strohfasern, vorwiegend aus Zellulose bestehend, an. Nach diesem Patent arbeiteten bald Betriebe in Frankreich, England und USA. Mit Druck, höheren Temperaturen und alkalischen Ätzlaugen wie Natronlauge löste man die Inkrusten (Lignin u. ä.) aus dem Stroh heraus und legte die dauerhaft bleichbaren Fasern frei.

Die Wiedergewinnung der benutzten Alkalien als Grundbedingung für die Wirtschaftlichkeit des Verfahrens bereitete lange Zeit große Schwierigkeiten. Nachdem H. J. Lahousse in Prag ein thermisches Verfahren entwickelt hatte, wandte man sich auch in Deutschland verstärkt der Strohzellstoffgewinnung zu. Dieses energieaufwendige Eindampfungsverfahren setzte sich gegen die unrentable chemische Wiedergewinnung der Alkalien im 19. Jahrhundert durch, blieb aber an der Grenze der Wirtschaftlichkeit dort, wo Arbeitslöhne und Kohle teuer waren.

Stroh war jedoch nicht der ideale Ersatz für Lumpen. Die Bedingungen für den Erfolg eines Ersatzstoffs waren klar:

«... man muß auch versichert sein, daß die Substanzen, welche man den Lumpen substituiren will, sich in eben so reichlicher Menge, als diejenigen darbieten, welche man ohne ihre Beihülfe gebraucht; daß der Preis dieser neuen Substanzen denjenigen der Lumpen nicht übersteige; daß die Manipulationen, welche unumgänglich sind, diese Substanzen auf den Punkt zu bringen, Papier daraus bilden zu können, eben so leicht seien, als die bis diesen Tag zur Verfertigung des Papiers aus Lumpen gebräuchlichen; daß dieses neue Papier eben so schön, und von eben so gutem Gebrauche sei etc. ... kann nur von solchen Pflanzen die Rede sein, welche leicht und fast ohne Kosten zu haben sind; denn wenn kostspielige Ernten und weite Transporte erfordert werden: so sieht man, daß die Ersparniß aufhört, welche bei jenen Vorschlägen stattfinden sollte» (Lenormand, 1835, S. 407 u. 409).

Gerade in diesen Punkten bereitete Stroh im letzten Jahrhundert Probleme. Bei geringen Getreideernten oder Produktionssteigerungen des Papiers mußte das sperrige Stroh größere Transportwege zurücklegen, da die Umgebung nicht genügend liefern konnte. Die Stoffgüte schwankte mit den verschiedenen Anbaugebieten, Strohsorten und den Wetterverhältnissen. Dies machte die Produktion, in der man noch stark nach erfahrungsmäßig erworbenen Rezepten arbeitete, besonders schwierig. Der mit der wachsenden Viehwirtschaft gestiegene Eigenbedarf an Stroh in der Landwirtschaft führte zu starken Preisschwankungen.

Trotz ständiger Weiterentwicklung der Verfahren und einer zeitweise recht beachtlich hohen Produktion von Strohstoff war diesem bis heute kein großer Durchbruch beschieden, obwohl seine Qualität um 1900 hoch eingeschätzt wurde:

«Strohstoff ist eines unserer besten Ersatzstoffe: er rangiert unmittelbar hinter leinenen Lumpen» (Dahlheim, 1896, S. 84).

Zellstoff, eine Antwort auf die Rohstofffrage

Durch Chemie zu neuem Halbstoff

Der um die Mitte des 19. Jahrhunderts nach dem Verfahren von Coupier und Mellier mit Natronlauge erstellte Strohzellstoff enthielt noch viele Inkrusten und Begleitstoffe, war also nicht optimal aufgeschlossen. Die nur 0,5 bis 2 mm langen Strohfasern verbesserten als Zusatz zwar das Gleichmaß des Blattgefüges und lieferten eine geschlossene Oberfläche; das Papier erhielt vom Stroh Härte und Festigkeit und von den Lumpen die geringe Brüchigkeit. Papier aus reinem Strohzellstoff ähnelte in seinen Eigenschaften aber zu sehr dem alten Strohgelbstoff, einem chemisch kaum aufgeschlossenen Stoff.

«Strohpapier ... zeigt, daß es zwar stark, beim Drücken fest, klingend ist, aber leichter bricht, und an gerissenen Rändern nicht faserig erscheint» (Prechtl, 1840, S. 419).

Die Verarbeitung des Stroh-Lumpen-Gemischs bereitete in der Trockenpartie der Papiermaschine und wegen der vielen Knötchen, groben Stoffteilchen des Strohs, Schwierigkeiten. Dies und die unsichere Bedarfsdekkung machten das Stroh wie den Holzschliff zu einem Ergänzungs-, nicht aber zum vollwertigen Ersatzstoff für Lumpen.

Durch Holz schien der Bedarf gleichmäßiger gedeckt werden zu können. 1838 hatte A. Payen (1795 bis 1871) die Zellulose eindeutig als Bestandteil der Holzzellen identifiziert. Doch deren Aufschluß ließ sich mit den für das Stroh gebräuchlichen Verfahren nicht bewirken, da Holz fester ist und die Inkrusten nicht so leicht gelöst werden, abgesehen von der schwer löslichen Kieselsäure beim Stroh. 1854 wurde dem Engländer Charles Watt und dem Amerikaner Hugh Burgess ein Verfahren zur Zellstoffgewinnung aus Holz patentiert. Danach wurde geschnitzeltes Holz in starker Ätznatronlauge (NaOH) bei 6 bis 8 bar für etwa sechs Stunden auf 160 bis 170°C erhitzt. Nach Ablassen der Lauge aus dem Kocher und Spülen des restlichen festen Kocherinhalts blieb ein bleichbarer Zellstoff übrig. Aber erst ab etwa 1860 arbeiteten weitere Fabriken nach diesem Verfahren. F. B. Houghton und J. A. Lee verbesserten das von Mellier für Stroh entwickelte Laugenverfahren. Sie benutzten Dampfspannungen von 10 bis 13 bar, eine leistungsfähige Holzschnitzelmaschine, einfache und relativ sichere Kochkessel und benötigten nur eine einfache Vorrichtung zur Wiedergewinnung der Soda. 1868 ließ die englische Cloucestershire Paper Company in Cone Mills durch Houghton die erste

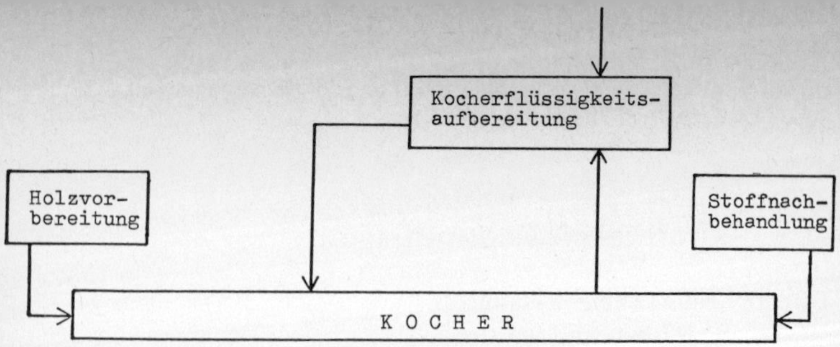

	gebräuchlicher Name	hauptsächlich verwendete Chemikalien	Verfahren von	
saurer Bereich	Sulfitverfahren	$Ca(HSO_3)_2$ / NH_4HSO_3	Tilghman	1866
	Magnesiumsulfitverfahren	$Mg(HSO_3)_2$	Ekman	1870
	Salpetersäureverfahren	HNO_3	Payen	1840
neutraler Bereich	Monosulfitverfahren	$Na_2SO_3 + Na_2CO_3$	C. Braun	1923
alkalischer Bereich	Natronverfahren	NaOH	Watt und Burgeß	1854
	Sodaverfahren	Na_2CO_3	Dresel	1870
	Sulfatverfahren	Na_2SO_4	Dahl	1884
	Pomilio-Celdecor	Cl_2NaOH	Umberto Pomilio	1952

Tabelle 8: Chemische Aufschlußverfahren.

Fabrik in Europa errichten, in der Zellulose hergestellt und ohne Lumpenzusatz zu mittelfeinem Papier verarbeitet wurde.

Auf der Suche nach einem allseits befriedigenden Verfahren für die Gewinnung der Holzzellulose wurden bis 1890 etwa 25 Verfahren entwikkelt, von denen sich nur wenige preiswerte allgemein durchsetzen konnten (Tabelle 8). Nach diesen entstanden unterschiedliche Zellstoffarten.

Mit dem ältesten, dem alkalischen Verfahren, erzeugte man Zellstoffe sowohl aus harzhaltigen Nadelhölzern wie aus fast harzfreien Laubhölzern. Neben Ätznatron (NaOH) wurde Soda (Na_2CO_3) dafür eingesetzt. Das reine Natronverfahren war gegenüber neu aufkommenden Verfahren wegen der teuren Chemikalien und der um einige Prozent geringeren

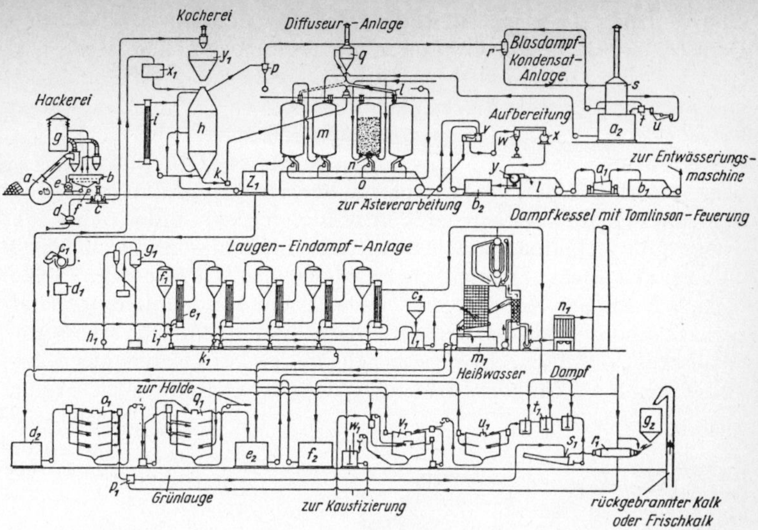

58: Schema einer modernen Sulfatzellstoffabrik.
a Hackmaschine mit Staubabscheider; b Rollsichter; c Zellenzuteilapparat; d Gebläse; e Schleudermühle; f Gebläse für Staub; g Staubkammer; h Zellstoffkocher; i Laugenvorwärmer; k Schalthahn; l Schwenkrohr; m Diffuseure; n Spritzventile; o Diffuseurbütte; p TQ03erpentinabscheider; q Zentralabscheider; r Einspritzkondensator; s Kondensatspeicherbehälter; t Spiralwärmetauscher; u Filter; v Vorsortierer; w Sandschleuder; x umlaufende Sortiermaschine; y Entwässerungszylinder; z Bütte.
a_1 Kegelstoffmühle; b_1 Bütte; c_1 Schwarzlaugenfilter; d_1 Schwarzlaugenbehälter; e_1 Heizkörper; f_1 Separatoren; g_1 Kondensator; h_1 Luftpumpe; i_1 Laugenpumpe; k_1 Drehlaugenpumpe; l_1 Mischbehälter; m_1 Schmelzlöser; n_1 Elektrofilter; o_1 Eindicker; p_1 Grünlaugenvorwärmer; q_1 Wascheindicker; r_1 Kalklöschtrommel; s_1 Klassierer; t_1 Kaustifizierrührwerke; u_1 und v_1 Eindicker; w_1 Rührwerk; x_1 Kochlaugenbehälter; y_1 Hackschnitzelsilo; z_1 Schwarzlaugenbehälter; a_2 Warmwasserbehälter; b_2 Sammelbehälter für Rückwasser; c_2 Sulfatbehälter; d_2 ungeklärte Grünlauge; e_2 Schwachlauge; f_2 Kochlauge; g_2 rückgebrannter Kalk.

Ausbeute bald nicht mehr konkurrenzfähig. Es lieferte allerdings Zellstoff mit sehr begehrten Eigenschaften. Dieser war vor allem sehr fest. Wegen seiner braunen Färbung, deren Beseitigung durch Bleichen unwirtschaftlich gewesen wäre, wurde er zunächst vorzugsweise für Verpackungspapiere verwendet. 1884 setzt C. F. Dahl der Lauge zusätzlich Natriumsulfat (Na_2SO_4) zu, ein billiges, bei der Salzsäure- und Schwefelsäurefabrikation anfallendes Abfallprodukt. Dadurch wurde ein wirtschaftlich bleichbarer Zellstoff bei geringfügig höherer Zellstoffausbeute erzeugt (Abb. 58).

Billiger als die Natronverfahren arbeiteten die sauren Sulfitverfahren [$Ca(HSO_3)_2$], die auf B. Ch. Tilghman 1866 in den USA zurückgehen. C. D. Ekman (1843 bis 1904) verbesserte 1872 das Verfahren in Schweden unter Nutzung von Magnesiumsulfit ($MgSO_3$) und führte es 1874 auch in Deutschland ein. Dieses Verfahren gestattete noch höhere Ausbeuten von rd. 50 Prozent, war aber nur für harzarme Hölzer wie Tanne, Fichte und Buche geeignet. Der gegenüber den alkalischen Verfahren weniger feste Zellstoff wies schon in ungebleichtem Zustand eine helle Farbe auf. Die Kochlauge wurde mit schwefeliger Säure (H_2SO_3), Kalk ($CaCO_3$) oder Magnesia (MgO) in eigens hierfür entwickelten Säuretürmen angesetzt, die zum Wahrzeichen der Sulfitzellstoffabriken wurden (Abb. 59).

Das Sulfitverfahren hatte sich vor dem Zweiten Weltkrieg allgemein durchgesetzt, und in Deutschland arbeiteten über 90 Prozent der Firmen danach. Nach dem Krieg begann eine weltweite Umorientierung. So arbeiteten schon 1950 in den USA 70 Prozent der Firmen nach verbesserten alkalischen Verfahren, die eine kostengünstige Verarbeitung der Laubhölzer erlaubten. Aufgrund der Entwicklung des Dreistufenbleichverfah-

59: Säureturm, Wahrzeichen einer Sulfitzellstoffabrik.

rens mit Chlor-Alkali-Hypochlorit bis etwa 1930 konnten die Vorzüge des Sulfatzellstoffs spezifischer genutzt werden. Deutschland führt heute Sulfatzellstoff zu 100 Prozent ein.

Das Sulfat- und das Sulfitverfahren waren mit erheblichen Nachteilen für die Umwelt verbunden, und zwar durch übel riechende Gase bzw. hochbelastete Abwässer. Nicht nur die Suche nach einem Lumpenersatz war für die Entwicklung der Zellstoffproduktion bedeutsam. Wissenschaftler wie Braconnot (1781 bis 1855) erforschten den Aufbau und die Zusammensetzung von Naturstoffen. 1819 vermischte Braconnot Naturfasern enthaltende Stoffe wie Sägespäne mit Schwefelsäure und erhielt eine zu Alkohol vergärbare Traubenzuckerlösung. Mit den wissenschaftlichen Erkenntnissen wurde bis um 1855 ein Verfahren zur fabrikmäßigen Herstellung von Weingeist aus Holzfasern entwickelt, das aber noch wenig wirtschaftlich war. Um 1860 hatten Bachet und Marchand die Idee, nur die inkrustierenden Bestandteile der Zellen zu vergären und die Zelluloserückstände der Papierproduktion zuzuführen. In einer 1862 am Genfer See errichteten Fabrik für Holzsprit und Papier lösten sie die inkrustierenden Bestandteile mit heißer Salzsäure aus dem zu Schnitzeln zerkleinerten Holz aus und gewannen nach einer Chlorgasbleiche brauchbaren Zellstoff.

«Man gewinnt daher bei diesem Verfahren aus verschiedenen Holzarten einerseits Alkohol und andererseits Cellulosemembranen, welche so fest, biegsam und rein sind, daß davon selbst den zu weißesten Papiersorten bestimmten Zeugen bis zu 80 Prozent zugesetzt werden können» (Hirzel, 1868, S. 373f.).

Prof. A. Mitscherlich (1836 bis 1918) extrahierte Gerbstoffe aus Holz, um die Einfuhr tropischer Gerbstoffe zu senken. Dazu überführte er Holz mit Kalziumhydrogensulfid [$Ca(HSO_3)_2$] bei etwa 108°C in Zucker und Zellstoff. Bei dem Verfahren entstand eine Lösung, aus der Gerb- und Klebstoffe abgeschieden und der Rest über Gärung und Destillation zu Alkohol verarbeitet wurde. Nach Entwicklung zu einem technischen Verfahren wurde die übrigbleibende Zellulose für die Papierproduktion eingesetzt. Mitscherlich und seine Mitarbeiter entwickelten auch die entsprechenden Zerfaserungs- und Reinigungsapparate. Die Zellstoffproduktion nach diesem Verfahren setzte sich in Deutschland bald allgemein durch, vor allem nachdem 1884 die Mitscherlichen Patente für nichtig erklärt wurden.

Startschwierigkeiten bei der chemischen Massenproduktion

Die Zellulosefabrikation nahm ihren Anfang ganz anders als die auf reiner Praxis aufbauende Holzschliffproduktion. Die Erfahrungen im Umgang mit Chemikalien ergänzten theoretische Kenntnisse und Überlegungen aus der Chemie. Von Laborversuchen ausgehend, bemühte man sich, das Wissen in die Praxis umzusetzen.

Die ersten Zellstoffproduktionen waren am leichtesten in Nebenbetrieben der Papierfabrikation durchzuführen, wo schon Kocher für Laugen, Lumpen und Strohstoff vorhanden waren. Zur Produktion wurden chemische Mittel und Energie, hauptsächlich in Form von Wärme, benötigt. Als erkannt wurde, daß eine bestimmte Betriebsgröße Voraussetzung für eine wirtschaftliche Produktion war, entstanden neue Zellstofffabriken als Großbetriebe.

«Unter einer Jahresproduktion von 10000 bis 15000 Centner Stoff, bei Tag- und Nacht-Arbeit, kann eine Anlage mit Vortheil nicht betrieben werden» (Rosenhain, 1878, S. 14).

Die notwendigen chemischen und physikalischen Reaktionen waren zeitlich kaum zu beschleunigen, so daß eine bestimmte Produktionsmenge nur durch entsprechend große Anlagen erreicht werden konnte. Die Größe der Zellulosefabrikanlagen war für die Unternehmer ein Novum. Nur mit äußerster Vorsicht wagte man sich an solche Dimensionen, da die geringsten Planungsfehler schon verheerende Folgen haben konnten. Es waren neue Standorte auszusuchen, und zwar die Industriezentren und großen Verkehrsstraßen am Wasser, auf denen die Chemikalien, die Energieträger für die Dampferzeugung und der Rohstoff Holz günstig herangeschafft werden konnten. Um wirtschaftlich zu arbeiten, wurde der kontinuierliche Betrieb mit Tag- und Nachtschicht eingerichtet, wozu die entsprechenden Arbeitskräfte vorhanden sein mußten.

Die Holzzellstofferzeuger sahen sich anfangs eher in der Konkurrenz zu den Strohstofferzeugern als zu den Lumpenlieferanten:

«Nimmt man, um ein Urtheil über die eventuelle Absatzfähigkeit zu gewinnen, an, daß Holzcellulose als Ersatzstoff auf gleicher Stufe mit Stroh und Esparto [Grasart] steht (competente Papierfabrikanten behaupten, daß die Verwendung desselben viel grössere Vortheile gewährt), so würden im Ganzen ca. 300000 Centner Cellulose absetzbar gewesen sein müssen; es ist dieses Quantum aber nicht nur nicht verbraucht worden, sondern selbst die augenblicklich auf dem Markt befindlichen, das gesammte Productionsquantum repräsentierenden 100000 Centner konnten nicht mit der Leichtigkeit verkauft werden, wie man sie auf Grund obiger Berechnungen erwarten sollte» (Rosenhain, 1878, S. 21).

1877 wurden in Deutschland und Österreich etwa 600000 Zentner Stroh- und Esparto- und nur 100000 Zentner Holzzellulose produziert. Offensichtlich konnte die Holzzellulose in Deutschland vor 1880 nur zögernd abgesetzt werden. Dies lag nicht nur an der Skepsis der Papierfabrikanten, sondern auch daran, daß diese oft selbst Strohstoffanlagen besaßen, die zwar teurer produzierten, aber nun einmal vorhanden waren. Der häufig aus Unkenntnis der Sache nicht rein und nicht bleichfähig abgelieferte Zellstoff schreckte anfänglich viele Papierfabrikanten ab.

«Es müssen also Natron, Temperatur und Wirkungsdauer beim Kochprozeß in ein richtiges Verhältniß gesetzt werden; über das Wieviel von Jedem läßt sich streiten und es ist bei einer anderen Holzart jedesmal anders zu nehmen» (Mierzinski, 1886, S. 236).

«Durch Dämpfung des Holzes bei höherer Temperatur, wie 100°C, vielleicht dadurch, daß der Dampf nicht vollständig frei durch den Kessel treten kann, wird die Kochung vollständig verdorben ..., und ist dies ein höchst wichtiges Moment bei der Fabrikation, das durch viele kostspielige Versuche herausgefunden wurde» (Mierzinski, 1886, S. 263).

Außerdem lagen die Preise für die üblichen Papiere teilweise so niedrig, daß die Preise für den Rohstoff Zellulose nicht bezahlt werden konnten. Der Qualitätsvorteil gegenüber Holzschliff war wohl den Fachleuten, aber noch nicht allgemein bekannt.

Vorteilhaft für die deutschen Zellulosefabrikanten war, daß ihre Anlagen, auf den Erfahrungen in England und Schweden aufbauend, in dem seit der Reichsgründung von 1871 großen Staatsgebiet standortvorteilhaft geplant und angelegt werden konnten. Allerdings setzte offensichtlich die geringe Lebensdauer der von England für die ersten Einrichtungen eingeführten Maschinen und Anlagen die Wirtschaftlichkeit herab.

Schon vor der Existenz der ersten Zellstoffabriken war klar, daß für einen Lumpenersatzstoff eine Umorganisation der Produktionsstätten notwendig würde, daß

«... bei der Wahl eines neuen Materials zwei neue Werkstätten in die Papierfabriken eingeführt werden müßten;» (Lenormand, 1835, S. 410).

Das heißt, daß der Aufbereitungsprozeß für die Pflanzenfasern von der Textilindustrie in die Papierindustrie verlagert werden mußte. Dies konnte aber auch arbeitsteilig in selbständigen Zellulosefabriken geschehen, ohne daß die Papierfabriken einer grundsätzlichen Umstrukturierung bedurften. Ausschlaggebend dafür waren günstige Transportbedingungen für trocken gelieferte Zellulose. 1891 erzeugten von den 51 deutschen Zellulosefabriken nur 17 ausschließlich für den Eigenbedarf und 24 ganz oder vorwiegend für den Verkauf.

Lumpen bestehen auch aus Zellstoff

Das durch die chemische Aufbereitung erstellte Fasermaterial erwies sich noch vor der Jahrhundertwende als geeigneter Lumpenersatz. Im Prinzip hatte man mit den chemischen Verfahren nur die Zellulose freigelegt. Durch die Aufbereitung des Flachses in der Textilindustrie geschah nichts anderes. In beiden Fällen gewann man Zellulose. Damit konnten auch die ähnlichen papiertechnischen Eigenschaften beider Faserstoffe erklärt werden. Warum aber waren die chemisch unreineren Lumpenstoffe technologisch dennoch die besseren?

Neben dem strukturellen Aufbau der Zellen sind die chemischen Bindungen, die sogenannten Faser-zu-Faser-Bindungen für die Papierfestigkeit ausschlaggebend. Sie werden durch Wasserstoffbrücken bewirkt. Diese Bindungen sind bei einigen Molekülen zusätzlich zu den chemischen Hauptbindungen möglich (Anhang 2). Die zusätzlichen Bindungskräfte können bei Annäherung von Molekülen auf unter 0,3 mm wirksam werden, wie bei den Zelluloseketten in den Zellwänden, die durch derartige Kräfte aneinandergehalten werden.

Bei trockenen Fasern ist der Abstand untereinander für die Wirkung der Bindungskräfte zu groß. Anders sieht das im suspendierten Zustand aus. Zellulose ist in Wasser zwar nicht löslich, quillt aber und kann suspendiert werden. Bei Wasserentzug aus der Suspension läßt die Oberflächenspannung des Wassers die Fasern aufeinanderrücken, was zu intensiven Kontakten und Wasserstoffbrückenbildung führt. Dies allein bringt aber noch keine genügende Anzahl von Verbindungsstellen, wie die geringe Festigkeit von Papier aus reinen Zellulosefasern zeigt. In der Fasersuspension wirkt durch entsprechende Aufbereitung die Hemizellulose der Fasern zwischen diesen wie ein flüssiger Kleber. Das hohe Wasseraufnahmevermögen der nicht gelösten Hemizellulose, besonders der sauren, ergibt eine gute Klebstoffwirkung. Dies erklärt zum Teil die gute Eignung der chemisch nicht allzu reinen Zellulose der Lumpen.

Die Wasserstoffbrückenbildung ist durch erneute Wasserzufuhr wieder rückgängig zu machen, so daß der Faserverband abermals aufgelockert wird. Für die Wiederverwertung von Altpapier kann dadurch die Papierauflösung in Wasser relativ einfach durchgeführt werden. Wasser stellt somit nicht nur ein Hilfsmittel zur Bildung der Fasersuspension dar, sondern auch einen wichtigen Rohstoff, dem eine besondere Aufmerksamkeit geschenkt werden muß.

Zellstoff erobert den Halbstoffmarkt

Der Zellstoff brachte neben der hohen Festigkeit, der stabilen Weiße u. a. eine Vereinfachung des Produktionsbetriebes mit sich. Die Zellulosefaser bereitete in Kombination mit Holzschliff oder Lumpen auf der Papiermaschine keine besonderen Schwierigkeiten, entwässerte schneller und ließ größere Maschinengeschwindigkeiten zu.

Anfänglich blieb dem Zellstoff die Klasse der mittleren, auf Maschinen gefertigten Papiersorten vorbehalten. Viele Regierungen in Deutschland ließen zur Zeit der aufkommenden Papiermaschinen für wichtige Dokumente der Verwaltung nur handgeschöpfte Hadernpapiere zu, da sie die Maschinenpapiere für zu schlecht hielten. Die Handschöpfer stellten daher vorzugsweise nur noch feinste Papiere her und waren bei den minderen Qualitäten durch das maschinengefertigte Holzschliffpapier leichter zu verdrängen. Der Zellstoff war für sie von wenig Interesse, da er als

Massenware für einen Maschinenstoff und damit für mittlere Qualitäten geeignet war. In Verbindung mit Holzschliff beliebig mischbar, brachte er aber bald eine eigene große Branche der Papierherstellung, die der Druckpapiere, hervor. Diese erforderte eine völlig neue Art der Fabrikation, mit größeren und schneller laufenden Maschinen, auf denen nur noch wenige Papiersorten gefertigt wurden. Dadurch wurden gleichzeitig die gegen Ende des 19. Jahrhunderts sinkenden Papierpreise aufgefangen, die gleichwohl auch durch den billiger werdenden Zellstoff verursacht wurden. Demgegenüber erforderte die maschinelle Feinpapiererzeugung, in der Zellstoff dem Hadernstoff anfänglich nur begrenzt zugegeben wurde, keine Umstellung der Fabrikation.

Der Fortschritt in der Zellstoffherstellung bewirkte bald eine Spezialisierung der Papierfabriken, denn die verschiedenen Zellstoffqualitäten erforderten eine gute Abstimmung der Verarbeitungsprozesse aufeinander. Dies war möglich, sobald der Zellstoff in gleichbleibender Qualität und Menge geliefert werden konnte. Durch die hohe Festigkeit und Billigkeit eroberten die maschinengefertigten Zellstoffpapiere schnell den Markt der Packpapiere und verdrängten die restlichen Handschöpfer auf diesem Sektor.

Die Zellstoffproduktion war durch die zwingende Verwendung der relativ billig gewordenen Wärmeenergie nicht so sehr an die Natur gebunden. Dies und die gegenüber den Lumpen nahezu beliebige Vermehrbarkeit schlug sich günstig auf den Preis nieder.

Die Zellstoffindustrie mit ihren hohen Anforderungen an Wissen und Können war für Deutschland, einem Land mit begrenzten Rohstoffen, eine typische Industrie. Allein durch die volkswirtschaftliche Notwendigkeit solcher Industrien war der Zellstoffindustrie in Deutschland eine gute Position gesichert, und noch vor dem Ende des 19. Jahrhunderts war Deutschland Zellstoffausfuhrland.

Der Zellstoff erweiterte die Rohstoffbasis der Papierproduktion erheblich und führte zu neuen Stoffkombinationen, abgestimmt auf die Anforderungen der Papiereigenschaften. Die unbegrenzte Mischbarkeit mit Lumpen und Holzschliff machten ihn bald nach seiner Einführung zum dominierenden Rohstoff.

Der wirtschaftliche Druck, Zellulose als Massenware zu produzieren, löste deren Herstellung zunehmend aus der Papierherstellung heraus. Den Papierfabriken blieb die Darstellung und Veredelung des Papiers. Allerdings hatten sie nun auch die Möglichkeit, je nach Auftragslage aus einer breiten Palette der Roh- und Halbstoffangebote die geeignetsten auszuwählen, ohne alle notwendigen Aufbereitungsanlagen selbst errichten zu müssen (Tabelle 9).

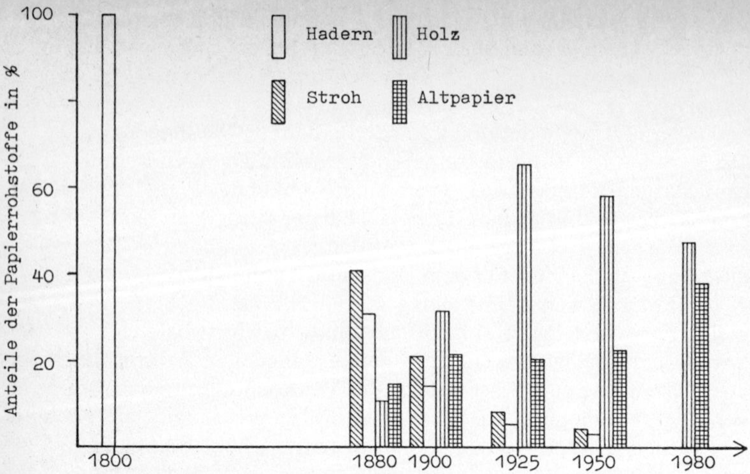

Tabelle 9: Anteile der Papierrohstoffe an der Gesamtproduktion. Die Angaben zum Anteil des Altpapiers scheinen im Vergleich zu anderen Quellen für 1880 und 1900 zu hoch. Der Trend des abnehmenden Hadern- und zunehmenden Holzverbrauchs wird deutlich, ebenso der seit 1880 stetig fallende Strohverbrauch. Die ausgewogene Rohstoffverteilung um 1900 und der vorrangige Gebrauch von Holz und Altpapier heute fallen auf.

Papier wird im Holländer gemacht

Kurz vor 1900 waren Lumpen, Stroh und Holz zu etwa gleichen Teilen in Deutschland Grundlage für neue Faserstoffe. Holz wurde zu Holzschliff und Zellulose zu gleichen Teilen verarbeitet, nämlich jeweils rd. 200000 t pro Jahr (Kirchner, 1896). So unterschiedlich diese Materialien gewonnen wurden, durchliefen sie doch alle ein und denselben Prozeß, die Mahlung.

Schon bei der Zerfaserung der Lumpen im Stampfwerk hatte man erkannt, daß die Art der Zerfaserung erheblichen Einfluß auf die Papierart ausübte. Unterschiedliche Stampfzeiten, die Benutzung glatter oder scharfkantiger Stampfbahnen ergaben selbst bei gleichem Rohstoff verschiedenartige Papierqualitäten. Durch Abstimmung des Faulprozesses, Auswahl der Lumpen und die Art des Stampfens wurden ehemals die Papiersorten beeinflußt.

Die Einführung des Holländers hatte die Zerfaserung verändert. Ein wesentlicher Vorzug der Holländer neben dem geringeren Platzbedarf war die schnellere Stoffbearbeitung. Die Folge überhöhter Arbeitsgeschwindigkeit am Holländer war aber oft eine ungünstige Mahlung und damit schlechte Papierqualität. Bei sorgfältiger Handhabung des Holländers konnte ein durchaus dem Stampfen gleichwertiger Stoff erzielt werden. Die Papiermaschinen im 19. Jahrhundert mit immer größer werden-

Jahr	1807	1877	1902	1927	1965	1985
Arbeitsbreite in m	1,5	1,89	2,60	5,55	6,45	9,15
Arbeitsgeschwindigkeit in m/min	10	60	120	300	750	1400

Tabelle 10: Entwicklung der Zeitungsdruckpapiermaschine.

den Tagesleistungen forderten ein schnelleres Arbeitstempo der vorhandenen Holländer aber geradezu heraus (Tabelle 10); schnellerer Stoffdurchlauf war billiger, als die Anzahl der Holländer zu erhöhen. Diese waren seit ihrer Erfindung stetig verbessert worden, z. B. indem Eisen und Beton den Werkstoff Holz ersetzten. Eine obere Grenze ihrer Leistungsfähigkeit war durch die begrenzte Drehzahl gesetzt. Bei zu hoher Drehzahl der Holländerwalze gerieten Wasser und Stoffumlauf ins Stokken. Eine Leistungssteigerung des Holländers ließ sich bei kaum zu verändernder Stoffdichte nur durch Vergrößerung des Fassungsvermögens erreichen. So wurden etwa sechs Holländer für die Versorgung einer Papiermaschine, die Tag und Nacht lief, benötigt.

Die Papiermaschine hatte vom Blattbildungsprozeß bis hin zur Verpakkung des Papiers noch im 19. Jahrhundert einen Fließprozeß ermöglicht. Die diskontinuierliche Arbeitsweise der Rohstoffaufbereitungsmaschinen war diesem Prozeß nicht angepaßt worden. Somit wundert es nicht, daß nach Verbesserungen der Aufbereitungsmaschinen gesucht wurde. Da der Holländer die Energie zum größten Teil (rund 66 Prozent) für den Stoffumlauf benötigte und nur einen geringen Rest für die Zerfaserung, wurde schon aus diesem Grund nach neuen Zerfaserungsmaschinen gesucht. Eine dieser Maschinen war die Zentrifugalstoffmühle, von T. Kingsland 1840 in die Papierproduktion eingeführt und von Easton und Amos in England gebaut. Mit ihr ließ sich während des Mahlvorgangs schon ein Trennen von grobem und feinem Stoff erreichen. Eine weitere Neukonstruktion war der konische Holländer, die sogenannte Jordanmühle, 1850 von Joseph Jordan entwickelt und 1866 von der Firma Bertram in Edinburgh gebaut. Diese Maschine arbeitete kontinuierlich und benötigte wenig Energie zur Förderungsarbeit, da der Stoff hauptsächlich nur an den Mahlflächen vorbeizutransportieren war (Abb. 60). Allerdings konnten sich diese Maschinen zunächst nicht durchsetzen, und man verwendete sie ähnlich wie einst die Holländer anfänglich nur zum Fertigmahlen. Kurz vor der Jahrhundertwende hielt man diese Maschinen auch

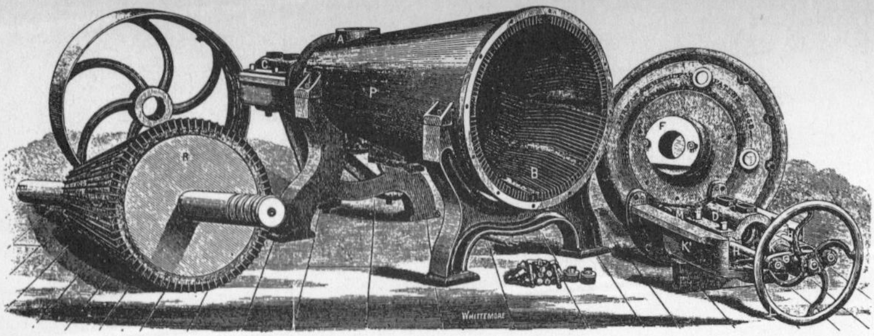

60: Jordanmühle, um 1870. Durch Verschieben der konischen Messerwelle wird der Spalt zwischen den Messern variiert.

mehr für die Bearbeitung von Lumpenersatzstoff, der in Form von Zellstoff mehr und mehr aufkam, geeignet (Dahlheim, 1896). Aus ihnen entwickelten sich die modernen, heute vorwiegend eingesetzten Kegelrefiner.

Die Entwicklung der Mahlmaschinen war bis 1900 vorwiegend auf Erfahrung begründet. Eine wirklich brauchbare, wissenschaftliche Theorie der Mahlung lag nicht vor. Man hatte erkannt, daß die Fasern durch das Mahlen geschmeidiger, plastischer und schmieriger wurden. Neben mechanische Erklärungen hierfür traten chemische Theorien, z. B. von C. F. Cross (1855 bis 1935) und E. J. Bevan, die aber nicht befriedigten. Noch 1930 neigte man der physikalischen Theorie der mechanischen Verfilzungen bei der Blattbildung zu. Warum verlor dann aber ein feuchtes Blatt so enorm an Festigkeit, obwohl die Verfilzung durch die Feuchtigkeit nicht aufgehoben wurde? In diesem Zusammenhang gewannen die Klärung des Mahlvorgangs und die Kenntnis der Wasserstoffbrücken an Bedeutung: Nach Entfernen der Mittellamellen beim Aufbereiten (Anhang 1) sind die Fasern von der geschlossenen, kaum quellfähigen, nahezu wasserabstoßenden Primärwand umhüllt. Bei der direkten Verwendung der glatten Fasern würden sich nur wenige Kontaktstellen untereinander ergeben und somit wenig Wasserstoffbrücken ausgebildet werden. Man erhält ein Papier von geringer Festigkeit. Durch quetschendes und reibendes Mahlen der Fasern wird die Primärwand aufgerissen oder sogar entfernt, die quellfähigen Hemizellulosen der äußeren Sekundärwand werden freigelegt und, was besonders wesentlich ist, Fibrillen abgesplissen. Damit werden chemisch besonders wirksame Stellen der Faser freigelegt, die die Anzahl der Kontaktstellen erhöhen. Es sind dies polare Hydroxylgruppen (OH) an der Oberfläche der Mikrofibrillen (Anhang 2). Das während des Mahlens in die Faserwände eindringende Wasser läßt diese quellen und leichter fibrillieren. Durch schonende Mahlung kann die na-

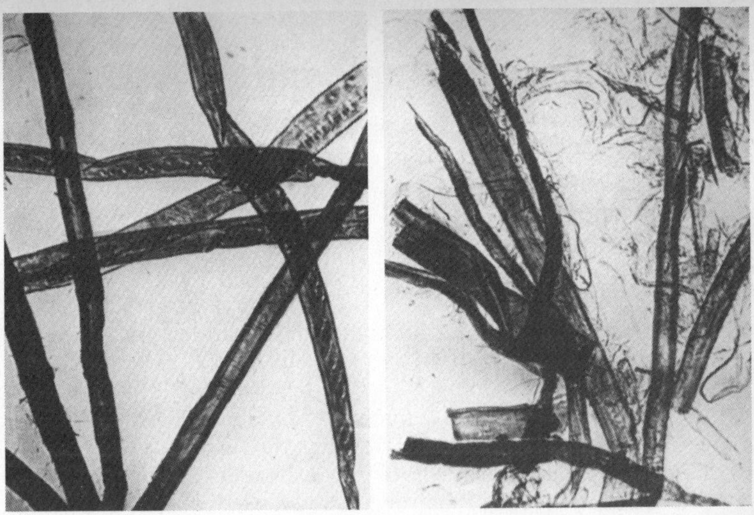

61: Wirkung der Holländermahlung (links vor und rechts nach der Mahlung).

62: Blick in einen Holländersaal, um 1850.

türliche Faserlänge nahezu beibehalten werden. Kurze Fasern sind im allgemeinen unerwünscht, weil sie eine geringe Papierfestigkeit bewirken. Mahlen der Papierfaserstoffe ist damit etwas völlig anderes als das Mahlen von z. B. Kaffee. Es werden faserige, gesplissene (Abb. 61, 62), eben nicht körnige und zu sehr zerkleinerte Stoffe angestrebt.

6. Der Durchbruch der modernen Papierindustrie

Andere Technik, andere Unternehmensformen

Im Laufe des 19. Jahrhunderts erhielt die deutsche Papierproduktion ein neues Gesicht, obwohl auch alte Produktionsstrukturen und -verfahren überlebten. Die Veränderungen waren Spiegelbild der gesamten Veränderungen des deutschen Arbeits- und Wirtschaftslebens.

Die hauswirtschaftliche Eigenproduktion durch Schlachten, Schneidern, Weben u. ä. wurde mehr und mehr von den Gewerben und selbständig Gewerbetreibenden zurückgedrängt. Neben die in bäuerlichen Nebenbetrieben arbeitenden Produzenten traten intensivere Betriebe, Manufakturen und Fabriken, die ihren Arbeitern immer weniger Möglichkeiten zum ländlichen Nebenerwerb boten. Durch die von Frankreich ausgehende Gewerbefreiheit und den französischen Rechtseinfluß über viele westliche deutsche Landesteile zu Beginn des 19. Jahrhunderts wurden die mittelalterliche Wirtschaftsverfassung und Rechtsordnung mit ihren Zunftzwängen allmählich überwunden. Die neuen Großunternehmen erforderten neue Bank- und Kreditverhältnisse. Als Aktiengesellschaften traten neu gegründete Bankinstitute und Versicherungsgesellschaften auf. Der Ausbau der Verkehrsverbindungen, besonders der Verbindungen der einzelnen Verkehrsnetze zwischen den vielen deutschen Teilstaaten, erforderte eine Vereinheitlichung der wirtschaftlichen Gesetzgebung. Ausdruck dieser Vereinigungsbestrebungen war die Schaffung einer einheitlichen Wechselordnung um 1850 und die Einführung eines Handelsgesetzbuches Anfang der sechziger Jahre für die meisten deutschen Staaten. Nach der Reichsgründung wurden das Geld- und Münzwesen, kurz vor Ende des Jahrhunderts auch das bürgerliche Recht vereinheitlicht.

Die Entwicklung lief in Wellenbewegungen ab. Den Zeiten allgemeinen geschäftlichen Aufschwungs folgten Zeiten der Stagnation und der Depression auf allen Gebieten der Volkswirtschaft, bei Warenpreisen, Unternehmergewinnen, Löhnen und Staatseinnahmen. Um diesen immer wieder auftretenden Schwierigkeiten besser begegnen zu können, versuchten sich Arbeitgeber und Arbeitnehmer besonders seit dem letzten Drittel des 19. Jahrhunderts zu organisieren. Diese Organisationsbestrebungen wirkten fast wie ein Gegengewicht zu der erst kürzlich erlangten, rechtlich zugesicherten freien Konkurrenz. Zusammenschlüsse zu Kartellen, Syndikaten, Trusts, Arbeitgeberverbänden, Gewerkschaften und Fachvereinen schränkten die rechtlich gewährte Gewerbefreiheit wieder ein.

Auf die Papierproduktion wirkte sich die allgemeine Entwicklung in der Weise aus, daß der technische Prozeß auf eine neue Rohstoffbasis gestellt und in eine industrielle Produktion umgewandelt wurde. Die veränderten Betriebsstrukturen fanden in der alten zunftähnlichen Ordnung keinen Platz. Die gewachsene Papierindustrie mußte zu einer neuen Ordnung gelangen und ihre Position gegenüber der gesamten Industrie festigen. Dazu mußte auch das Verhältnis zum Staat geklärt werden, denn Zölle, Im- und Exportbeschränkungen, Wasserrecht u. ä. trafen den Lebensnerv der sich immer mehr zu einer Weltwirtschaft entwickelnden Papierindustrie.

Schon in der Anfangsphase dieser Entwicklung zeigten sich für die gegenüber Frankreich und England rückständigen deutschen Papierfabrikanten die Schwierigkeiten. In den rheinischen Provinzen z. B. drückten um 1840 eingeführte, billige französische Maschinenpapiere die Produktion, die sich im Übergang von der Hand- zur Maschinenpapierproduktion befand. Durch beschleunigtes Aufstellen von Papiermaschinen versuchten sich die deutschen Fabriken dort konkurrenzfähig zu halten. Als dann um 1850 wegen eigener Überproduktion die inländische Konkurrenz zu stark wurde, wollten die rheinischen Papierfabrikanten durch Zusammenschluß die wirtschaftlich schwierige Lage meistern. Sie gründeten einen ‹Verein deutscher Papierfabrikanten›. Als sich aber schon 1851 die Absatzlage verbesserte, zerfiel der Zusammenschluß. Die sich untereinander mißtrauenden Fabrikanten fürchteten um ihre Geschäfts- und Fabrikationsgeheimnisse.

1872 befürchteten mehrere deutsche Papierproduzenten mit der zu erwartenden Aufhebung des Hadernausfuhrzolls eine ungünstige wirtschaftliche Situation wegen Rohstoffverteuerung. Deshalb aktivierten sie wieder den Berufsverband, um durch erneuten Zusammenschluß die Papierpreise aufrechtzuerhalten. Dazu sollte auf Lager gearbeitet, Sonntagsarbeit eingeschränkt und der Export forciert werden.

Die Fabrikanten gelber Strohpapiere schlossen sich gegen die gemeinsame Konkurrenz auf dem Verpackungspapiermarkt, die Braunholzpapierfabrikanten, zusammen. Letztere lieferten bei wenig höheren Preisen ein besseres und in der Qualität gleichbleibenderes Papier. 1887 verpflichteten sich deshalb im Düsseldorfer Kartellvertrag die Strohpapierfabrikanten zu Produktionseinschränkungen. Sie legten Verkaufsbedingungen und spezielle Regelungen für Großabnehmer fest.

Ursachen dieses Auf und Ab, Mit- und Gegeneinanders waren verschiedene, teilweise konkurrierende Kräfte. Vom betriebswirtschaftlichen Druck gefördert, ermöglichte die technische Entwicklung der Papierproduktion, in immer kürzeren Zeiten immer mehr zu produzieren. Die hohen Kosten für die Errichtung von Maschinen und Anlagen konnten durch Umlage auf eine gesteigerte Produktion schneller aufgefangen werden. Die großen, teuren Aufbereitungsmaschinen und -anlagen sowie die Papiermaschinen wurden zunehmend auf bestimmte Produktionen, z. B. Druckpapier, spezialisiert. Bei Absatzstauungen konnte dann aber nicht mehr beliebig auf andere Papiersorten umgestellt werden. Die Anpassungsfähigkeit an die jeweilige Marktlage war verringert, weshalb sich die Anlagen in einem engeren Produktionsbereich amortisieren mußten, dies war wiederum durch zu große Konkurrenz gefährdet.

Das Instrumentarium zu einer genauen Bedarfsermittlung für den Markt fehlte, und viele Betriebe produzierten am Bedarf vorbei. Als Folge entstand öfter eine Übersättigung des Marktes. Nach 1870 führte das dazu, daß die einzelnen Fabrikanten gegen Konkurrenten am Markt antraten und Papier beinahe zu Selbstkosten abgaben. Produzenten, die den Verlust durch den Preisverfall des Papiers über Mehrverkauf auffangen wollten, verursachten wegen des sich vergrößernden Überangebots einen weiteren Preisverfall. Der Papierhandel kaufte bei gleich guter Qualität die billigeren Papiere neu eingerichteter Fabriken und drückte somit zusätzlich die Preise. Eine Absatzsteigerung über vermehrten Export wirkte teilweise auf die deutsche papierverarbeitende Industrie zurück, die von jeher auf Ausfuhrgeschäfte angewiesen war. Durch die im Ausland verarbeiteten billigen deutschen Papiere hatte sie mit erheblich stärkerer Konkurrenz zu kämpfen. Dadurch ging der Inlandspapierabsatz weiter zurück.

In solchen Situationen schien nur ein kartellartiger Zusammenschluß zu einem Ausweg zu führen. Die papiererzeugende Industrie in ihrer Gesamtheit aber bot nicht die besten Voraussetzungen zur Bildung eines Kartells. Die unterschiedlichen Größen der Betriebe, voneinander abweichende Produktionsweisen sowie die verschiedenartigen Rohstoffe und Rohstoffkombinationen bewirkten eine Produktpalette vom Massenprodukt bis zu Spezialpapieren, die kaum kartellfähig war. Günstige Voraussetzungen zur Kartellbildung sind erst gegeben, wenn eine Ware und deren Produktionsverfahren gleich und von anderen leicht unterscheidbar sind. Deshalb ließen sich am leichtesten Firmen mit sehr ähnlichen Papierprodukten, wie z. B. die Strohpapierfabriken, zu Kartellen zusammenfassen.

Um 1900 entstand das Syndikat der Druckpapierfabrikanten. Das Zeitungsdruckpapier war um 1900 von den Rohstoffen und den Eigenschaften her kartellfähig. Die leichte Eingrenzbarkeit der verwendeten Faserstoffe ermöglichte eine wirksame Kontrolle der Einhaltung des Kartells. Die schnellaufenden Maschinen für Zeitungsdruckpapier ließen bei optimaler Ausnutzung keine rasche Umstellung auf andere Papiersorten zur Umgehung des Kartells zu.

Aber nicht nur Betriebe gleicher Produktion schlossen sich zusammen. Schwankenden Marktbedingungen begegnete man auch durch Vereinigung mehrerer Produktionsstufen in einem gemischten Betrieb. So sicherten Papierfabrikanten ihre Rohstoffbasis durch Angliederung von Zellstoffabriken mengenmäßig und qualitätsmäßig ab und entgingen Rohstoffpreisspekulationen, die sich in dem ständigen Auf und Ab der Wirtschaft zum Schaden der Betriebs- und Volkswirtschaft schnell einstellten. Die gemischten Betriebe mit ihrer größeren Elastizität konnten z. B. bei niedrigen Halbstoffpreisen dazu übergehen, den Halbstoff selbst auf entsprechende Papiersorten zu verarbeiten, um einen günstigeren Verkaufspreis zu erzielen. Die eigene Verarbeitung war besonders sinnvoll, weil wegen der noch unvollkommenen Verfahren nicht grundsätzlich gleichbleibende, immer absatzfähige Qualitäten von Halbstoff erzeugt werden konnten. In den vertikal gegliederten Konzernen wurden zusätzlich häufig Nebenprodukte wie Seife, Sprit u. a. erzeugt. Während des Ersten Weltkriegs wurden verschiedene Zellstoffabriken sogar staatlicherseits gezwungen, eine Spritfabrikation einzurichten. Damit wurde eine weitgehende Verwertung von Abfallstoffen und häufig auch ein Energievorteil erreicht, weil z. B. der erzeugte Dampf mehrfach genutzt werden konnte. Diese Betriebe ließen sich aber aufgrund der Unüberschaubarkeit ihrer Produkte und ihrer wechselnden Kalkulationsgrundlagen nur schwer zu Kartellen zusammenfassen.

Die Standorte wechseln

Die im 19. Jahrhundert neu entwickelten Produktionsverfahren gaben wechselnden Fabrikationsstandorten spezielle Vorteile, die aber wegen Kapitalmangel nicht immer genutzt werden konnten. Durch Konzernbildungen ließen sich fühlbare Standortnachteile, die auch in der deutschen Kleinstaatlichkeit begründet waren, auffangen und ausgleichen.

Ursprünglich waren die großen Städte mit ihren Absatzmöglichkeiten, Fernhandelsverbindungen, den Sitzen der Druckereien und den Gelegenheiten zum Bau von Mühlenanlagen die Standorte der konsumorientierten Papierproduktion. Im 16. Jahrhundert wurde das ausreichende Antriebs- und möglichst saubere Betriebswasser der Berggegenden der standortbestimmende Faktor, wobei die Nähe von Wohnsitzen für die Beschaffung des Lumpenrohstoffs vorteilhaft war. Im 17. und 18. Jahrhundert wollten deutsche Produzenten die Papierqualität durch Anlage von Papiermühlen an gutem, reinem Wasser verbessern, um den französischen und holländischen Papieren nicht nachstehen zu müssen.

Vom häufigen Wandel der standortbestimmenden Faktoren im 19. Jahrhundert profitierten zeitweise einzelne deutsche Kleinstaaten, wie Sachsen durch den Holzschliff, andere gerieten ins Hintertreffen. Mit dem Einsatz von Dampfkraft in den Papierfabriken in der ersten Hälfte des 19. Jahrhunderts gewährte eine günstige Lage zur Kohle Vorteile. Als sich nach 1850 Holz als neuer Rohstoff durchsetzte, entstanden in den Bergwäldern unter Ausnutzung der billigen Wasserkraft selbständige oder mit Papierfabriken kombinierte Holzschleifereien. Pappe- oder Papierfabriken rückten den Schleifereien näher, um die Transportkosten für den naß gelieferten Holzschliff niedrig zu halten. Mit den größer werdenden Leistungen der Papiermaschinen und der aufkommenden Zellulose gegen Ende des 19. Jahrhunderts waren die deutschen Waldgebiete bald überfordert, so daß Holz eingeführt werden mußte. Es erfolgte eine Umorientierung in den Schleifereien mit Hilfe der Dampfkraft. Um 1900 arbeiteten auch deutsche Schleifereien, an günstigen Transportstraßen gelegen, wirtschaftlich mit Dampfkraft.

Die Papier- und besonders die Zellulosefabriken benötigten große Mengen an Kohle und Chemikalien, so daß für die Erzeugung von 1000 Tonnen Zellstoff täglich über 4000 Tonnen Material zu transportieren waren; 70 Prozent davon waren Holz. So bot eine günstige Lage zu guten Transportwegen Standortvorteile für Schleifereien, Papier- und Zellstofffabriken. Die Sulfitzellstoffabriken mußten schon allein wegen der Ablaugenbeseitigung mittels Verdünnung an einem Fluß oder See liegen. Wasser war für die frühe Holzschliff- und Papierherstellung Kraftquelle, Produktionsmittel und Rohstoff. Hadern verwendende Feinpapierfabriken mit ihrem hohen Bedarf an Kohle und zugleich sauberem Wasser bevorzugten hügelige Gegenden in der Nähe von Kohlelagern wie etwa den Dürener Raum.

Besonders wichtig für die Standortwahl wurde der Rohstoff Holz, als sich die Zellstoffproduktion durchsetzte. Als relativ leichter Stoff beansprucht er großen Raum beim Transport und ist aufgrund der Wasseraufnahmefähigkeit ein Gewichtsverlustmaterial. Besonders nachteilig ist der Festsubstanzverlust von rd. 50 Prozent bei der Zellstoffproduktion. Da aus einem Raummeter Nadelholz von etwa 400 kg nur 320 kg Holzschliff oder 160 kg Zellulose gewonnen wurden, sollten zur Einsparung von Transportkosten die Produktionsstätten möglichst transportgünstig zum Holz liegen. Das begünstigte anfänglich als Standorte die gut schiffbaren Flüsse an den Rändern der waldreichen Berggegenden. Je bedeutsamer die zu beschaffenden Mengen an Energie und ausländischen Hölzern wurden, desto näher rückten die Papier- und Zellulosefabriken an die durch Wasserwege erschlossenen Industriezentren bzw. an die Seewege.

Auch politische Bedingungen waren für die Standortwahl ausschlaggebend. Mit der wirtschaftlichen und politischen Zusammenfassung deutscher Teilstaaten konnten bessere Standorte für Neugründungen je nach dem Stand der Technik und den wirtschaftlichen Gegebenheiten gewählt

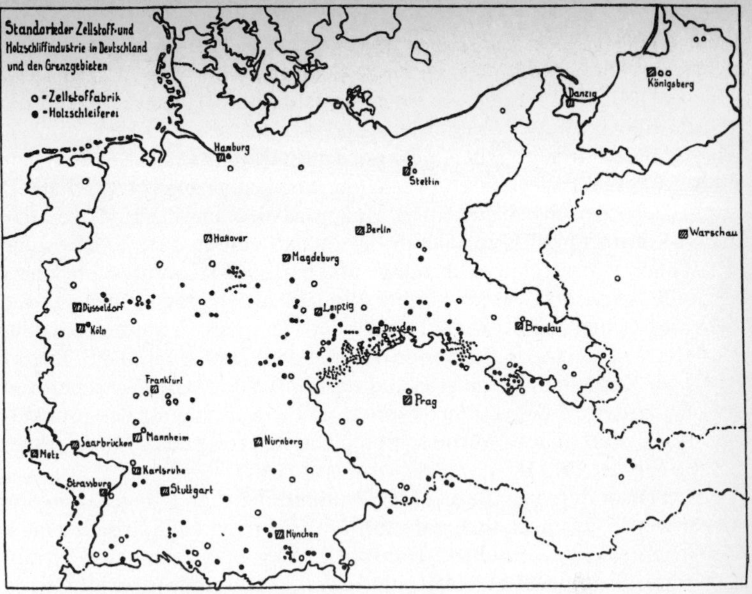

63: Standorte der Zellstoff- und Holzstoffindustrie in Deutschland, um 1925. Das Kartenbild orientiert sich an den damaligen politischen Verhältnissen. Neben der Ansiedlung der rohstoffliefernden Betriebe in der Nähe der alten papierproduzierenden Reviere ist die Standortwahl an den Schiffahrtswegen belegt.

werden. Nach der Reichsgründung von 1871 erhielt die Papierindustrie die Möglichkeit der großflächigen, optimalen Ansiedlung (Abb. 63). Dies setzte allerdings entsprechende Transportmöglichkeiten voraus. So konnte z. B. ein Kunde im Flachland billigen Stoff kaufen, den Holzschleifereien in den Mittelgebirgen aufgrund günstiger Standorte anboten, statt qualitativ gleichen, aber teureren aus seiner Umgebung.

Bei solch schnellem Wandel der Standortvorteile aufgrund des technologischen Wandels waren Kartelle ein Instrumentarium zum Ausgleich der Standortnachteile. Dieses Kartellierungsbestreben war weltweit festzustellen.

In der Ausbreitungsphase der Papierproduktion von China über Europa in die Neue Welt war der Standort ganz wesentlich von der Kenntnis der Produktionsweisen bestimmt. Je mehr dieses aber Allgemeinwissen wurde und je mehr der Prozeß durch die jeweiligen technischen Möglichkeiten in den einzelnen Ländern modifiziert wurde, desto mehr bestimmten technische und wirtschaftliche Faktoren die Standorte. Lediglich das Wasser als notwendiger Betriebsfaktor band den Standort über die ganze Entwicklungszeit hinweg.

Gegen 1800 waren Frankreich und England die größten Papierproduzenten auf Hadernbasis. Zu ihnen gesellte sich Deutschland nach 1830. Als das Holz die Lumpen als Rohstoffmaterial überflügelte, traten die waldreichen Gebiete Nordeuropas und Nordamerikas in den Vordergrund. Diese Länder blieben nicht nur Rohstofflieferanten, sondern veredelten das Holz selbst durch Erzeugung meistens geringwertiger Papiersorten, z. B. Zeitungsdruckpapier. Dazu war nicht nur die günstige Lage zu den Rohstoffquellen vorteilhaft. Vielmehr besaßen diese Länder auch so reichlich Wasser, daß es als billige und einfach zu handhabende Energiequelle ausgenutzt werden konnte. Deshalb errichteten Firmen aus den alten klassischen Papierproduktionsländern Fabriken in waldreichen Gegenden, wie England in Schweden oder Deutschland in Finnland. Dieser Trend zur Kapitalanlage im Ausland war für die deutsche Wirtschaft seit dem Ende der achtziger Jahre typisch. Die Negativbilanz des rohstoffimportierenden Landes wurde so durch Kapitalertrag im Ausland ausgeglichen (Pohle, 1908).

Einen besonderen Einfluß auf die Produktion haben Kriege ausgelöst. Papier wurde verstärkt als Ersatzstoff für private und militärische Dinge wie Schnur, Säcke, Taschen, Transportbänder und Zünd- und Explosionsmaterial eingesetzt. Aufgrund der Zwangsbewirtschaftung in Deutschland stockte der Papierexport nach einigen Ländern im Ersten Weltkrieg. Diese bauten eigene Papierfabriken auf und mußten ihre junge Industrie nach dem Krieg gegen die Konkurrenz der alten Lieferländer durch Zoll schützen. Dennoch konnte sich kein Land auf Dauer einer gewissen Internationalisierung entziehen. Bei erheblich über dem Weltmarkt liegenden Preisen z. B. für Zeitungsdruckpapier in einem Land sorgte die Druckerbranche durch Käufe auf dem Weltmarkt für einen Ausgleich. Deshalb war diese auch häufig Gegner der Papiersyndikate und Kartelle. Andererseits konnte, besonders in Notzeiten, über eine zentrale Verkaufsstelle des Kartells eine geregelte Versorgung der Papierverarbeiter erreicht werden.

Nach dem Ersten Weltkrieg drängte Kanada mit billigen Zeitungsdruckpapiererzeugnissen auf den Weltmarkt, der über einen internationalen Zwischenhandel abgewickelt wurde. Der dadurch erzeugte Preisdruck machte einige alte amerikanische Betriebe konkurrenzunfähig und führte zur Bildung eines kanadisch-amerikanischen Syndikats. Dem entzogen sich aber bald die modern produzierenden Betriebe, weil sie die durch zugeschriebene Quotierung geringe Betriebsauslastung nicht tragen wollten.

Entsprechend der internationalen Beziehungen der Zellstoffindustrie gab es auch Bemühungen, den Zellstoffpreis weltweit durch Vereinbarungen zu sichern. Bei einem freien Welthandel war eine landesinterne Kartellbildung auch nicht sinnvoll. So hat z. B. die nordeuropäische Konkurrenz auf dem deutschen Markt eine Kartellbildung der deutschen Sulfatzellstoffabriken verhindert.

Normen als Orientierungs- und Kontrollhilfe

Drängten auf der einen Seite Konkurrenz und Überproduktion zu Zusammenschlüssen der Firmen, so erschwerten dies andererseits Mißtrauen und Eigennutz. Es fehlte eine wirksame, allgemeine Produktionskontrolle. Die Bedeutsamkeit von Kontrollen auch für die Kunden zeigt ein Zusammenschluß aufgrund von staatlichen Erlassen zur Prüfung der Rohstoffzusammensetzung, physikalischen Eigenschaften und Formaten von Papieren. Dies war die ‹Konvention Normalpapier›, der sich bis 1897 66 Firmen anschlossen. Das entsprach 5 Prozent aller Papierindustrieanlagen und 12 Prozent der deutschen Weißpapierfabrikation.

Der Anlaß für die Prüfung der Papiere war zunächst das Kundeninteresse, nämlich der Behörden, die Ursachen schlechter Papierqualität aufzudecken. So untersuchte 1881 Prof. E. Hoyer für den Staat Bayern 78 Papiere und stellte fest, daß alle für die vorgesehenen Zwecke, z. B. Urkunden, wegen zu schnellen Alterns völlig ungeeignet waren, obwohl sie als bessere oder beste Papiere gekauft worden waren. Obendrein waren die tatsächlich schlechtesten Papiere auch noch die teuersten (Hoyer, 1888).

Über schlechte Papiere ist seit dem Mittelalter aber immer wieder geklagt worden, so auch über die Maschinenpapiere, denen eine geringe Lebensdauer nachgesagt wurde, was weniger den Maschinen als der chemischen Behandlung des Stoffs zuzuschreiben war oder der Verwendung minderwertigen Holzstoffs. Die Klagen gaben Anlaß zum Eingreifen des preußischen Staates. So erließ 1886 das preußische Staatsministerium eine amtliche Prüfungsvorschrift für die zu amtlichen Zwecken benutzten Papiere, die aber auf Widerstand der Papierproduzenten stieß. Durch gemeinsame Arbeit wurde eine geänderte Fassung vorgelegt und bekam 1893 Gültigkeit für Normalpapiere. Darin wurde die Einteilung und Verwendung der Papiere nach Stoffklassen, d. h. nach zu verwendenden Rohstoffen, sowie deren Mengenverhältnisse und Ascheanteile festgelegt. Die Abteilung für Papierprüfung an der königlichen Versuchsanstalt zu Charlottenburg hatte Prüfmethoden zur Kontrolle der Papiere seit etwa 1880 entwickelt. Grundlage hierfür waren zahlreiche Untersuchungen bekannter Papiere bewährter, aber auch schlechter Qualität. Als hauptsächliche Kriterien wurden die Festigkeit des Papiers, ausgedrückt in der Reißlänge, und die Dehnung verwendet. Die Reißlänge ist ein theoretischer, aus Prüfungen errechneter Wert und stellt diejenige Länge einer hochgehobenen Papierbahn dar, bei der die Bahn aufgrund ihres Eigengewichtes abreißt.

Die Prüfungsmethoden waren noch lange nicht ausgereift. Es gab keine verläßliche Prüfung zur Lebensdauer von Papieren. Man erkannte an, daß Hadernpapiere die längste und Holzschliffpapiere die geringste Lebensdauer besaßen, während Zellstoffpapiere mangels längerer Erfahrung im Umgang mit ihnen schlecht einzuschätzen waren. Durch mikroskopische Untersuchungen wurden annähernd Prozentanteile der jeweiligen Faserstoffe festgelegt und daraus Rückschlüsse auf die Lebensdauer des Papiers gezogen. Die für die Lebensdauer viel entscheidendere chemische Behandlung war jedoch nicht überprüfbar. Chemische Tests lassen heute eine genauere Beurteilung zu.

Die Normalien, die anderen Ländern Vorbild waren, hatten einen günstigen Einfluß auf die Qualität der deutschen Papiere. Der bedenkenlose Einsatz von Surrogaten wurde eingeschränkt. Die Papierqualität richtete sich nach den jeweils durch die Gebrauchsanforderungen bestimmten Werten. Da der allgemein schädliche Einfluß von freien Säuren im Papier bekannt war, mußten alle Papiere säurefrei sein.

Der in den Normalien enthaltene Hinweis auf die guten alten Lumpenpapiere und der Trend bei den Kunden ließ vor der Jahrhundertwende die Nachfrage nach handgeschöpftem Papier steigen, das nun auch für gewöhnlichen Briefwechsel, Speisekarten etc. verwendet wurde, obwohl dafür mindere Qualitäten ausgereicht hätten. Sogar Maschinen, die den Handschöpfvorgang nachahmten, wurden wieder konstruiert. Sembritzki, Direktor einer Papierfabrik, ließ schon 1881 eine solche bauen, die in einer Minute zwei bis vier Bogen mit größter Regelmäßigkeit schöpfte (s. Abb. 50).

Trotz einheitlicher Bezeichnungen in einigen Ländern waren die Maße der abgelieferten Papierbogen bis zum Ende des 19. Jahrhunderts unterschiedlich. Bezeichnungen wie Oktav oder Quart stellten nur ungefähre Formatangaben dar. Dies führte im Handel zu erheblichen Verwirrungen. Die neuen Verwendungszwecke des Papiers seit dem 19. Jahrhundert verlangten eine größere Vielfalt der Formate, die die großen Maschinen ermöglichten. Zur Vereinheitlichung und in Anlehnung an die Maschinengröße hatte der Verband deutscher Papierfabrikanten 12 Normalformate aufgestellt, die alle in glatten Zentimetermaßen angegeben waren, z. B. Format Nr. I Reichsformat: 33 × 42 oder Format V Register: 40 × 50. Durch neue Formatvorschriften ordneten die Normalien die Verkaufsbedingungen im Papierhandel und erleichterten damit Kartellierungen in der Papierindustrie. Die Vorschriften besaßen allerdings keine rechtsverbindliche Allgemeingültigkeit.

Solche Formatsetzungen gab es schon im Mittelalter, 1395 wurde in Bologna ein Seitenverhältnis $1 : \sqrt{2}$ eingehalten. Dieses Format entspricht bereits unserem heutigen DIN-Format und ist auch in Frankreich kurz vor 1800 im Stempelsteuergesetz erwähnt. 1922 wurde in Deutschland die Formatreihe A in der DIN 476 aufgestellt (Tabelle 11). Dieser Norm

Das Seitenverhältnis $1 : \sqrt{2}$ ergibt sich aus den Forderungen der Punkte 2.1.1 bis 2.1.3.

$$\frac{Y_0 \cdot X_0}{Y_1 \cdot X_1} = \frac{2}{1} \text{ und } \frac{Y_0}{X_0} = \frac{Y_1}{X} \text{ damit:}$$

$$\frac{Y_1 \cdot X_0 \cdot X_0}{Y_1 \cdot X_1 \cdot X_1} = \frac{2}{1} \text{ oder } \frac{X_0}{X_1} = \frac{\sqrt{2}}{1} \text{ mit } X_0 = Y_1 : \frac{Y_1}{X_1} = \frac{\sqrt{2}}{1}$$

Index 0 für größeres Format, Index 1 für kleineres.

2.1 Grundsätze

2.1.1 Metrische Formatordnung

Die Formate basieren auf dem metrischen Maßsystem (internationales Einheitensystem). Die Fläche des Ausgangsformates muß daher gleich der metrischen Flächeneinheit (Quadratmeter) sein, d. h. $F = x \cdot y = 1\ m^2$.

2.1.2 Formatentwicklung durch Hälften

Die Formate sollen sich durch fortgesetztes Hälften des Ausgangsformates entwickeln lassen. Die Flächen zweier aufeinanderfolgender Formate müssen sich daher verhalten wie 2 : 1 (siehe Bild 1), d. h. $F_1 = 2$, $F_2 = 4$, F_3 usw.

2.1.3 Ähnlichkeit der Formate

Die Seiten x und y der Formate verhalten sich zueinander wie die Seite eines Quadrates zu dessen Diagonale (siehe Bild 3). Daraus ergibt sich die Gleichung $x : y = 1 : \sqrt{2}$ (siehe Bild 2). Die Formate sind also einander ähnlich.

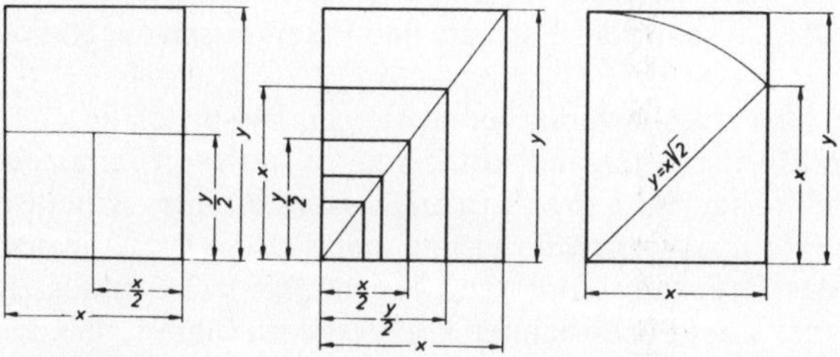

Bild 1. Bild 2. Bild 3.

2.2 Formatreihen

2.2.1 Ausgangsformat

Für das Ausgangsformat **A0** mit den Seiten x und y gelten nach den drei Grundsätzen (siehe Abschnitt 2.1) die beiden Gleichungen:

$$x \cdot y = 1\ m^2$$
$$x : y = 1 : \sqrt{2}$$

Aus diesen beiden Gleichungen lassen sich die Seiten des Ausgangsformates errechnen:

$$x = 0{,}841\ m$$
$$y = 1{,}189\ m$$

2.2.2 Hauptreihe (A-Reihe)

Nach Abschnitt 2.1.2 wird aus dem Ausgangsformat durch fortgesetztes Hälften oder Doppeln die A-Reihe abgeleitet. Durch Verdoppeln und Vervierfachen des Ausgangsformates lassen sich weitere Formate gewinnen (siehe Tabelle 1).

Tabelle 1. **A-Reihe mit den Formaten 4 A0 und 2 A0**

Kurzzeichen	Format
4 A0	1682 x 2378
2 A0	1189 x 1682
A0 [1]	841 x 1189
A1	594 x 841
A2	420 x 594
A3	297 x 420
A4	210 x 297
A5	148 x 210
A6	105 x 148
A7	74 x 105
A8	52 x 74
A9	37 x 52
A10	26 x 37

[1] Ausgangsformat

2.2.3 Zusatzreihen (B- und C-Reihe)

Durch Errechnen der geometrischen Mittelwerte jeweils zweier aufeinanderfolgender Formate der A-Reihe erhält man eine weitere Formatreihe, die B-Reihe.

Durch Errechnen der geometrischen Mittelwerte jeweils zweier aufeinanderfolgender Formate der A-Reihe und der B-Reihe erhält man die C-Reihe

Tabelle 11: Auszug aus DIN 476: Papier-Endformate.

schlossen sich 35 Länder an, wodurch ein internationaler Durchbruch erreicht wurde. Leider übernahmen die großen Produktionsländer USA und Kanada diese Maße nicht. Die Formatreihe wurde erst 1938 für Deutschland rechtsverbindlich. Ihr liegt eine gewisse Logik zugrunde, die ihr auch ihre Vorzüge verleiht.

In Abhängigkeit von dieser Reihe sind die Reihen B, C, D entwickelt worden, für Produkte, in denen Bögen der A-Reihe untergebracht werden, wie Briefhüllen und Aktendeckel. Die Zeitungshersteller entwickelten eigene, ihren Rotationsdruckmaschinen angepaßte Formate, z. B. das Berliner Format.

Die Gründe für die Papiernormung sind vielfältiger Art. Die Normung kann der Absatzförderung und besseren Lagerhaltung durch leichteren Überblick dienen, die Produktivität durch Sortenbegrenzung steigern und die Qualität durch geforderte Mindestwerte erhöhen. Im Streitfall kann auf Normen zurückgegriffen werden, besonders wenn diese durch Einführungserlasse öffentlich-rechtliche Verbindlichkeiten erlangten. In Kaufverträgen kann die Norm zur Rechtsnorm gemacht werden. Die Verständigung zwischen Hersteller und Käufer wird erleichtert, außerdem dienen die abgestuften Systeme der Formate und Faserklassen der Rationalisierung.

Die Bedeutung der Papiernormung sei an einigen Beispielen gezeigt. Papier ist in seinen Eigenschaften und Abmessungen stark von Temperatur und Feuchtigkeit abhängig. Um z. B. schnelles und genaues Arbeiten auf einem Computerdrucker zu gewährleisten, muß sich das Papier in den präzisen Ablauf des Druckers einpassen. Feuchtigkeitsschwankungen mit Längenänderungen der Papierbahnen könnten dazu führen, daß der Drucker die vorgesehene Schreibstelle nicht erreicht oder die Perforation für den Papiervorschub nicht mehr paßt. Indem Papierhersteller und -bezieher über die Norm einen Kompromiß treffen, daß z. B. in Maschinenrichtung die Ausdehnung einen bestimmten Wert nicht überschreiten darf, legen sie zulässige Grenzen fest, die die Verwertung des Papiers noch garantieren. Der Papierhersteller braucht somit nicht teurere Papiere mit höheren Anforderungen zu erstellen. Der Kunde kann sicher sein, daß der Druckvorgang korrekt abläuft.

Die Festigkeit der Papiere wird durch die Faserstoffklasseneinteilung (DIN 827) grob vorgegeben. Durch die Norm der Blatt- und Streifenschreibpapiere (DIN 6720) etwa für Fernschreiber sollen die Verschmutzung und der Verschleiß von Maschinen auf ein Minimum reduziert werden. Die Norm zur Farbgebung der Papiere rationalisiert die Herstellung und Lagerhaltung, sie begrenzt die Vielzahl der Stoffe im Abwasser.

Eine zu enge Normierung kann auch hinderlich sein, sie steht oft der Flexibilität entgegen. Z. B. könnte bei zu enger Festlegung des Ganzstoffes eine Entwicklung und Verbesserung des Papiers verhindert werden.

Nicht alle Probleme lassen sich durch Normung beseitigen, wie der Verkauf des Papiers nach Gewicht trotz Einhaltung genormter Toleranzen zeigt. Die Norm läßt z. B. 4 Prozent Gewichtsschwankungen im Mittel bei Papierbezug auf Rollen zu. Der Kunde muß dann 4 Prozent mehr als nötig bestellen und bezahlen, um auf der sicheren Seite der Papierversorgung zu liegen.

Andere Technik, andere Arbeit

Der Holländermüller gründete bis ins 20. Jahrhundert hinein mangels einer brauchbaren Theorie sein Können im wesentlichen auf Erfahrung. Diese sammelte er in der praktischen Ausbildung als Lehrling oder als Tagelöhner am Holländer, bis er eines Tages bei genügendem Geschick zum Leiter des Holländersaals avancieren konnte. Anders als zur Zeit der ausschließlichen Verwendung von Lumpen mußten schon vor 1900 so viele verschiedene Mischungen der drei Hauptrohstoffe und der zusätzlichen Stoffe beherrscht werden, daß sich die Holländerführer auf einzelne Sparten der Papierherstellung spezialisierten. Der Führer am Ganzstoffholländer erhielt mit dem Faserstoff Bedingungen aus der Vorverarbei-

64: Blick in einen Holländersaal, um 1950.

65: Schaltwarte für die Stoff- und Wasserführung einer Zeitungsdruckpapiermaschine. Regelungs- und Steuersysteme müssen hohe Verfügbarkeit und Zuverlässigkeit aufweisen. Eine gute Anordnung gewährt große Übersicht und kurze Zugriffszeiten für Befehle durch das Personal. Übergeordnete Prozeßleitsysteme führen den Gesamtprozeß. Mikroprozessorgesteuerte und frei programmierbare Systeme gewährleisten die Kommunikation der Einheiten untereinander.

tung, die er aufgreifen und auf die gegebene Situation an der Papiermaschine abstellen mußte.

Die kontinuierlich arbeitenden Papiermaschinen erforderten ständig laufende Holländer. Während der üblichen zwölfstündigen Arbeitszeit durfte der Holländerführer die Maschinen nicht unbeobachtet lassen. Die Arbeit verlangte weniger körperliche Anstrengung als Konzentration. Der Holländerführer mußte die Stoffmischung zusammenstellen und dabei entscheiden, ob die Stoffe gleichzeitig oder in welcher Reihenfolge sie eingegeben werden sollten. Vom technischen Büro erhielt der Holländermüller zwar die Eintragszettel, Rezepte für die jeweiligen Stoffmischungen, diese waren aber vorsichtshalber mit der jahrelangen Erfahrung auf Mengenangaben zu überprüfen. Die Kontrolle der einzugebenden Stoffe auf übliche Qualität erforderte entsprechende Kenntnisse über die Rohstoffe. Bei Unklarheiten mußte der Werkführer mit seinen zusätzlichen theoretischen Kenntnissen, z. B. mittels chemischer Tests, aushelfen.

Im Laufe der Zeit wurden die Holländer für automatisches und kontinuierliches Arbeiten umkonstruiert. Sie werden noch heute benutzt (Abb. 64), z. B. für die schmierige Mahlung des Transparentpapiers. Üblich sind heute aber holländerlose ‹Stoffstraßen› mit Kegelrefinern.

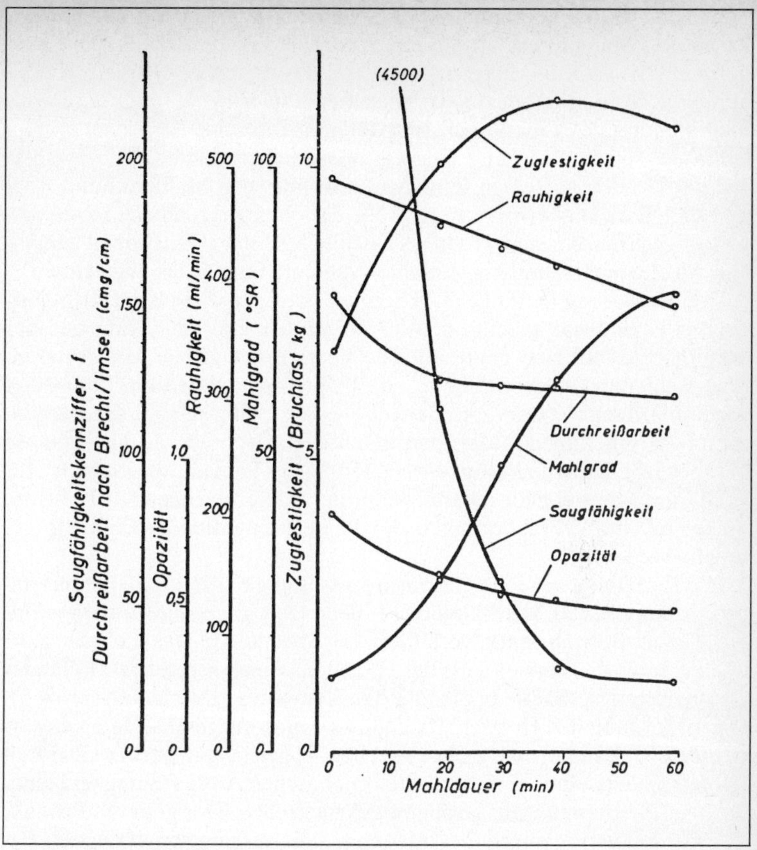

Tabelle 12: Veränderung der Papiereigenschaften in Abhängigkeit von der Mahldauer.

Durch deren automatische Steuerung ist für gleichbleibende Stoffqualität gesorgt. Es werden sogar Programmsteuerungen dafür eingesetzt (Abb. 65). Für deren Entwicklung war eine Theorie der Stoffmahlung mit der Erarbeitung von verläßlichen und meßbaren Kenngrößen Voraussetzung.

Rein qualitativ ließen sich aufgrund der Erfahrung Zusammenhänge zwischen Mahlung und Produkt leicht angeben. Allgemein gilt, je mehr gemahlen wird, um so weniger porös werden die Papiere. Die Luftdurchlässigkeit und das Durchscheinen sinken, die Dichtigkeit wird erhöht. Die Papiere verlieren an Geschmeidigkeit und nehmen an Härte zu. Die Entwässerung der Papierbahnen oder Bögen auf dem Sieb wird erschwert. Zu starkes Mahlen zerstört die Fasern zu sehr und bewirkt zu dicke Klebefilme zwischen den Fasern, so daß die Festigkeit der Papiere wieder abnimmt. Es gibt daher für die einzelnen Papiersorten bestimmte optimale Mahlgrade (Tabelle 12). Erst deren quantitative Erfassung ermöglichte die Automatisierung. Das Entwässerungsverhalten, in Schopper-Riegler-Graden gemessen, gibt Auskunft über den Mahlgrad und stellt eine technisch verwertbare Kenngröße dar. Wenig gemahlene Stoffe entwässern sehr rasch, sie werden als rösch bezeichnet. Weitgehend gemahlene Stoffe, auch schmierig gemahlen genannt, entwässern schlechter.

Die Bedeutung verläßlicher Theorien oder gar wissenschaftlich gesicherter Kenntnisse erhellt auch aus folgendem Beispiel: Aufgrund der Mahltheorie läßt sich heute ein besonders festes Papier konstruieren. Man mahlt den Faserstoff nur an, so daß die Faser selbst kaum geschädigt wird. Die Zugabe faserverklebender Stoffe wie Stärkeleim, der die gleichen Faserbindungen fördernden chemischen Gruppen wie die Zellulose hat, bewirkt dann die Festigkeitssteigerung des Papiers.

Die innerbetriebliche Organisation der papiererzeugenden Industrie mußte mit den Veränderungen der Papierproduktion in Einklang gebracht werden.

Die Einteilung des Produktionsprozesses in einer modernen Papierfabrik Anfang des 20. Jahrhunderts (Tabelle 13) war gegenüber dem vorindustriellen Betrieb stark verändert (s. Tabelle 1). Das Leimen z. B. reichte durch die Verwendung des Harzleims vom Ansetzen im Holländer (Aufbereitungsprozeß) bis in die Trockenpartie (Darstellungsprozeß). Die Erzeugung des Holzschliffs und des Zellstoffs geschah in eigens errichteten Gebäuden oder in fremden bzw. abgelegenen Werken. Die Zellulose bedurfte einer umfangreichen chemischen Aufbereitung und einer dazu vergleichsweise nur geringen mechanischen. Der gesamte Produktionsprozeß wurde enorm beschleunigt, z. B. verging von der ersten Berührung des Stoffs mit dem Sieb bis zum fertigen Papier nur noch rd. eine Minute statt Stunden oder Tage wie früher.

Die Veredelungs- und Nacharbeiten wurden nahezu alle maschinell im Fließprozeß ausgeführt und sind durch neue Methoden erweitert worden. Manche Papierbahnen wurden z. B. zum Schutz vor Materialschäden durch Übertrocknung über ein Kühlwalzensystem geführt, dann durch ein Glättwerk, um anschließend aufgerollt zu werden. Papiere, die keine besondere Behandlung erforderten, wurden nach dem Trocknen aufgerollt und, sofern nötig, zur strafferen Aufrollung umgerollt. An dieser Aufrollung läßt sich verfolgen, wie menschliche Tätigkeiten ersetzt und von Maschinen genauer ausgeführt wurden.

Ursprünglich stellte ein Arbeiter über Riemenscheibenverstellung die ungefähr jeweils nötige Drehzahl einer Aufwickelhaspel für die Papier-

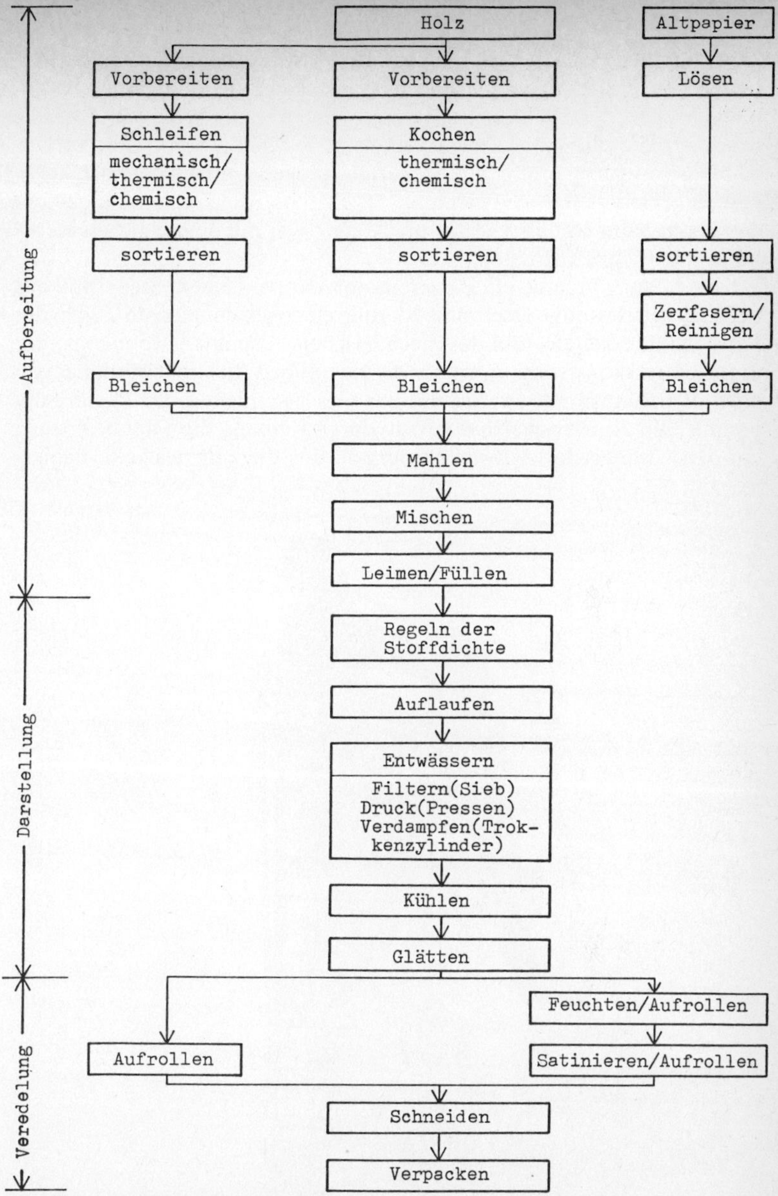

Tabelle 13: Produktionsflußbild einer industriellen Papierproduktion. Das Schema ist stark vereinfacht und gibt nur die Verwertung der heute gebräuchlichen Rohstoffe Holz und Altpapier an. Es sagt nichts über die räumliche Lage der einzelnen Poduktionsstationen zueinander.

bahn ein; dies geschah nach ‹Augenmaß›. Etwas genauer konnte der Arbeiter die Drehzahlveränderung mit dem Friktionsrollapparat, so genannt wegen der Reibkupplung, einstellen. Dazu wurde der Anpreßdruck der Kupplung von Zeit zu Zeit verstellt. Dieser viel Gefühl verlangende, sprungartig erfolgende Steuerungsprozeß ermöglichte noch keine straffe, gleichmäßige Aufwicklung des Papiers. Bei Geschwindigkeiten der Papierbahn von über 150 m pro Minute war mit einer solchen Regelung nicht mehr zu arbeiten.

Eine Lösung brachte ein Elektromotor, der, von einem Steuerpult aus bedient, durch stetige Drehzahländerung einen gleichmäßigen Zug in der Papierbahn erzeugte. Bei der mechanischen Lösung des Problems, der Tragtrommelkonstruktion, wurde die eigentliche Aufwickeltrommel von einer Walze angetrieben, die mit der Geschwindigkeit der Papierbahn umlief. Die Antriebswalze übertrug durch Reibung die Drehbewegung auf den Umfang der Aufwickeltrommel, den die aufgewickelte Papier-

66: 16walziger Hochleistungskalander mit nach oben fahrender Bedienungsbühne.

bahn laufend vergrößerte. Durch diese Einrichtung wurde dem Arbeiter jegliche Regelungsaufgabe bei der Aufwicklung abgenommen; es blieb ihm die übliche Kontrolle.

Beidseitig zu glättende Papiere wurden durch Aufstäuben von Wasser im Feuchtapparat auf den notwendigen Feuchtigkeitsgehalt gebracht und durchliefen danach Kalander (Abb. 66). Damit war die Glättung in einen kontinuierlichen Prozeß der Fließfertigung eingefügt. Der Kalanderführer und eventuell sein Gehilfe mußten die Papierbahn in den Kalander einführen, die Geschwindigkeit und Temperatur der Walzen regeln und für die richtige Befeuchtung im Feuchtapparat sorgen. Die nötige Erfahrung hierzu war durch Anlernen zu erwerben. Heute wird die Feuchtigkeit automatisch über eine laufende Feuchtigkeitsmessung geregelt. Trotz ständig erfaßbarem Glattheitsgrad muß der Kalanderführer aber immer noch von Hand den Kalander nachstellen.

Auch das Schneiden der Papiere wurde in den Fließprozeß integriert. Längs geschnittene Papiere wurden beim Umrollen auf Fehler geprüft und anschließend maschinell verpackt. Querschneidemaschinen schnitten Papiere in Bogenform. Vor der Automatisierung der Entnahme der Bögen aus diesen Maschinen geschahen hier sehr häufig Unfälle. Die Bogen wurden im Sortiersaal nach äußeren Fehlern, dem Farbton und entsprechenden Lieferungsarten anfänglich manuell sortiert. Die Sortiererinnen kontrollierten und zählten in einer Schicht je nach Papiersorte 6000 bis 20000 Bögen. Durch Einführung von Sortiermaschinen konnte die Leistung gegenüber Sortiererinnen um etwa das Vierfache gesteigert werden. Die Übertragung nahezu aller ehemals handwerklich ausgeführten Arbeiten auf Maschinen veränderte die Arbeit in der Papierfabrikation grundsätzlich. Aus Papiermachermeistern und -gesellen waren Maschinenführer oder oft nur kurz angelernte Arbeiter geworden, die vorwiegend Kontrollfunktionen ausübten.

Ein Handpapiermacher hatte in der Regel eine solide Ausbildung erhalten. Von der Qualität seiner Arbeit hing nicht zuletzt der Erfolg der Mühle ab. Die an den Maschinen einer Papierfabrik arbeitenden Menschen waren gegenseitig aufeinander und vermehrt auf technische Einrichtungen angewiesen. Wichtig war in den neuen kontinuierlich arbeitenden Betrieben, daß das richtig behandelte Material in der richtigen Menge und zur richtigen Zeit die nächste Betriebseinheit erreichte. Schon kleine Zeitdifferenzen konnten Materialstauungen oder Leerlauf zur Folge haben. Die einmal in Gang gesetzte Produktion erlaubte keine Unterbrechung ohne erhebliche Verluste. Nur eine entsprechende Organisation und Kommunikation zwischen den einzelnen Betriebsstationen konnte den reibungslosen Ablauf gewährleisten. Diese Aufgabe übertrug man zunehmend den Maschinen und maschinellen Einrichtungen und entwickelte diese zu einem integrierten System.

Veränderte Arbeit durch die technische Entwicklung der Langsiebmaschine

Die Einrichtung und Wartung einer Papierfabrik erforderte gegenüber einer Papiermühle eine Reihe neuer Berufe wie Chemiker, Zimmerleute, Schlosser, Maurer und Transportarbeiter. Die Anforderungen an das Personal in den einzelnen Produktionsstufen änderten sich. Der Führer einer Papiermaschine mußte sich mit drei bis sechs Gehilfen auf die Überwachung, Steuerung und Wartung der um 1900 schon etwa 100 m langen Anlagen konzentrieren. Er hatte das Quadratmetergewicht der Papierbahn als wichtige Größe zu kontrollieren, wozu aus dem am Ende der Papiermaschine stehenden Rollapparat Papierproben entnommen wurden. Bei Papierbahnabrissen war die Bahn neu in die laufenden Pressen, Trocken- oder Glättzylinder einzuführen, das erforderte schnelles Handeln, und jeder Handgriff mußte sitzen. Diese Tätigkeit war nicht ungefährlich, da erst allmählich Schutzvorrichtungen gegen ein Hineinziehen von Körperteilen und Kleidung in die Walzen und Zahnräder eingebaut wurden. Bei unvorsichtigem Anfahren der Papiermaschinen explodierten anfänglich manchmal die dampfbeheizten Trockenzylinder wegen Kondensatbildung und Wasserschlägen. Die Maschinenbedienung war nicht leicht zuerlernen und bedurfte langer Erfahrung, die der Maschinenführer durch seine Arbeit als Gehilfe in sechs bis zehn Jahren an der Maschine sammelte. Mit der Spezialisierung der Maschinen und der Produktion spezialisierten sich auch die Maschinenführer. Sie mußten jede Neuerung an Maschinen und jede neue Maschine in ihren Vor- und Nachteilen erst kennenlernen. Es dauerte oft Wochen, bis die manchmal kleinen Ursachen für große Fehler erkannt wurden. Bei der Einführung der Schraubeinstellung für den Preßdruck an Stelle der Hebelbelastung mußte der Maschinenführer erst ein Gefühl für die richtige Pressung entwickeln, ehe er die Vorteile der genaueren Einstellung nutzen konnte.

Die Langsiebmaschinen waren vom Typ her alle sehr ähnlich (Abb. 67), erforderten aber je nach Papierstoff andere Arbeitsweisen. So war der Hub der Schüttelvorrichtung, nachdem diese verstellbar konstruiert worden war, unterschiedlich einzustellen; kurzer Stoff und dickes Papier verlangten einen kleinen Hub.

Fehler der Stoffvorbereitung waren durch entsprechende Papiermaschineneinstellung nur begrenzt auszugleichen. Mit der Aufstellung einer Kegelmühle zur Stoffegalisierung unmittelbar vor der Papiermaschine stellte der Maschinenführer den Stoff entsprechend dem Maschinenlauf selbst ein. Dies bewirkte ein besseres Ineinandergreifen der einzelnen Betriebsphasen.

Eine der wichtigsten Aufgaben des Maschinenführers war die Regelung des Zuges, d. h. der Spannung, die auf der durch Sieb, Rollen und Filze transportierten Bahn stets lag, ein den Handpapierern nicht bekanntes Problem. Der Wasserentzug und die damit verbundene Verkürzung des Papiers vom Auflauf bis zum Verlassen der Trockenpartie sowie seine Verlängerung durch die transportbestimmte Zugspannung erfordern einen Längenausgleich durch die Zugregelung, denn beide Wirkungen heben sich nicht gegenseitig auf. Die Zugspannung wurde durch die Geschwindigkeit der Rollen und Zylinder so niedrig gehalten, daß das Papier nicht riß.

Die Hauptgeschwindigkeiten der Papiermaschine ließen sich durch Wechseln von Zahnrädersätzen zwischen Antrieb, z. B. Dampfmaschine, und Hauptwelle der Papiermaschine einstellen. Bei den europäischen Maschinen waren bis etwa 1890 maximal vier bis fünf Geschwindigkeiten einstellbar zwischen 4,5 und 50 m pro Minute. Von der Hauptwelle wurden über konische Riemenscheiben die Antriebsbewegungen für Naßpartiepresse und Trockenpartie abgenommen (s. Abb. 48). Der Maschinenführer regelte über Konustriebe feinfühlig die Geschwindigkeiten der einzelnen Baugruppen zum Ausgleich des Zuges, was bei den Schwankungen im Produktionsablauf langer Erfahrung bedurfte. Als Vereinfachung waren schon die Papierleitwalzen in Federlager gelegt, so daß in gewissen Grenzen ein selbständiger Ausgleich des Zuges erfolgte, ehe der Maschinenführer die Maschine nachgeregelt hatte. Geschwindigkeitsänderungen beim Wechsel zu neuen Papiersorten erfolgten relativ langsam, denn jeder Trieb mußte einzeln verstellt werden. Das führte zu viel Ausschuß, weshalb die Regelung verbessert werden mußte. Die mechanischen Regelungen mit Übersetzungen von 1:3 bis zu 1:20 bei kleinen Leistungen und geringen Laufgeschwindigkeiten erfüllten bei aufmerksamen Maschinenführern voll ihre Aufgabe. Bei Maschinen für Zellstoffpapiere mit hohen Leistungen und großen Geschwindigkeiten von über 150 m pro Minute, wo sie durch den Einsatz von Elektromotoren ab etwa 1900 ausprobiert wurden, war das nicht mehr der Fall.

Die ersten Elektromotoren als Gesamtantriebe waren noch auf mechanische Drehzahlregelung der Einzelmaschinen angewiesen. Von Vorteil war dabei die gegenüber den Dampfmaschinen konstante Drehzahl. Eine entscheidende Vereinfachung wurde durch die ersten in den Grenzen 1:4 regelbaren Gleichstrommotoren erreicht. Für Druckpapiermaschinen mit einer erforderlichen Drehzahlregelung bis 1:3 reichte dies völlig aus. Für Maschinen mit feinerer Regelung und größerem Drehzahlbereich wurde auf die seit etwa 1890 bekannte, aber kaum genutzte Zu- und Gegenschaltung und die Leonardschaltung zurückgegriffen. Dies wurde erst möglich, als die früher aufgetretenen Schwierigkeiten bei den ständigen Umpolungen des Gleichstroms in der Maschine durch die Anwendung von langlebigen Wendepolen beseitigt wurden, denn die dauernden Störungen ließen den angestrebten Dauerbetrieb der Maschinen von zwei bis vier Wochen bis zur nächsten Wartung nicht zu.

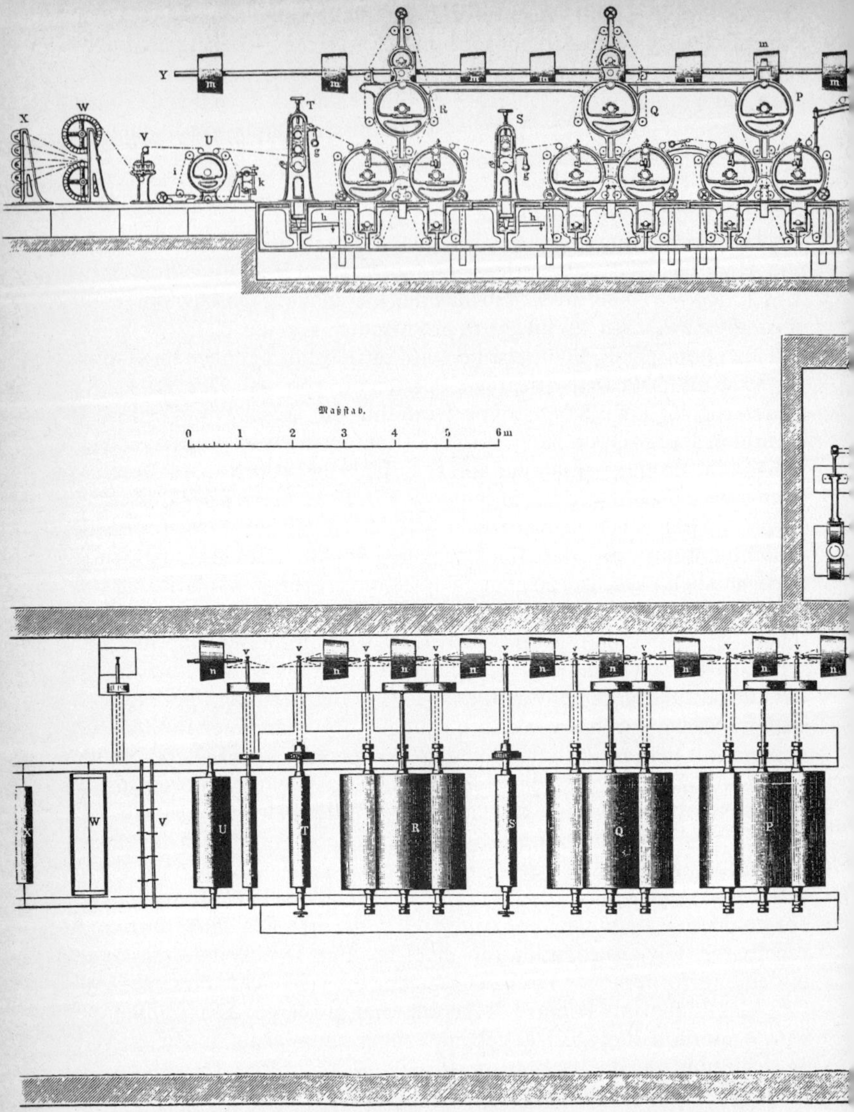

67: Schema einer Papiermaschine, um 1890. G Knotenfänger, H Heberrohr, C Teller, I Form, d Schüttelpfosten, K Saugwalze, L Kautschpresse, M erste Presse, f Filz, f_1 Steigfilz, N Presse, O Brücke, P, Q, R Trockenbatterien, S Feuchtglättwerk, T Trockenglättwerk, h gewichtbelasteter Hebel zur Preßkrafteinstellung, G Schwebewalze zum Stoß- und Gewindigkeitsdiffe-

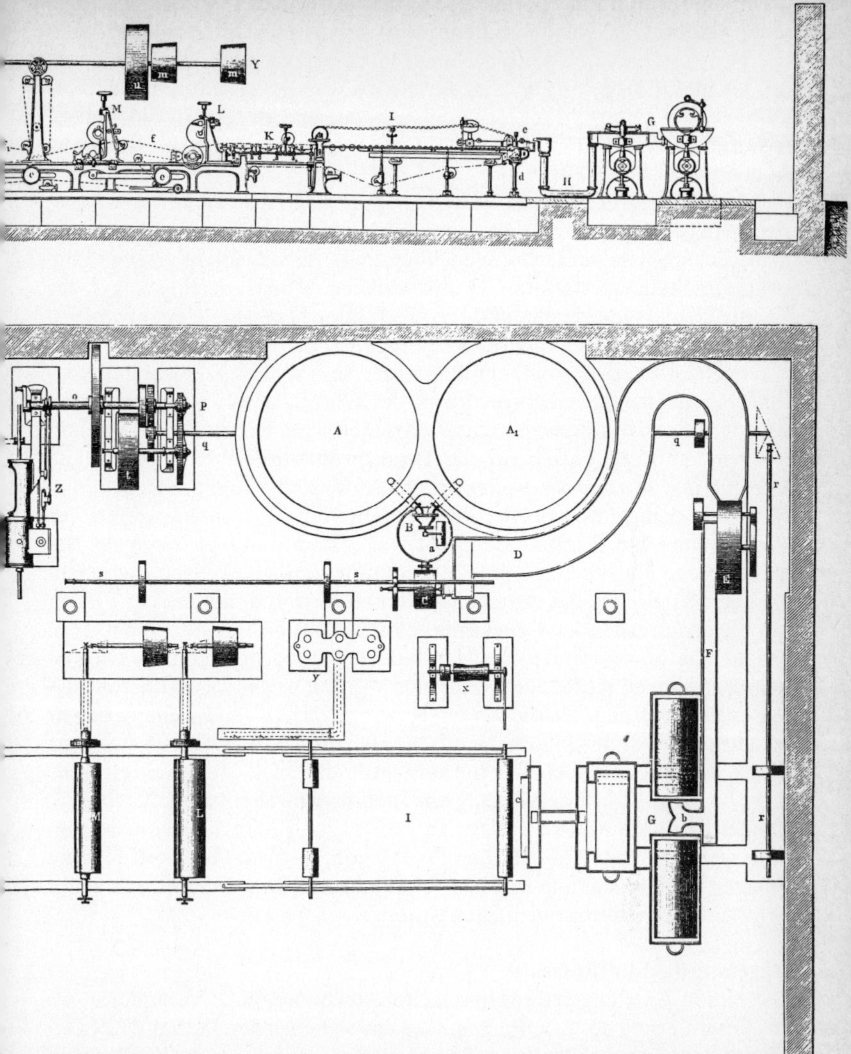

renzausgleich, U Feuchtapparat, i Endlosfilz, k Walzenpresse für Filz, V Längsschneideapparat, W Haspel, X Rollapparat, Y Haupttransmissionswelle, u Expansionsscheibe, m Kegelscheiben.

Mit der Einführung des elektrischen Einzelantriebes entfielen die konischen Räder. Der Gehilfe bediente zur Geschwindigkeitsregelung die an der Führerseite angebrachten Hebel. Glättwerke und Rollapparate waren leichter zu regeln. Die Einzelmotoren waren alle untereinander gekoppelt, um Drehzahlschwankungen auszugleichen. Durch die Einzelmotoren entfielen 10 bis 20 Prozent Leistungsverlust durch die Transmissionen.

Ein weiterer wesentlicher Vorteil des Einzelantriebs war, daß die Meßgeräte für den Leistungsbedarf der einzelnen Motoren durch Anzeige sofort Rückschlüsse auf Unzulänglichkeiten im Arbeitsablauf an genau bestimmten Stellen gestatteten. Damit war eine Arbeitserleichterung in der Kontrolle und eine gleichmäßigere Produktion verbunden. Ab etwa 1910 kamen dann für den Stellbereich 1 : 3 regelbare Drehstrommotoren auf.

Gegen 1920 setzte man Dampfmaschinen mit weitem Drehzahlregelbereich ein, um die Umsetzungsverluste der Wärmeenergie in elektrische zu vermeiden und die Dampfnutzung wirtschaftlicher zu gestalten. Die elektrischen Antriebe hatten für die Papierproduktion aber unbestrittene Vorteile und setzten sich weiter durch. Anfänglich stand der Regelapparat neben dem Motor auf der Antriebsseite der Maschinen, wie bei der Verwendung von Dampfmaschinen. Das erforderte lange Wege zur Bedienung und machte eine schnelle Reaktion unmöglich. Nach Zwischenlösungen setzte sich die Druckknopfsteuerung durch, mit der der Führer nur die entsprechenden Druckknöpfe für Anlaufen, Schnellaufen u. ä. zu drücken hatte, während er die Maschine gut beobachten konnte. Die Arbeiter an schnell laufenden Maschinen wurden wegen der größeren psychischen Belastung, die die kurzen Reaktionszeiten verursachten, besser bezahlt. Im Vergleich zum Handschöpfen ist die körperliche Leistung durch den Maschineneinsatz herabgesetzt, die im 19. Jahrhundert noch nicht beachtete Lärmbelästigung und -gefährdung aber verstärkt worden. Ungleich höhere Anforderungen an die Konzentrationsfähigkeit entstanden, weil der schnell ablaufende Prozeß vom fertigen Ganzstoff bis zum fertigen Papier nicht unterbrochen werden konnte und Pausen nicht mehr beliebig zur Erholung einzulegen waren.

Regelung des Stoffflusses

Die neuen Antriebe erforderten weitere technologische Veränderungen zur Optimierung des Stoffflusses, eine davon betraf den Stoffauflauf. Der Maschinenführer stellte durch Schieberbewegungen den Stoffauflauf auf die geforderte Papierstärke ein. Die Schieberstellung war reine Erfahrungssache. Sie wurde bei neuen Maschinen oder Führerwechsel je nach Papiersorte, Format und Gewicht auf Zetteln festgehalten. Ohne gleichbleibende Stoffdichte und Ausflußgeschwindigkeit des Ganzzeuges wäre ein solches Verfahren erfolglos geblieben. Dies konnte aber nur durch eine maschinelle Lösung erreicht werden. Ursprünglich hatte man die entsprechende Stoffdichte durch manuelles Verdünnen chargenweise zusammengestellt. Die dabei unvermeidlichen Unregelmäßigkeiten versuchte man durch entsprechend große Zwischen- oder Maschinenbütten auszugleichen. Bei den großen, schnell und kontinuierlich laufenden Maschinen reichte dieses Verfahren nicht aus. Zwar ließ sich der Halbstoff auf Vorrat arbeiten, aber vom Ganzzeug bis zur fertigen Papierbahn lief ein kontinuierlicher Prozeß ab, der entsprechend gesteuert werden mußte. So setzte man vor der Papiermaschine Stoffdichteregler ein, die die Stoffschiebereinstellung erleichterten und eine gleichmäßigere Papierstärke ermöglichten, weil der Stoff in gleichbleibender Dichte auf das Sieb gebracht wurde. Die Regler führten einem stetigen, aber schwankenden Stoffstrom je nach Erfordernis mehr oder weniger Verdünnungswasser, meist Rückwasser der Papiermaschine, zu. Die Geräte zur Erfassung der Stoffdichte arbeiteten nach verschiedenen Prinzipien: z. B. wurde der sich mit der Konsistenz eines Stoffes ändernde Höhenstand in einem durchflossenen Gefäß genutzt. Ein Schwimmer gab diesen Höhenunterschied als Signal für den entsprechenden Steuerimpuls für den Wasserschieber weiter. Die Feinregulierung zur Erlangung eines bestimmten Flächengewichts des Papiers erreichte man durch Änderung der Maschinengeschwindigkeit.

Bei den schneller laufenden Maschinen mußte der Stoff nicht nur in der nötigen Menge, sondern auch mit entsprechender Geschwindigkeit auf das Sieb auffließen können. Die alten Staulattenaufläufe arbeiteten nur für Siebgeschwindigkeiten bis etwa 100 bis 120 m pro Minute zufriedenstellend. Bei höheren Geschwindigkeiten lief das Sieb dem Stoff davon.

Der Stoffausfluß konnte über höhere, oben offene Stoffbehälter beschleunigt werden, da die Ausflußgeschwindigkeit mit der Höhe des Flüssigkeitsstandes (Stauhöhe) wächst. Das erforderte aber eine entsprechende Höherverlegung der davorliegenden Aufbereitungsmaschinen, wenn nicht zusätzlich teure Pumpen eingesetzt werden sollten. Rationell ließ sich so nur eine Stauhöhe erreichen, die Siebgeschwindigkeiten von 300 bis 400 m pro Minute zuließ. Dies war für moderne Papiermaschinen nicht mehr ausreichend. Höhere Auslaufgeschwindigkeiten erreichte man durch geschlossene Auslaufkästen mit einem Druckpolster über dem Flüssigkeitsstand (Abb. 68).

Heute werden die höchsten Auslaufgeschwindigkeiten mit Hochturbulenzaufläufen von drehzahlgeregelten Mischpumpen für Siebgeschwindigkeiten bis 2000 m pro Minute direkt erzeugt. Bei den breiter gewordenen Maschinen mußte zusätzlich dafür gesorgt werden, daß der Stoff über die ganze Breite des Stoffauflaufs gleichmäßig ohne Verwirbelungen aufgetragen wurde. Eine Kontrolle der Vorgänge durch das menschliche Auge ist bei den großen Geschwindigkeiten nicht mehr möglich. Der Ma-

68: Hochdruckstoffauflauf für mittlere und höhere Geschwindigkeiten.

schinenführer muß sich ganz auf seine Anzeigeinstrumente verlassen. Der Prozeß läuft voll geregelt ab.

Noch einmal das Sieb

Die Leistungssteigerung der Papiermaschinen war ohne Mechanisierung, Automatisierung und konstruktive Weiterentwicklung spezieller Bauelemente und die damit veränderte menschliche Arbeit nicht denkbar. Ein wesentliches Element der Leistungssteigerung stellte wie schon in früheren Zeiten das erneut veränderte Sieb dar. Die Handpapiermacher führten während des Schöpfens ihre Siebe; das geschah über direkte Berührung der Form und in selbstgewähltem Tempo. Die Siebe waren sauberzubürsten und auszubessern. Die Maschinensiebe dagegen mußten ständig vom Maschinenführer beobachtet, über Walzenstellung geführt und auf der richtigen Spannung gehalten werden. Sie wurden saubergespritzt und nötigenfalls mit Chemikalien behandelt. Der Antrieb erfolgte von der unteren Gautschwalze. Alle anderen Trag- und Spannwalzen des Siebes wurden über das Sieb angetrieben. Die in Längsrichtung des Siebes liegenden Kettdrähte übertrugen die Zugkräfte. Mit zunehmender Verwendung von billigerem, aber sauer reagierendem Aluminiumsulfat [$Al_2(SO_4)_3$] statt des Alauns [$KAl(SO_4)_2$] zum Leimen wurden die Messingsiebe chemisch stark angegriffen. Deshalb verwendete man seit etwa 1890 Phosphorbronze, die sich obendrein als zäh und verschleißfest erwies. Die Schußdrähte waren zwecks besserer Bindung der Siebe aus weichem, mechanisch und auch chemisch widerstandsfähigem Tombak, einer speziellen Messinglegierung.

Die schnell laufenden Maschinen erforderten eine verbesserte Entwässerung, da die Siebe nicht zu sehr verlängert werden sollten. Durch Saugkästen, die das Wasser von unten aus dem Sieb saugten, war das erreicht worden; aber durch die Saugwirkung schliffen sich die Kettdrähte des Siebes in die Saugkästen ein, so daß die Siebe durch die erhöhte Reibung schnell verschlissen. Diesen Nachteil verminderten zuerst die Maschinenführer durch Regelung des Sieblaufs, indem sie die Kettdrähte immer an anderen Stellen über die Saugkästen laufen ließen, so daß diese sich weniger einrillten. Dann erhielten die Saugkästen zur Entlastung des Maschinenführers eine ständige wechselnde Querbewegung. Eine bessere Lösung bot die Anwendung der neu entwickelten Schräg-Siebe, bei dem die Kettdrähte schräg zur Laufrichtung lagen (H. Wangner, 1935). Dies war durch die Mechanisierung der Drahtweberei möglich, die ein gleichmäßigeres Metalltuch zu weben gestattete.

«Das Weben an ihm [Drahtwebstuhl] war keine leichte Arbeit. Der Weber lag mit dem Bauche, um den ein roßhaargepolstertes Lederkissen geschnallt war, auf der Brustwalze; mit den Armen stemmte er die schwere Weblade hinaus, schoß den Schützen durch das Fach und schlug dann mit der Lade den Schuß fest, wobei er gleichzeitig mit den Füßen die Schemel trat, um den Fachwechsel vorzunehmen. Nach der Kraft, mit der die einzelnen Schußdrähte festgeschlagen wurden, richtete sich der Abstand; natürlich lagen die Drähte infolgedessen gegen Abend, wenn der Weber müde wurde, etwas weiter auseinander als am Morgen, wo er noch mit frischer Kraft arbeitete. Es entstanden auf diese Art genaue Ermüdungsschaubilder, an denen ein moderner Arbeitspsychologe seine Freude gehabt hätte. Den Papiermachern waren sie weniger erwünscht ... Die Mechanisierung des Metalltuchwebens, die trotz des Vorbildes des Textilwebstuhls große Schwierigkeiten machte, erleichterte zwar dem Weber seine Arbeit und führte die Gleichmäßigkeit der Schußabstände zwangsläufig herbei, aber die fachlichen Anforderungen, die an den Weber zu stellen sind, setzte sie nicht herab. Beim Metalltuch gibt es keine Nachbehandlung und Appretur, die in der Textilindustrie so manchen Fehler gnädig verdecken ...» (Wangner, 1935, S. 24).

Die langsam laufenden Siebe hatten eine Lebensdauer bis zu acht Wochen. Die Siebe der schnell laufenden Maschinen hielten teilweise nur vierzehn Tage. Trotzdem wurden ab etwa 1920 mit solchen Sieben rd. 400 Prozent mehr Papier erstellt. Zu einem besonderen Problem wurde die Nahtstelle für das Endlossieb bei den schnell laufenden Maschinen. Während bei den langsam laufenden durch Quermarkierungen der Nahtstelle in der Papierbahn der Produktionsablauf nicht wesentlich gestört wurde, führten bei den hohen Arbeitsgeschwindigkeiten die starken Markierungen leicht zu Abrissen der Papierbahn in der Trockenpartie oder dem Glättwerk. Die Nähte der festeren Bronzesiebe wiesen zwar eine geringere Markierung auf, aber erst durch Verlöten der Siebenden verschwand die Markierung im Papier ganz. Durch die Verwendung von Hohldrähten, die sich an den Kreuzstellen flachdrückten, und nachträgliches Schleifen wurden Siebe für besonders glatte Papiere geschaffen. Um 1960 kamen Kunststoffsiebe auf, die in der Entwässerung, der Formstabilität, dem Abriebswiderstand und der Unempfindlichkeit gegen Beschädigungen den Metallsieben überlegen waren. Allerdings werden bei den Kunststoffsieben die Blattbildungs- und Festigkeitseigenschaften des Papiers ungünstig beeinflußt, weshalb die entsprechenden Siebe auf die Papiersorte bzw. -qualität abgestimmt werden müssen.

Zusammenfassend bleibt festzustellen, daß seit Beginn des 20. Jahrhunderts für die Papierproduktion der kontinuierlich arbeitende Großbetrieb maßgebend war. Von seiten der Technik kam man dem Verlangen nach erhöhter Produktion durch Steigerung der Durchsatzmengen und Durchsatzungsgeschwindigkeit entgegen. Dies wurde weniger durch punktuelle Einzelverbesserungen, als mehr durch Abstimmung ganzer Baueinheiten und der Fabriken aufeinander bewirkt. Den Rohstoffen wurde aus technischer Sicht keine besondere Aufmerksamkeit mehr geschenkt. Erst nach dem Zweiten Weltkrieg sind Versuche mit neuen Technologien, wie der Blattbildung im trockenen Zustand oder mit Kunstfasern, durchgeführt worden. Wesentliche Aufgabe war die Abstimmung der Arbeitsgeschwindigkeit der einzelnen Produktionseinheiten aufeinander. Dies erforderte einen erhöhten Aufwand an Steuerungs- und Regelungsprozessen. Sofern der Mensch in diese einbezogen war, erwies er sich häufig als zu schwaches Glied. Seine Funktionen im Produktionsprozeß wurden mehr und mehr von technischen Einrichtungen übernommen. Diese Entwicklungsrichtung ist bis heute geblieben. Durch den im wesentlichen automatisierten Materialfluß nahm die körperliche Arbeit gegenüber dem 19. Jahrhundert ab. Die Verwendung hoher Drücke und hoher Temperaturen in der Fasergewinnung und die hohen Arbeitsgeschwindigkeiten der Papiermaschinen schufen allerdings auch neue Gefahrenmomente für die Arbeiter.

7. Bedingungen einer Produktion: Gelöste und ungelöste Probleme bei der Papierherstellung

Berufskrankheiten und Unfallgefahren

Die Geschichte eines Gewerbes wird im Regelfall geschrieben, indem man von den fortlaufenden Verbesserungen der Produktionstechnik, der immer höheren Qualität des Produkts, der zunehmenden Möglichkeit zur Deckung des Massenbedarfs etc. berichtet. Dies ist durchaus in Ordnung, denn so werden wesentliche Grundstrukturen von Technik und Wirtschaft aufgezeigt.

Diese Sicht ist aber noch nicht vollständig. Die Technik ist ein Mittel, das der Mensch im Umgang mit der Natur ersonnen hat, um seine Bedürfnisse zu befriedigen; sie ist also in einem weiteren Umfeld zu sehen, und die jeweilige Erscheinungsform von Technik umschreibt in einem hohen Grade auch die Lebens- und Arbeitsbedingungen des Menschen. Zudem verlangt die Erstellung eines Produkts immer auch einen Einsatz von Ressourcen in der Produktion; deshalb ist die Produktionstechnik in ihrer Qualität nicht allein am Ausstoß der erstellten Produkte zu messen, sondern auch an der Art, wie mit den natürlichen Ressourcen gewirtschaftet wird.

Hinzu kommen die Arbeitsbedingungen, die die Produktionstechnologie dem Menschen vermittelt. Es muß bedacht werden, daß vorindustrielle und industrielle Entwicklung nicht einfach einen geradlinigen Weg zum immer Besseren darstellen, sondern daß technischer Wandel auch seinen Preis fordert. Gerade die Gefährdung des Menschen am Arbeitsplatz macht deutlich, wie notwendig es ist, Technik nicht nur unter Effektivitäts- und Leistungsgesichtspunkten zu sehen, sondern immer auch den Arbeitsplatz und die damit verbundenen Arbeitsbedingungen in die Beschreibung einzubeziehen. Insofern ist neben die Darstellung der einzelnen Arbeitsschritte und Arbeitsplätze anhand der Produktionstechnologie die Schilderung der Arbeitsbedingungen zu stellen, wie sie insbesondere in den Gefährungsfaktoren für den arbeitenden Menschen deutlich werden.

Belastungen im vorindustriellen Betrieb

Die vielfältige Verwendung des Wassers führte in der vorindustriellen Papiermacherei zu einer in den Betriebsräumen verbreiteten Feuchtigkeit.

Hinzu kamen Zug und Kälte, da offene oder lediglich mit Tüchern verhängte Fenster durchaus üblich waren; in den verstaubten Lumpenkammern war Durchzug erwünscht. Andererseits befanden sich einige Wärme- bzw. Hitzequellen wie z. B. das Heizloch der Bütte oder das Feuer der Leimküche in der Mühle, so daß es vor allem im Winter zu einer ungesunden Mischung von kalter Zugluft, Feuchtigkeit und Hitze kam. Als Hitzequelle, vermischt mit den üblichen Ingredienzen faulender und gärender Stoffe, sind auch die Zeugkästen und Lumpenbottiche zu sehen. Die bei der Lagerung sich entwickelnde Hitze wurde im 18. Jahrhundert allerdings auch als ein hygienisches Moment angeführt:

«Verschiedentlich fragte ich Papiermüller, und auch andere Leute, die mit Lumpen handelten, und große Vorräthe davon hatten, wie sie es verhinderten, daß ihnen mit den schmutzigen Lumpen nicht auch Wanzen und anderes Ungeziefer zugleich mit zugebracht würde? erhielt aber zur Antwort, daß sie dergleichen gar nicht zu befürchten hätten, weil die in ihren Magazinen aufgeschütteten Hadern sich, wenn sie nur kurze Zeit darin gelegen, so sehr erhitzten, daß man nicht im Stande wäre, auch nur einen Augenblick die Hand darin zu stecken, und alles darin sich etwa aufhaltende Ungeziefer verbrennte» (Wehrs, 1789, S. 512).

Eine spezifische Belastung stellte der Gestank aus der Leimküche dar. Der ‹Geruch› entstand, weil die Papiermüller den Leim nicht fertig bezogen, sondern ihn erst stundenlang aus Schafklauen, Leder- und tierischen Abfällen, Schafsfüßen etc. aufkochen mußten. So möchte man eigentlich denken, daß eine Trennung der Leimküche vom Mühlengebäude frühzeitig und häufig zu erwarten gewesen wäre; dem ist aber nicht so. Zeichnungen und Inventarbeschreibungen alter Papiermühlen machen auch deutlich weshalb: Die Leimherstellung war schließlich ein Küchenbetrieb, der des Rauchabzugs bedurfte und damit am Kamin des Hauses häufig mit der Küche des Papiermacherhaushalts zusammengelegt war. Es sind sogar Inventare überliefert, in denen der Leimkessel zu den Einrichtungsgegenständen der Haushaltsküche gezählt wurde (Kirchner, 1897, S. 55 und 57). Wo die Mittel es erlaubten, bemühte man sich jedoch, die Leimküche von den Wohnräumen abzutrennen. Dies war dort möglich, wo das Haus mehrere Rauchabzüge besaß oder über Nebengebäude verfügte. So finden wir separate Leimküchen häufig bei Papiermühlen auf dem Lande, denen eine bäuerliche Hofform zugrunde lag und die damit über zahlreiche Neben- und Wirtschaftsgebäude verfügten. Grundsätzlich war also der Belastungsgrad innerhalb des Betriebes auch nach Bau- und Anlagenform des Betriebsgebäudes unterschiedlich; je enger und kleiner die Räume, desto mehr verdichtete sich das ‹Binnenklima›.

Hier konnten dann Feuchtigkeit, Hitze und Kälte sowie Zug gerade bei der angestrengten Tätigkeit des Papierschöpfens zu Krankheiten führen, die man als häufige Papiermacherkrankheiten ansehen muß: zu Rheumatismus, Bandscheibenschäden und einer Reizung und Entzündung der

Sehnen, die zum Versagen der Schüttelfähigkeit bei Büttgesellen führte.

Die Schöpf- oder Büttgesellen waren jedoch noch einer spezifischen Berufskrankheit ausgesetzt:

«Die ständige Berührung mit dem Wasser ließ die Hände aufquellen und weich werden. Alkalien und Harze zerstörten den natürlichen Säuremantel der Haut, der Hauttalg wurde angegriffen und die Haut ihrer natürlichen Schutzkraft beraubt. Dabei kam es zu den uns noch persönlich von alten Gesellen berichteten Erscheinungen an den Händen, sie ‹zerrissen durch das Kalkwasser› und wurden deshalb regelmäßig mit Talg ... eingerieben» (Schulte, 1957, S. 69 f.).

Johann Beckmann, der bereits 1777 dieses Thema in seiner ‹Anleitung zur Technologie› behandelte, koppelte die kurze Beschreibung der Krankheit aber gleich mit der wohl ‹beruhigend› gemeinten Versicherung, daß die hierbei ausfallenden Fingernägel der Schöpfgesellen dem gefertigten Papier nicht schaden würden (Beckmann, 1802, S. 145).

Georg Friedrich Wehrs stellte einen Zusammenhang zwischen Krankheit und Erwärmung der Bütte her:

«Das Wasser greift zuweilen die Hände der Arbeiter dergestalt an, daß Haut und Nägel heruntergehen, und Löcher einfallen. Der Grund scheint vornehmlich in der Abwechslung der Wärme und Kälte zu liegen. Gesellen, welche gewohnt sind, die Bütte sehr warm zu halten, leiden am öftersten davon» (Wehrs, 1789, S. 419).

Unangenehm war auch der Umgang mit dem ‹Rohstoff Lumpen›. Bereits die Lumpensammler wurden hierdurch belastet. Bernardino Ramazzini, ein italienischer Mediziner, der 1700 das erste umfassende Buch über Gewerbekrankheiten, die ‹Abhandlung von den Krankheiten der Künstler und Handwerker› veröffentlichte, schrieb über die Lumpensammler:

«... Nachgehends aber werfen sie solche garstige Lumpen in ihren Häusern über einen großen Haufen zusammen. Man muß sich aber wundern, und ist fast ungläublich, wie garstig es stinket, wenn sie diese alten Haufen aufreißen und große Säcke davon anfüllen, um diese unsaubere Ware denen Papyrmühlen zuzuführen. Bei dieser Verrichtung nun werden sie mit Husten, Keuchen, Ekel und Schwindel befallen. Denn was kann man sich wohl garstiger, ja, was kann man sich mehr abscheulicheres denken, als einen von allem Unflat zusammen gesammelten Haufen von unsauberen Lumpen der Menschen, Weiber und Leichen ...» (Schulte, 1957, S. 72).

Nun, wenn nicht als unangenehmer, so doch zumindest als gleich unangenehm kann man sich die Arbeit der Frauen und Kinder vorstellen, die diese Lumpen in der Papiermühle zu sortieren hatten, sie auftrennen, Knöpfe abschneiden, die Lumpen zerreißen und zerschneiden mußten. Zudem mußte – nicht überall war das Waschen der Lumpen oder ihr Einweichen in Wasserbecken üblich – der Schmutz in trockenem Zustand der Lumpen mit dem Messer abgeschabt werden. Angesichts dieser Arbeitsaufgaben ist es naheliegend, daß auch das hiermit befaßte Papiermühlenpersonal leicht an ‹trockenem Husten› litt, einer Erscheinung, die als typische Lumpensammlerkrankheit galt.

Eine Erleichterung für die Beschäftigten stellten die im 18. Jahrhundert aufkommenden Lumpenschneider und Lumpenwaschmaschinen dar, wenngleich diese eher aus ökonomischen denn hygienischen Überlegungen heraus angeschafft wurden. Ferner ging es um die Qualität des Papiers: wurden die Lumpen nicht hinreichend gereinigt, so zeigte sich das in Unreinigkeiten und schlechter Farbe des geschöpften Papiers. Da die Beschäftigten wegen der Staubbelästigung die Lumpen aber oft unzureichend reinigten, konnte man durch die Mechanisierung dieses Prozesses auch eine bessere Papierqualität erhalten.

Die zweite wesentliche Gefährdung durch den Umgang mit Lumpen war die Möglichkeit einer Übertragung von Infektionskrankheiten. Als die Hadernkrankheit schlechthin galt der auch bei den Gerbern verbreitete Milzbrand. Da der Milzbrand vor allem eine Tierkrankheit ist, die durch Staub oder direkte Berührung mit infizierten Fellen und Häuten auf Menschen übertragen wird, galt als prophylaktische Maßnahme noch in Weyls Handbuch der Hygiene:

«Deshalb sollen alle Leute, die gewerbsmäßig mit milzbrandverdächtigem Material arbeiten (Abdecker, Fleischer, Gerber, Wollsortierer, Roßhaarspinner, Arbeiter in Bürsten-, Pinsel- und Lumpenfabriken), darauf achten, daß sie nie mit offenen Hautwunden an die Arbeit gehen, in den angeführten Fabrikbetrieben nicht mit offenem Mund atmen, bei der Arbeit nicht essen und trinken und nach der Arbeit Mund und Nase mit reinem, lauwarmem Wasser oder einem desinfizierenden Mundwasser ausspülen ...» (Weyl, 1921, S. 832; Holtzmann, 1949, S. 109).

Das Ausspülen des Mundes sowie Verbinden von Nase und Gesicht hatte auch schon Ramazzini empfohlen. Wie in der heutigen Zeit ging es auch im vorindustriellen Zeitraum in dieser Beziehung vor allem darum, infektionsverdächtige Lumpen aus dem Verkehr zu ziehen; insbesondere bei Ausbruch von Seuchen und Epidemien wurde der Handel mit abgetragenen Kleidern und Lumpen verboten. Bisweilen ging man in solchen Fällen auch gegen Lumpenmagazine vor.

Neben der tagtäglichen Belastung durch ungesunde Umweltbedingungen, die zu Krankheiten führen konnten, gab es auch die Gefährdung durch Apparate und Maschinerie der Papiermühle. Die Gefährdung durch das ‹Mühlenwerk› war den Zeitgenossen durchaus bewußt; so hieß es 1811:

«Mühlen können auf verschiedene Art Unglück verbreiten. Die Gefahren der Pulvermühlen, welche ich in einem eigenen Artikel abhandle, betrachte ich hier nicht einmal mit.

1. In den Mühlen überhaupt können Menschen von den Zähnen der großen Räder gepackt und schrecklich zerrissen oder zerquetscht werden.

2. In Mühlen kann der Mühlstein durch starke Erhitzung springen und Menschen zerschmettern.
3. In Stampfmühlen können die Stampfer Menschen beschädigen.
4. In Mühlen überhaupt können verschiedene bewegliche Theile starke Quetschungen veranlassen.
5. In Mahlmühlen kann beym Behauen der Mühlsteine der umherfliegende Staub schaden, wenn er eingeathmet wird.
6. Nicht blos in Gypsmühlen, Kalkmühlen, Bleyweismühlen etc. ist der umherfliegende giftige Staub gefährlich, wenn man ihn einathmet, sondern auch in Kornmühlen der umherfliegende Mehlstaub.
7. Müller, die an dem Grundwerke der Wassermühlen etwas nachzusehen haben, können in's Wasser fallen und ertrinken.»

(Poppe, 1811, S. 376).

Diese Möglichkeiten der Gefährdung treten nun nicht alle für Papiermacher auf, dennoch ist diese Schilderung recht aufschlußreich und teilweise übertragbar – z. B. die Staubbelästigung, hier für Mehl-, Gips- usf. Mühlen genannt, trifft ja auch für die Papiermühle zu. Vor allem Lumpenstampfwerke und Pressen führten des öfteren zu Unfällen:

«Anno 1713, Freytag den 1. Dezember frühe, ist in der Papiermühl zu Stein bey Meister Martin Knödel, das Unglück geschehen, daß unten bey den Stämpfen, der Korbelzapfen hat den Haußknecht Namens Andreas N. v. Sells in der Pfalz gebürtig, einen gottesfürchtigen Menschen und getreuen Dienstboten, beym Pelz ergriffen, ihm alle Rip, Glied u. Gebein zerquetscht, u. ihn hernach in das Wasser geworfen ... NB. Von solchem an, hab' ich angefangen vor die Mühl u. Hammerwerker zu Stein u. auf der Geratz Mühl, auf der Canzl zu bitten, wie in Lauff auch geschieht» (nach Marabini, 1894, S. 78/79).

Der Pfarrer, der diese Aufzeichnung niederschrieb, sah also durchaus die Gefahren der Technik seiner Zeit.

Im Vergleich zur Buchdruckerpresse mußte bei der Papierpresse eine erheblich höhere Kraft aufgewandt werden; der ‹Pauscht›, also der Stoß von Filzen und Papierbogen, war elastisch und drückte die Presse wieder hoch:

«Diese Federkraft war so stark, daß schwere Unglücksfälle geschehen konnten, wenn etwa das Seil riß oder sich löste oder der Schnepper aussprang. Meister Heinrich Philipp Boeters wurde 1789 in Bilderlahe von der Preßstange erschlagen, 1810 ebenso Meister Friedrich Joachim in Zöschlingsweiler; Meister Rudolf Geldmacher in der Homburger Papiermühle bei Nümbrecht wurde der rechte Arm zerschmettert, woran er 1836 nach längerem Leiden starb» (Schulte, 1939, S. 52f.).

Aus dieser Schilderung wird deutlich, daß die Presse zwar mit Einrichtungen versehen war, die auch der Sicherheit dienten, wie dem Schnepper, einem Zahnradgesperre, das ein Rücklaufen der Presse verhinderte –, diese aber versagen konnten.

Eine Belastung für das Mühlenpersonal, aber auch für die Nachbarn war der durch das Stampfwerk hervorgerufene Lärm. Lyrisch wird dieser Sachverhalt in einem Gedicht aus dem Jahre 1693 umschrieben:

«Dieser Absturz der Stampfer, er ist der Pulsschlag des Werkes,
Denn ihr Fuß, im dröhnenden Fall, wird zum pochenden Hammer,
Der tief drunten die Hadern zerstampft im tosenden Mörser! ...
Unablässig stoßen sie zu, die tosenden Hämmer,
Alles erbebt ringsum, das den malmenden Stößen benachbart,
Zitternd erdröhnt der Boden im Takt der hallenden Stürze,
Und der gefestete Bau erschwankt wie vom Sturme geschüttelt ...»
(Renker, 1944/45, S. 38).

Das vorindustrielle Mühlenrecht gestand den Nachbarn von Gewerbebetrieben in bestimmten Fällen ein Verbietungsrecht gegenüber Neubauten zu. Stampfwerke wie Ölmühlen, Walken und Papiermühlen zählten hierzu, da durch deren Lärm und Erschütterung eine erhebliche Beschwerde für die Nachbarn gegeben war.

So war der Schutz vor Umweltbelastungen in dieser Zeit durchaus in verschiedenen Rechtsvorschriften vorgesehen.

Gefährdungen in der industriellen Produktion

Die neuere Industriekritik meint häufig, Arbeitsungemach und Gefährdung des Menschen am Arbeitsplatz seien erst mit der industriellen Fabrik entstanden. Daß dem nicht so ist und diese Meinung eine Idyllisierung der vorindustriellen Arbeit darstellt, wurde aufgezeigt.

Manche Gefährdungen und Belastungen konnten durch den Übergang zum Industriesystem beseitigt werden. So wurde gerade die Staub- und Schmutzbelastung bei der Lumpenaufbereitung durch mehrere Maßnahmen eingedämmt: Haderntische mit Exhaustoren, d. h. Absaugvorrichtungen, wurden eingeführt, ferner die Ventilation der Lumpenräume und verschiedene Apparate zum Entstauben der Hadern (Weyl, 1897, S. 1052 ff.). Andererseits tauchten mit neuen Techniken neue Gefährdungen wie z. B. Kocherexplosionen oder Schädigungen durch Chemikalien auf, und trotz vieler Maßnahmen konnten auch herkömmliche Bedrohungen wie die ‹Lumpenkrankheit› lange Zeit nicht vollständig vermieden werden.

Man kann also nicht einfach behaupten, das industrielle oder das vorindustrielle System sei für den Menschen besser und verträglicher gewesen, sondern jedes System hatte und hat auch heute noch seine bestimmten Gefährdungsmomente. Dabei unterscheidet sich allerdings die vorindustrielle von der späteren industriellen Situation in zwei wesentlichen Punkten:

1. In der Papiermühle war die Belastung innerhalb des Betriebes sozial relativ gleichmäßig verteilt (wenn auch vielleicht mit einer spezifischen

Belastung der ‹Lumpen-Frauen›); die Folgeschäden der betrieblichen Umweltbelastung jedenfalls waren noch nicht je nach sozialer Schicht unterschiedlich zugeordnet.

Im modernen Industriebetrieb hingegen müssen die durch Bezahlung und soziale Hierarchie ohnehin benachteiligten Arbeitskräfte im Regelfall auch die größte Umweltbelastung ertragen: Die Arbeiter stehen in Staub, Hitze und Lärm, während sich das Raumklima in den Büros naturgemäß verträglicher einrichten läßt. Diese Situation wird in der Freizeit oft noch durch entsprechend ungünstige Wohnlage ergänzt und verstärkt.

Im vorindustriellen Produktionsbetrieb war dagegen das Zusammenleben und Zusammenarbeiten von Meister, Gesellen und weiblichen Angehörigen, eventuell auch Kindern, allgemein so, daß im großen und ganzen die Belastungen von allen erfahren wurden.

2. Die Belastung war in zweifacher Hinsicht häufig nicht kontinuierlich, sondern nur intervallmäßig gegeben:
   a) Bei vielen Papiermühlen war eine Landwirtschaft dabei, oder die Betriebe selbst wurden nur als Nebenerwerbsbetriebe oder Saisonbetriebe geführt. Dies bedeutete, daß der Belastung in den Betriebsräumen eine gewisse Erholungsphase an der frischen Luft gegenüberstand, wenngleich natürlich nicht übersehen werden darf, daß die landwirtschaftliche Arbeit selbst spezifische Belastungsformen in sich barg.
   b) Dadurch, daß der Betrieb oftmals nicht kontinuierlich lief, daß eine Arbeitskraft mehrere Tätigkeiten ausübte und nicht nur *eine* repetitive Teilarbeit wiederholte, war ebenfalls häufig nicht die Form der Dauerbelastung gegeben (Aagard, 1980).

Es ist also sowohl die Meinung zurückzuweisen, daß alles Übel erst mit der Industrie entstanden und die vorindustrielle Lebens- und Arbeitsweise eine heile Welt gewesen sei, wie auch die Auffassung, daß mit der Einführung der modernen Fabrik nunmehr alle Gefährdungen und Mißstände beseitigt seien. Einige Hinweise auf Gefährdungen in der Papierfabrik mögen dies veranschaulichen.

Trotz zwischenzeitlicher Veränderungen ist das Binnenklima der Papierfabrik auch heute noch belastend. Die Entwicklung während der industriellen Periode zeigte zumindest im Zeitraum vom 19. Jahrhundert bis zum Zweiten Weltkrieg eher eine Zunahme von Belastungen sowohl der Mitarbeiter wie auch der Nachbarschaft. Die Geruchsbelästigung durch Lumpen und Leimküche in der Papiermühle beispielsweise wurde erheblich übertroffen durch die Schädigungen im Gefolge des Durchbruchs der Zellstoffchemie.

So wird beispielsweise im Jahrgang 1955 der Fachzeitschrift ‹Das Papier› von einer sehr starken Geruchsbelästigung durch Fabriken in Italien und Österreich berichtet; bei dem österreichischen Beispiel handelt es sich um eine ganz moderne Sulfatzellstoffabrik, die noch in einer Entfernung von 1½ km sehr stank und darüber hinaus der Bevölkerung innerhalb einer Entfernung von bis zu 10 km Anlaß zu Klagen gab. Beim italienischen Beispiel heißt es, daß der häßliche Geruch der Schwefelverbindungen bis zu 2 km weit stark wahrnehmbar war und der kleine Bach, der durch die Fabrik floß, einige Kilometer unterhalb der Fabrik noch stank (Freudenberg, 1955, S. 593f.).

Diese unter vielen herausgegriffenen Beispiele zeigen einen wesentlichen neuen Belastungsfaktor in den Papier- und Zellstoffabriken. Die Papier- und Zellstoffchemie, die zwar einen wichtigen Beitrag zur Lösung des Rohstoffproblems lieferte und viele Verfahrensschritte, die in der vorindustriellen Produktion noch unwägbar oder sehr von persönlichem Geschick abhängig war, berechenbar machte, hatte auch unangenehme Folgen: die schädliche Wirkung des Chlorgases auf die Gesundheit der Arbeiter; die Einwirkung des Dampfs; die Verwendung des Sulfits, das einen nach faulen Eiern riechenden Schwefelwasserstoff entwickelt.

So hatte sich also der Gestank der Leimküchen durch den Einsatz der Dampf- bzw. elektrischen Energie und deren Kohleverbrennung sowie in der zweiten Hälfte des 19. Jahrhunderts durch die Sulfatzellstoffabriken, die mit den Methylsulfiden der Kocherabgase Verursacher sich über kilometerweite Gebiete ausdehnender ‹Gerüche› waren, gesteigert. Freilich wird versucht, durch Entwicklung neuer Verfahren diesen Schädigungen entgegenzuwirken. Dies bleibt aber eine ständige Aufgabe.

Ähnliches gilt auch bei Betriebsunfällen. Die Betrachtung der Unfallgefahren im Betrieb zeigt am deutlichsten, daß sich zwar gegenüber der vorindustriellen Papiermühle die Gefahrenmomente und Verursachungsfaktoren geändert haben, die grundsätzliche Gefährdung aber blieb.

Ein hinreichendes Bild davon vermittelt der Blick in jeden beliebigen Jahrgang der entsprechenden Fachzeitschriften. Beispielsweise – beliebig herausgegriffen – sind im Jahrgang 1913 der Zeitschrift ‹Der Papier-Fabrikant› u. a. folgende Unfälle geschildert: Bei Düren gerät ein 20jähriger mit beiden Händen in die Satiniermaschine, wird bis an die Brust eingeklemmt und stirbt; in der Papierfabrik Oberlenningen will ein Arbeiter einen heruntergefallenen Riemen auflegen, wird von der Transmission ergriffen und erleidet einen Schädelbruch, an dem er stirbt; in der Papierfabrik Gronau gerät ein Arbeiter in ein Heißwasserbecken und trägt schwere Brandwunden davon; der Maschinist der Papierfabrik Ettlingen wird von der Transmission erfaßt, an die Wand geschleudert und seine Hirnschale zerschmettert; in der Papierfabrik in Hütten gerät ein Arbeiter in die Schneidemaschine und trägt von den Messern schwere Verlet-

Jahr	Angezeigte Unfälle zusammen	Angezeigte Unfälle ‰ der Versicherten	Jahr	Angezeigte Unfälle zusammen	Angezeigte Unfälle ‰ der Versicherten
1885/86	1 547	26,30	1930	9 265	84,01
1890	1 900	33,28	1931	7 501	75,46
1895	2 133	34,56	1932	6 301	70,16
1900	2 680	38,71	1933	7 127	76,43
1901	2 674	37,04	1934	8 559	85,40
1902	2 590	35,98	1935	8 595	83,57
1903	2 991	41,51	1936	9 251	88,08
1904	3 088	41,94	1937	12 126	106,43
1905	3 341	43,45	1938	14 540	120,17
1906	3 570	44,38	1939	14 589	116,97
1907	3 808	45,70	1940	14 879	118,71
1908	3 902	44,92	1941	14 047	116,06
1909	4 161	48,24	1942	12 969	115,23
1910	4 267	48,27	1943	13 357	114,72
1911	4 689	52,02	1944	13 569	116,69
1912	5 100	54,03	1945	5 154	149,66
1913	5 462	56,88	1946	2 329	75,70
1914	4 556	54,50	1947	2 736	77,19
1915	4 124	59,09	1948	3 795	84,19
1916	4 417	60,54	1949	5 619	100,68
1917	4 468	61,69	1950	7 723	126,45
1918	4 289	56,63	1951	9 871	147,22
1919	4 364	48,26	1952	10 074	143,17
1920	4 304	42,57	1953	10 006	145,63
1921	4 973	45,59	1954	11 173	147,97
1922	5 425	43,71	1955	13 106	168,95
1923	4 098	45,50	1956	14 453	178,77
1924	5 931	55,47	1957	13 949	168,98
1925	8 061	72,22	1958	13 927	165,01
1926	10 171	97,46	1959	14 458	170,24
1927	11 742	105,19	1960	15 378	175,14
1928	12 758	107,51	1961	15 761	179,67
1929	12 124	105,34	1962	14 866	171,71

Tabelle 14: Unfallzahlen von 1866 bis 1962.

zungen davon; in der Papierfabrik Möckmühl kommt ein Arbeiter in die Maschine und wir am rechten Arm schwer verletzt; in der Papierfabrik Brunkensen wird ein Arbeiter von der Transmission erfaßt, erleidet Arm- und Beinbrüche; beim selben Vorgang in der Papierfabrik Arnsberg wird der Arbeiter getötet; schwere Brandwunden trägt ein Arbeiter der Papierfabrik in Neugrüntal davon, der in einen mit kochend heißem Wasser gefüllen Behälter zum Einweichen von Papierabfällen gerät; in der Pappenfabrik Thalheim gerät die 21jährige Ehefrau eines Strumpfwirkers mit den Haaren in das Maschinengetriebe ... (Papier-Fabrikant, 1913, S. 32, 51, 59, 85, 142, 203, 261, 296, 419, 513, 574).

Die Schilderung ließe sich fortführen, hier ist nur rund ein Drittel der Fälle erwähnt, die in diesem Jahrgang zu finden sind. Und diese wiederum stellen nur einen Bruchteil der im Jahre 1913 insgesamt 5462 angezeigten Unfälle dar (Verwaltungsbericht Papiermacher-Berufsgenossenschaft, 1962, S. 18). Im übrigen betrug diese Anzahl der durch Unfälle Betroffenen 56,88 Promille aller Versicherten (Tabelle 14).

Insgesamt ergeben sich als Gefährdungsschwerpunkte die Transmission, bewegliche Maschinenteile sowie die Lumpen- und Zellstoffkocher. In der Gefährdung durch die Riemen und Maschinenteile haben wir praktisch dasselbe Problem vorliegen, das die Gefährdung durch Zahnräder, Wasserrad und Stampfgeschirr in der Papiermühle darstellte: Die beweg-

69: Kocherexplosion, 1926.

lichen Übertragungsteile gefährden den Arbeiter, wenn er ihnen unsachgemäß näherkommt oder an einem Kleidungsstück oder den Haaren erfaßt und ins Getriebe gezogen wird. Diese Gefahrenquelle konnte aber in der folgenden Zeit durch Verkleidung der laufenden Teile sowie durch neue Motoren beseitigt werden.

Die Kocher stellten lange Zeit eine Gefährdungsquelle ersten Ranges dar; ähnlich wie in der Frühzeit des Dampfmaschinenwesens kamen bei ihrer Einführung und allmählichen Verbreitung in den Papierfabriken wie auch bei Dampfkesseln und Trockenzylindern öfters Explosionen vor.

Eine solche Explosion konnte schwerwiegende Folgen haben; der 1926 im ‹Papier-Fabrikant› geschilderten Kocherexplosion in der Papierfabrik Heidenau fielen 12 Menschen zum Opfer (Abb. 69).

Auch die Industrialisierung beseitigte also nicht Krankheits- und Unfallursachen – das gilt nicht nur für die Papierindustrie, sondern für alle Gewerbezweige – sie wurden allenfalls verlagert:

> «Die Gesundheitsgefährdung am Arbeitsplatz hat sich auch durch den technischen Fortschritt nicht verringert. Die herkömmlichen, bekanntesten Belastungen – wie Lärm und Schichtarbeit – sind noch weit verbreitet. Neue Belastungen – u. a. durch chemische Stoffe, Streß und Monotonie – kommen hinzu ... [so wird beschrieben] ... daß eine erhebliche Gesundheitsgefährdung auch durch die heutige Arbeit besteht und auch durch die zukünftige Arbeit bestehen wird» (EKD-Studie, Süddeutsche Zeitung vom 4. November 1982).

Technischen Fortschritt verdanken wir nicht nur den Einfällen und Verbesserungen von Ingenieuren und Erfindern, die sich in neuen Maschinen und technischen Verfahren niederschlagen, sondern auch der alltäglichen Berufsarbeit, die gerade durch ihre Gefährdung häufig den Anstoß zu weiteren Verbesserungen gibt; diesen Bereich in einem historischen Abriß außer acht zu lassen, hieße eine wesentliche Dimension der Produktionswirklichkeit auszuklammern.

Zugleich mag die Erinnerung an die Geschichte auch dieser Problematik ein Anlaß dazu sein, bei jeglichem technischen Wandel auch über die humane Dimension der künftigen Technik nachzudenken.

Wasser in der Papiermacherei

Jede stoffverarbeitende Tätigkeit verändert die Umwelt, so auch die Papierherstellung. Grad und Ausmaß der Veränderung waren im Verlaufe der historischen Entwicklung des Produktionsprozesses unterschiedlich und betrafen Landschaft, Luft, Boden und Wasser.

Von Anfang an war Wasser Grundlage der Papierproduktion, und diese griff damit in den natürlichen Wasserkreislauf ein. Mit der Nutzung

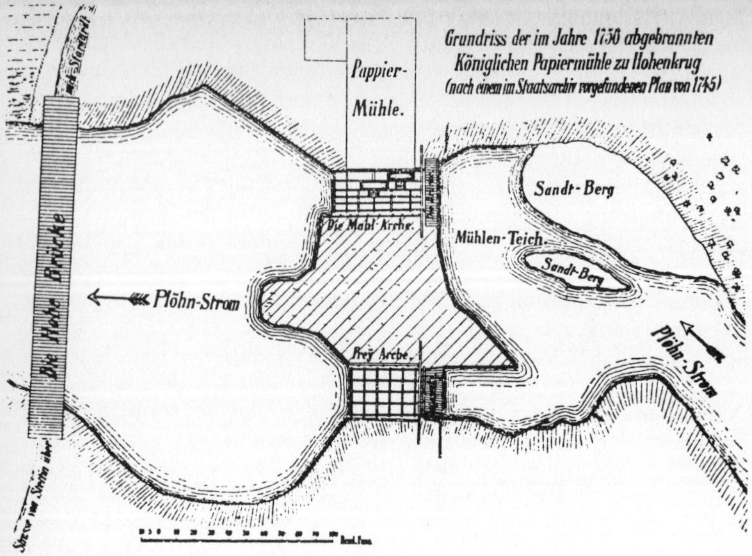

70: Landschaftsveränderung durch Wasserbauten für den Mühlenbetrieb.

von etwa 7,5 Prozent der Industriewässer als Rohstoff und Betriebsmittel gehört die Zellstoff- und Papierindustrie zu den größten Wasserverbrauchern. Trotz erheblicher Wassereinsparungsmaßnahmen ist der absolute Verbrauch von Wasser in der papiererzeugenden Industrie wegen der größeren Produktion stetig gestiegen. Die für eine Tonne erzeugten Papiers benötigte Wassermenge ist je nach der Art des Papiers und des Produktionsprozesses sehr unterschiedlich. Ein häufig genannter Wert zum Wasserverbrauch, der ein Mittelmaß darstellt, sind 1000 Liter pro Kilogramm erzeugten Papiers. Dies entspricht dem tatsächlichen Wasserverbrauch, wenn keinerlei Kreislaufführung des Wassers stattfindet.

Das Produktionswasser wird als Suspensionsmittel und Träger für das Fasermaterial benötigt. Für die Mahlung der Faser leistet es große Hilfe als Quellmittel. Es bewirkt die Papierfestigkeit durch die Wasserstoffbrückenbildung und dient als Lösungsmittel für Papierhilfsstoffe.

In der vorindustriellen und auch noch lange Zeit zu Beginn der industriellen Periode war neben dem Gebrauch als Rohstoff und Betriebsmittel das Wasser der wichtigste Energieträger zum Betrieb der Mühlen- und Turbinenmaschinerie. Zu dieser Nutzung wurden wasserbauliche, die Landschaft verändernde Maßnahmen zur Aufstauung und Erhöhung der Fließgeschwindigkeit durchgeführt (Abb. 70).

Am Beispiel der Wassernutzung durch die vorindustrielle und industrielle Papierproduktion kann gezeigt werden, wie sehr zur Geschichte eines Gewerbes und seiner Produktionsverfahren auch deren Wechselverhältnis mit der natürlichen Umwelt gehört.

Neben den produktionstechnischen Gesichtspunkten soll hier auch noch eine Dimension angesprochen werden, die in Ausführungen zur Industrie, Technik und Produktion zumeist fehlt: die verbrauchten Naturschätze und ‹Lebensmittel› sind Teil unseres alltäglichen Daseins. Dies gilt, bezogen auf die Papierproduktion, gerade für das Wasser. Wasser ist dem Menschen ein Grundelement, und das aqua viva, das lebendige Wasser, wird ihm zum aqua vitae, zum Wasser des Lebens.

Die Geschichte eines derart ‹neptunischen Gewerbes› (Armin Renker), wie die Papiermacherei es ist, sollte nicht geschrieben werden, ohne die vielfältigen Aspekte seines Umgangs mit dem Wasser zu berücksichtigen.

Hier wird Wirtschafts- und Technikgeschichte ganz intensiv als Sozialgeschichte des Menschen im Rahmen seiner natürlichen Lebensbedingungen deutlich. Neben dem Plus an Produktionsausstoß und Gütern, das herkömmlich als der durch Gewerbe und Industrie verursachte ‹Fortschritt› schlechthin gekennzeichnet wurde, kommt hiermit ein Kriterium ins Spiel, das einen Rahmen setzt zur Beurteilung dieses ‹Fortschritts›: Hat der Mensch so produziert, daß er dabei und damit auch die Grundlagen seiner Lebensbedingungen behütete?

Wassernutzung und Wasserprobleme in vorindustrieller Zeit

In der vorindustriellen Zeit war Wasser in der Papierproduktion als Antrieb der Maschinerie (Energieträger) und als Mittel zur Reinigung und Zerteilung der Rohstoffe und damit als Trägersubstanz, die erst die Schaffung des Produktes Papier ermöglichte (Fabrikations- und Betriebswasser) notwendig. Es war für die Produktionsaufgabe nur brauchbar, wenn es von einer bestimmten qualitativen Beschaffenheit und Menge war. Während des Produktionsprozesses veränderte das Wasser seine Beschaffenheit erheblich; es wurde verunreinigt. Die Wasserverunreinigung durch die Papiermühlen stellte einen Problembereich vorindustrieller Produktion dar. Diese frühzeitige Umweltbelastung ist Teil der Produktionsgeschichte. So kam es des öfteren zu Protesten bzw. Verboten bei geplanten Neugründungen von Papiermühlen, wie beispielsweise 1591 in der Umgebung Nürnbergs.

Der Besitzer der Papiermühle in Tullnau, Niklas Rumpler, bat in diesem Jahr den Nürnberger Rat um Genehmigung zur Errichtung einer zweiten Papiermühle in Mögeldorf. Rumpler erhielt diese. Daraufhin schrieb die Gemeinde Mögeldorf Anfang Juli 1591 an den Rat und meinte, der Bau werde für Mögeldorf und die anderen Gemeinden der Umgebung zu einem

> «merklichen schaden und nachteil werden, sintemal durch eine solche stampfmühl nit allein die viehtränk nächst herunter am wasser gelegen durch den unflätigen schlamm und unlust der haderlumpen verderbt würde, daß das dorfvieh und die fremden ochsen, so durchgetrieben und all da müssen getränkt werden, krank und schadhaft werden möchten, weil man sonderlich auch das gras waschen und säubern muß, sondern auch die umliegenden wiesen wegen des wasserschwellens ersäuft und verschwemmt werden, desgleichen durch die haderlumpen, so von allerlei orten, aus spitalen, lazaretten, siechköbeln, franzosenhäusern zusammengebracht werden, fürnehmlich aber in sterbsläuften ein ganzes Dorf infiziert und angesteckt werden möchte» (Sporhan-Krempel, 1979, Sp. 303/304).

Hier zeigt sich deutlich eine Furcht vor der Ansteckungsgefahr durch das verschmutzte Wasser. Die drei wesentlichen Wassernutzungen einer Dorfgemeinde – die Versorgung mit Trinkwasser, das Tränken des Viehs, das Bewässern der Wiesen – waren gefährdet. Drastisch wurde die Gefahr geschildert, indem man darauf hinwies, daß die Lumpen auch aus zahlreichen Krankenhäusern zusammengetragen würden, wobei man unter den ‹siechköbeln› Krankenhäuser zur Behandlung ansteckender Krankheiten und unter ‹franzosenhäusern› solche zur Behandlung von Geschlechtskrankheiten verstehen muß.

Der Papiermüller Niklas Rumpler argumentierte seinerseits:

- Er habe durchaus unter aller Augen und unter Zustimmung des Nürnberger Rates sowie des Stadtbaumeisters Wolf Jakob Stromer seine Pläne entwerfen lassen, und niemand hätte Einspruch erhoben.
- Die Eingabe der Bauern erfolge nur, da er nicht den hohen Preis für das Bauholz, das die Gemeinde liefern sollte, habe bezahlen wollen.
- Wenn wirklich das Wasser verschmutzt würde, müßten alle Papiermühlen in der Stadt verschwinden.
- Es sei auch bewiesen, daß das Papiermühlenwasser niemandem schade; vom Papiermühlenwasser sei noch kein Stück Vieh gestorben (Sporhan-Krempel, 1979; Bayerl, 1983, S. 562ff.).

Wir haben hier eine klassische Argumentations-Konstellation vor uns, die – relativ unabhängig von historischen Zeiträumen – nahezu gleichbleibend bei Umweltstreitigkeiten auftritt. Der Umweltschädiger argumentiert zum ersten mit seiner Genehmigung, die ihm zustehe und die er auch habe, zum zweiten mit der Eigennützigkeit der Einsprecher, zum dritten mit dem Hinweis, daß, wenn ihm Einspruch geschehe, auch alle anderen Verschmutzer mit ihren Betrieben verboten werden müßten, und zum Schluß argumentiert er mit der Verharmlosung bzw. Verneinung irgendwelcher Verschmutzung bzw. Gefährdung. Dabei war klar, daß die Reinigung der angefaulten, oft mit Kalk versetzten Lumpen und mißratener Leim eine stinkende Abwasserbrühe ergaben, die sich bequem durch das fließende Wasser forttransportieren ließ und die abgehenden Fasern sich in den Fischkiemen festsetzen konnten und so den Fischbestand schädigten.

Der Nürnberger Rat seinerzeit zog noch weitere Erkundigungen ein, genehmigte aber schließlich den Neubau der Papiermühle. Die Begründung der Genehmigung war von einer eigenartigen Ambivalenz getragen: Zum einen argumentierte der Rat, daß die Viehtränke so weit von der Papiermühle entfernt sei, daß der Schaden nicht allzu groß sein könnte; zum anderen erhielt der Papiermüller dennoch die Auflage, seine Abwässer in ‹verborgenen Röhren› an der Viehtränke vorbeizuführen und erst dann in den Fluß einzuleiten. Argument für die Genehmigung war, daß der ausgewählte Platz für die Gründung einer Papiermühle gut geeignet sei.

Im großen und ganzen dürften also die wirtschaftlichen Interessen der Stadt für die Genehmigung den Ausschlag gegeben haben.

Andererseits sind auch häufiger Fälle überliefert, in denen Papiermühlen – vor allem deren Neubau bzw. Wiedererrichtung – nach Protesten aus der Bevölkerung verboten wurden, da sie durch ihr ‹Lumpenabwasser› die Interessen flußabwärtsliegender Anwohner schädigten; bisweilen wurde die Verlegung von Papiermühlen angeordnet.

Neben der allgemeinen Trinkwasserversorgung war auch die gewerbliche oder häusliche Brauerei durch das Schmutzwasser der Papiermühlen beeinträchtigt; so jedenfalls die Klage von Bürgern einiger Dörfer an den Herzog von Jena im Jahre 1673, die schließlich die Neugründung der Papiermühle in Bürgel (Thüringen) verhinderte:

> «Aber die Papiermüller haben aus ihren Stampfen den ganzen Unflat der Lumpen in den Bach laufen lassen, mit dessen Wasser fünf Dörfer ihr Bier braueten und viel jahrsüber gewonnene Eymer Bier erhielten deswegen den Namen Lumpenbier, das verachtet und nicht mehr gekauft wurde, was zu peinlichen Beschwerden und schließlich zum Schluß der Papiermühle führte» (Bayerl, 1983, S. 570).

Wir sehen also, daß insbesondere die Gelegenheit nach Stillstandszeiten, bei Um- und Neubauten von Mühlen genutzt wurde, um entsprechend der bisherigen Erfahrungen mit der Belästigung durch Papiermühlen diese zu verbieten oder ihnen einen ungefährlicheren Standort zuzuweisen. Dies geht konform mit einer durchaus üblichen Gewerbepolitik, die seit dem Spätmittelalter in Städten darauf abzielte, Gewerbe, die die Anwohner belästigten und die Umwelt verschmutzten, in bestimmten Vierteln zusammenzufassen. Durch Ansiedlung am Fluß unterhalb der Stadt hielt man für die eigenen Bürger das Wasser zwar weitgehend sauber, das Verunreinigungsproblem wurde dadurch aber lediglich flußabwärts verlagert.

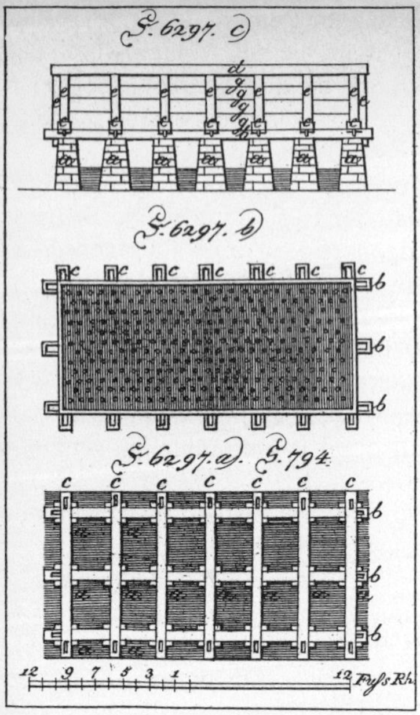

71: Holländische Wasserklärkästen.

Im übrigen waren die Papiermacher durchaus auch Betroffene. Da sie für ihre Produktion hohe Anforderungen an die Wasserqualität stellten, reagierten sie empfindlich auf wasserverschmutzende Gewerbe oberhalb ihrer Mühle; die Streitigkeiten mit Sägemüllern, mit metallverarbeitenden Betrieben und mit flachsröstenden Bauern waren zahlreich.

So waren die Sägemüller oft Kontrahenten der Papierer, da Sägemühlen ja ebenfalls häufig in abgelegenen Gegenden, genauso wie Papiermühlen, zu finden waren und dort zur bequemen Beseitigung der anfallenden Holz- und Sägespäne diese einfach in den Bach warfen. Im Entwurf einer Papiermühlenordnung für die Kurmark Brandenburg hieß es beispielsweise 1745, daß den Sägemüllern verboten sei, Sägespäne, die das Wasser schleimig und morastig machten und sowohl den Papiermühlen als auch den Fischereien verderblich seien, im Wasser abtreiben zu lassen. Sie hätten diese auszukarren. Ein mit Spänen verunreinigtes Wasser wäre für die Papierfabrikation ohne Vorreinigung nicht brauchbar gewesen. In Holland waren wegen des allemal schlechten Wassers schon frühzeitig Klärsysteme für die Papierproduktion in Anwendung (Abb. 71).

Weitere gefürchtete Gewerbebetriebe waren Gerbereien und die von ihnen benutzten Loh- und Walkmühlen. Zu deren Betrieb wurden Zusätze wie Urin, schwarze Seife und Walkerde genommen. Ihr Betriebszweck war unter anderem, aus Leder oder Tuch Fette und aus den Fellen Tierhaare sowie Hautreste zu entfernen, die mit dem abfließenden Wasser ausgespült wurden. So verwundert es nicht, daß gerade Gerber, Färber und Papiermüller am ehesten aus Städten verbannt wurden und sich gegenseitig der Wasserverschmutzung bezichtigten.

Auch Textilbetriebe und Bleichereien verschmutzten das Wasser. Eine besonders berüchtigte und auch zu riechende Wasserverschmutzung ging vom Flachsrösten aus. Um die Flachsfaser besser von den Leim- und Holzbestandteilen der Pflanze trennen zu können, ließ man die Pflanze der Luft, dem Tau oder häufig dem Wasser ausgesetzt anfaulen. Dieser Vorgang verdarb das benutzte Wasser erheblich und zählt zu einem der in vorindustriellen Umweltstreitereien ständig auftauchenden Problembereich. Diese Aufbereitung der Flachsfasern stellte allerdings für die Textilproduktion, die schließlich die Lumpen zur Papiermacherei lieferte, eine notwendige Vorbereitungsstufe dar.

Wegen der Schäden für die übrigen Wassernutzer und unter den Fischbeständen wurde das Flachsrösten in Verordnungen vielfach und immer wieder verboten. In einer Verordnung des Jahres 1687 für die Grafschaft Ravensberg wurde das Flachsrösten oder das Einlaufenlassen des Wassers aus Flachsröstteichen in den Fluß bei 10 Goldgulden Strafe verboten; in einem wiederholten Edikt des preußischen Königs aus dem Jahre 1733 wurde wie üblich auf das vorher erlassene Edikt sowie die dennoch erfolgte Übertretung hingewiesen und darüber geklagt,

«daß an solchen Orten die Ströme, Bäche und frischen Gewässer sehr verschlammet und unrein gemachet, insbesondere aber die Fischreserven in Flüssen und Seen höchst unverantwortlich ruiniert, und überdem nicht allein bey dem Vieh durch dergleichen stinkendes und unreines Wasser Krankheit und Sterben, sondern auch wohl durch das von dergleichen ungesundem Wasser gebrauete Bier den Menschen Krankheit und großes Ungemach verursachet, in gleichen das Gehen der Mühlen sehr gehindert worden» (Linke, 1982, S. 22).

Diese Beispiele mögen hinreichend aufzeigen, daß Probleme der Papiermacherei in anderen Gewerben ebenfalls vielfältig auftauchten und diese alle um gutes Wasser konkurrieren mußten, was vielfach zu Engpässen führte. Die Wirkung einer Produktion auf die ökologischen Verhältnisse ist somit in den Gesamtzusammenhang des Gewerbewesens einzuordnen, da die Natur ja für viele Gewerbezweige den Rahmen bieten muß. Diese Problematik wurde im Verlauf der Industrialisierung erst recht deutlich.

Hartes und weiches Wasser in der Papierproduktion

Auch für die moderne Papierproduktion ist die Wasserbeschaffenheit nach wie vor bedeutsam. Das Wasser muß von Schwebeteilchen und anderen gröberen Stoffen frei sein und sollte Trinkwasserqualität haben. Solches Wasser liefern häufig Gebirgs- und Mittelgebirgsgegenden. Von Bedeutung ist ferner die Konstanz der Wasserbeschaffenheit. Bei stoßweise auftretender und vielleicht gar verschiedenartiger Verschmutzung entsteht eine große Produktionsunsicherheit, da der Produktionsprozeß auf die Rohstoffe – und ein solcher ist das Wasser – abzustimmen ist.

Die Probleme sind selbst bei konstanter Wasserqualität noch recht vielfältig. Wasser aus Bohrbrunnen ist im allgemeinen von gleichmäßigerer Qualität als das Oberflächenwasser der Flüsse und Seen. Allerdings enthält es oft viele gelöste Stoffe wie Eisen-, Ammonium-, Kalk- und Magnesiumsalze. Diese Stoffe verursachen im modernen Betrieb Ablagerungen in Rohrsystemen und Kesseln, was deren Wirkungsgrade erheblich verschlechtert. Durch thermische und chemische Vorreinigung begegnet man diesem Übelstand und beseitigt die sogenannte Wasserhärte. Allgemein gilt, daß Papierfabriken möglichst weiches Wasser, d. h. ein Wasser mit möglichst wenig gelösten Stoffen, erstreben. Durch hartes Wasser wird der eigentliche Produktionsprozeß in besonderem Maß gestört, ja im Extremfall unmöglich gemacht.

Für die Leimung und Färbung sowie bei der Produktion feinster Papiere ist sehr hartes Wasser ungeeignet. Das läßt sich so erklären: Die bei der Leimung zugegebenen Stoffe, wie Aluminiumsulfat oder Alaun sollen den Aufzug des Leims auf die Faser bewirken. Im Wasser gelöste Karbonate binden zuviel der Chemikalien und erhöhen damit deren Bedarf. Hohe Erdalkalianteile sind der Kochlaugenbereitung abträglich, da sie Schlämme bilden. Sie erschweren das Auswaschen des Zellstoffs, denn verseifte Fette und Harze setzen sich in Salze um und bilden wasserunlösliche Produkte, die sich durch Wasser nur schwer entfernen lassen. Eisen kann Verfärbungen, besonders bei bunten Papieren, verursachen. Durch zu hartes Wasser wird die Löslichkeit der Farben heruntergesetzt oder die erforderliche Menge der löslichkeitsfördernden Mittel, wie Essigsäure bei basischen Farbstoffen, erhöht.

Durch die Enthärtung des Wassers mit Kalk, $Ca(OH)_2$, oder Soda, Na_2CO_3, fallen die Härtebildner als Schlamm aus, es entstehen im Wasser gleichzeitig viele lösliche Salze. Heute wird häufig Natriumphosphat (Na_3PO_4) angewandt, das schwerlösliche Phosphate ausfallen läßt, die als Dünger benutzt werden können. Aber auch weiches Wasser kann nachteilig sein. Es enthält oft größere Mengen freier Kohlensäure, die nicht nur Eisen und Mörtel angreift, sondern auch die Fasern schädigt, sie z. B. vergraut. Bei der Nutzung von Oberflächenwasser werfen Salze der Kaliindustrie sowie Chlorverbindungen der Sodafabrikation in den Flüssen große Probleme für das Fabrikationswasser auf. Oberflächenwasser enthält häufig noch organische Verunreinigungen, die z. B. die feuchte Aufbewahrung von Papierstoff wegen der Fäulnisgefahr erschweren.

In vielen Fällen ist aber die einzig wirtschaftliche Lösung dieses Problems die Umstellung der Produktion auf ein Produkt, das mit dem zur Verfügung stehenden Wasser gerade noch gefertigt werden kann – dies war im übrigen auch in vorindustrieller Zeit so. Bei zu viel färbenden Eisenbestandteilen z. B. konnte dieser Nachteil durch Umstellung der Produktion auf Verpackungsmaterial auf ein unbedeutendes Maß beschränkt werden.

Abwasserprobleme – die industrielle Wassernutzung

Die Industrialisierung löste nicht etwa alle Probleme der vorindustriellen Periode, sondern verlagerte nur viele insofern, als durch technische Einrichtungen nun auch dort die Produktion möglich wurde, wo dies vorher kaum der Fall war. Grundsätzliche Gegebenheiten des natürlichen Dargebotes an Wasser sind aber bisweilen auch durch die moderne Technik nicht überwindbar; zudem trifft der Einsatz solcher Systeme dort auf Grenzen, wo sie derart kostspielig sind, daß eine rentable Produktion angesichts des technischen Aufwands nicht mehr möglich ist. Man darf grundsätzlich nicht daraus, daß Grenzen und Beschränkungen der herkömmlichen Produktion vielfach hinausgeschoben wurden, schließen, daß nun die Abhängigkeit von der Natur gänzlich überwunden sei.

In der industriellen Periode kam als neuer Standortfaktor gerade für die vom Importholz abhängigen Zellstoff- und Papierfabriken ein weiterer Gesichtspunkt der Wassernutzung hinzu, nämlich die Nutzung schiffbarer Flüsse und Kanäle.

Neue technische Verfahren wie Tiefbohrungen und chemische Wasseraufbereitung machten von der Qualität des Oberflächenwassers unabhängiger. Andererseits entfiel durch eben diese Möglichkeit die in vorindustrieller Zeit durch die vielseitigen Rücksichtnahmen der unterschiedlichsten Wassernutzer notwendige Selbstbeschränkung bei der Wasserverschmutzung. Das wechselseitige Korrektiv, das Fischer, Müller, Landwirte, Schiffer, Brauer etc. bei ihrer Wasserverwendung einander gegenüber darstellten, wich einem Monopol der Industrie, die Ansprüche auf vorrangige Nutzung der Flüsse erhob und diese zunehmend in ihrer Funktion als Industrie- und Abwässerkanäle betrachtete. Ganz deutlich wird dies am Beispiel einer sächsischen Papierfabrik 1922 ausgedrückt:

«Was den großen Fluß anbelangt, der zur Beseitigung der unangenehmen Abwässer dringend erforderlich ist, so haben wir einerseits die Elbe, eventuell ein kurzes Stück, etwa 1 km, einen kleinen Seitenbach bis zu ihr hin, andererseits die Zwikkauer Mulde und endlich die weniger wasserreiche Mulde bei Freiberg. Aber gerade hier ist es mit der Schädlichkeit der Abwässer und der Verunreinigung des Wassers nicht so schlimm, da die Mulde auch durch die Bergwerke noch stark verunreinigt wird. Am schlechtesten ist die nördlich im Flachland gelegene Zellulosefabrik mit ihren Abwässern daran, da sie nur einen kleinen Fluß zur Ableitung ihrer Schmutzwässer zur Verfügung hat» (Peetz, 1922, S. 93).

Immer mehr schob sich also das Abwasserproblem in den Vordergrund, das durch die Einführung der Zellstoffproduktion eine neue Dimension erreicht hatte. Die vorzugsweise Verwendung von Zellstoff mit seiner überwiegend chemischen Aufbereitung führte zu etwa 50 Prozent Festsubstanzverlust des Holzes, die, mit Chemikalien versetzt, beim Sulfitverfahren vom Wasser fortgespült wurden. Beim Natron- und Sulfatverfahren war dagegen die Rückgewinnung der eingesetzten Chemikalien Voraussetzung für die Wirtschaftlichkeit. Um 1910 ließen sich etwa 90 Prozent davon zurückgewinnen. Allerdings fielen große Mengen Kalkschlamm an, so daß das Abwasserproblem in ein Bodenproblem verwandelt wurde. Erst um 1912 konnte der Kalkschlamm nutzbringend als Dünger verwendet werden.

Beim Sulfatverfahren wurde zur Rückgewinnung der teuren Alkalien die sogenannte Schwarzlauge, deren Dämpfe die üblen Gerüche verursachten, oxidiert, um damit eine möglichst weitgehende Geruchsbeseitigung zu bewirken. Die Lauge wurde weiter eingedampft und der Ablaugenverbrennung zugeführt. Hierbei verbrannten vorzugsweise die organischen Substanzen. Im Kessel entstand eine Sodaschmelze, die durch Kalkzusatz wieder in Natronlauge verwandelt wurde; dabei schied sich schwerlösliches Kalziumcarbonat ab. Die Ablagerung dieses Schlamms bereitet auch heute noch Schwierigkeiten, weshalb einige Werke dazu übergehen, den Kalk wieder zu brennen, um ihn erneut einzusetzen.

Die ursprünglich ungeklärt abgeleiteten Abwässer der Sulfitzellstofffabriken – eine heiße, gefärbte, zur Schaumbildung neigende Brühe – brachten den Tod ins Wasser. Durch entsprechende Verdünnung konnten die Schäden gemildert werden. So bildete sich als gängiges Prinzip der Abwasserbeseitigung der Sulfitzellstoffabriken das Verdünnungsverfahren heraus. Die nicht gerade ermunternde Aussage eines Abwasserexperten aus dem Jahre 1906 betonte dieses Ungenügen:

«Bis jetzt gibt es noch kein Verfahren, mit dessen Hilfe man instande wäre, Sulfitablaugen derart zu reinigen, daß sie im Vorfluter zu den bekannten lästigen Folgeerscheinungen keine Veranlassung geben» (Vogel, 1906, S. 1612).

Die größten Gefahren bei entsprechender Verdünnung waren meist indirekter Art. Durch die im Wasser gelösten Zucker des Holzes wurde das Pilz- und Algenwachstum übermäßig gesteigert. Beim Absterben dieser Pflanzen entstand eine starke Sauerstoffzehrung im Wasser, wodurch das Leben anderer Pflanzen und Tiere beeinträchtigt oder gar unmöglich gemacht wurde. Außerdem entstand bei der Fäulnis übelriechender Schwefelwasserstoff. Die Sulfitabwässer enthielten schwefelige Säure und deren Verbindungen sowie weitere Reaktionsprodukte und Chlorkalkrückstände aus der Bleiche. Da schwefelige Säure und Chlor zu den stärksten Giften für Fische zählen, waren diese Abwässer besonders gefährlich.

Wilhelm Raabe hat diesem Problem übrigens seinen Roman ‹Pfisters Mühle› gewidmet; allerdings handelt es sich hier um die Abwässer einer Zuckerfabrik, die im geschilderten Sinne mit Gestank und Algenwachstum den Mühlenbach des Müllers Pfister verderben (Bayerl, 1986).

Schließlich versuchte man mit Kalkzusatz die freie Säure zu binden. Dazu bestand in Preußen nach 1900 eine gesetzliche Vorschrift. Diese berücksichtigte aber nicht, daß bei Benutzung von hartem Wasser ohnehin schon die gleiche Wirkung erzielt wurde. Deshalb bürdete die Vorschrift einigen Fabriken unnütze Kosten auf und beschwor die Gefahr einer Kalküberlastung des Abwassers herauf, die sich selbst bei der vorgeschriebenen Verdünnung von Abwasser zu Flußwasser mit 1:500 bemerkbar machen konnte.

Da die Reinigung der Sulfitabwässer von den gelösten Stoffen und Chemikalien nicht wirtschaftlich durchzuführen war, bestand keine Motivation der Produzenten zur Abwasserreinigung.

«In der Besprechung der wirtschaftlichen Gesichtspunkte wird hervorgehoben, daß die Ausgaben, die einem Betrieb für die Abfallbeseitigung erwachsen, schlichterdings ertraglose Belastungen sind, da in den meisten Fällen eine Benutzbarmachung der Abfallstoffe ausgeschlossen ist, so daß das Sträuben der Industrie gegen kostspielige Einrichtungen, deren befriedigende Wirkung nicht gewiß ist, zu begreifen und durchaus berechtigt ist» (Klemm, 1905, S. 2881).

So mußten staatliche Maßnahmen die Allgemeinheit vor zu großer Wasserverschmutzung schützen. Dabei war bereits in den letzten Jahrzehnten des 19. Jahrhunderts eine heftige Diskussion über die Nutzung der deutschen Flüsse entbrannt, die u. a. auch im Reichstag ausgetragen wurde. Einzelpersonen und neugegründete Interessengruppen wehrten sich dagegen, daß «die einstigen Forellenbäche zu Kloaken» verkommen (Simson, 1978; Bayerl, 1986). Infolge des komplizierten Wasserrechtes mit zahlreichen althergebrachten Einzelrechten sowie der unterschiedlichen Zuständigkeiten der Länder konnten jedoch keine reichseinheitlichen Regelungen getroffen werden. In Preußen bestimmten z. B. einzelne Polizeiverordnungen und Verwaltungsregeln örtliche Abwasserreinigungsverfahren. Welche Hilflosigkeit seitens der Behörden vorlag, läßt sich daran erkennen, daß entsprechend der Auffassung der Reichsgerichte eine zulässige Verschmutzung des Wassers an dem ‹Regelmäßigen und Gemeinüblichen› gemessen wurde. Diesem Grundsatz hielt die Industrie häufig den des ‹Gesamtinteresses› entgegen, bei dem der wirtschaftliche Ertrag einer Branche als Maßstab galt:

«Oft wird die Beeinträchtigung der Fischzucht entgegengehalten. Wenn man aber bedenkt, daß das Wertverhältnis des Erträgnisses der Fischzucht zu dem der Abwässer liefernden Industrie etwa wie 1:1000 bis 2000 ist und bei einzelnen Flüssen bis zum Hunderttausendfachen steigt, so ist klar, daß die Fischerei nicht berechtigt ist, jeden Wasserlauf für ihre Zwecke zu beanspruchen» (Klemm, 1905, S. 2882).

Hier wird natürlich vergessen, daß der Niedergang der Fischerei nur einen Indikator für gesamtwirtschaftliche Schäden – von der Erhaltung des natürlichen Lebensraums gar nicht zu reden – darstellt. Der industrielle Optimismus war zu Beginn unseres Jahrhunderts derart ungebrochen, daß vielfach die Natur lediglich als eine Randgröße betrachtet und der Vorrang der Industrie vor allen anderen Interessen gefordert wurde.

«Immer sind demnach große Mengen Abwasser in ein nahe fließendes Wasser ... abzulassen. Das Interesse der Industriellen, dies unbehelligt und in beliebiger Form thun zu können, läuft aber häufig öffentlichen Interessen, älteren Rechten der unterhalb wohnenden Nachbarn auf reines Wasser in von der Natur gebotenen Mengen ... entgegen. Die gesunde Entwickelung der Industrie ist nun zwar nachgewiesenermaßen in nationalökonomischer Beziehung ungleich wichtiger als der ungestörte Fischereibetrieb und als das Sonderinteresse einiger Nachbarn, doch hat jede Landesregierung unserer deutschen Staaten besonders zur Wahrung der öffentlichen Interessen eigene Auffassungen und Bestimmungen über das Recht der Fabriken, ihr Wasser in fließende Gewässer einzulassen und stellt Bedingungen an die Beschaffenheit desselben» (Kirchner, 1896, S. 119f.).

Aufschlußreich sind auch Ausführungen, wie sie ein Direktor der Papierfabrik Einsiedel schon 1883 in der ‹Papierzeitung› machte:

«Ueber die vermeintliche Schädlichkeit unserer Abwässer ist schon viel hin und her geschrieben und gesprochen worden, und gerade wir in Einsiedel können ein Liedlein darüber anstimmen. Ich für meine Person behaupte, die Flußwässer gehören der Industrie, jedoch die strömende Meinung ist eine entgegengesetzte, und der haben wir uns zu fügen. Und dann, meine Herren, ist ja auch viel gesündigt worden und wird noch gesündigt. Aber das steht positiv fest: reines Wasser aus einer Papierfabrik zu schaffen, gehört zu den Unmöglichkeiten ... Was unsere Abflußwässer anbelangt, so bestehen dieselben, wie Sie ja alle wissen, aus den Kocherlaugen, den Abwässern der Wasch, Halb, Ganzstoff- und Bleichholländer, Abwässern der Papiermaschine, Spül- und Tropfwässern, aus den Rückständen des Chlorkalkes und der Gazebleiche» (Papierzeitung, 1883, S. 1324).

Staatliche Maßnahmen zum Schutz der Gewässer waren also durchaus notwendig. Interessanterweise war es aber dann gerade das ökonomische Interesse, das die Papierindustrie zu freiwilligen Maßnahmen der Abwasserreinigung veranlaßte. Hier belegt die historische Erfahrung recht deutlich, daß der so oft behauptete Gegensatz von Ökonomie und Ökologie nicht immer gegeben sein muß, sondern daß beide häufig Hand in Hand gehen. So stellte anfangs die Abwasserreinigung in den Papierfabriken eine Frage der Verbesserung der Rohstoffsituation dar. Der finanzielle Verlust bei 50 Prozent Hadernfaserabgang aus der Produktion war bei den erheblichen Rohstoffpreisen nur zu deutlich. Fangsiebe wurden eingeführt und das Abwasser über verschiedene Reinigungssysteme geleitet, in denen das Fasermaterial sich absetzte. In Handbüchern der Papierfabrikation gegen Ende des 19. Jahrhunderts wurde immer wieder darauf verwiesen, daß das zurückgehaltene Fasermaterial die Investitionskosten in kürzester Zeit aufwiege, z. B. wurde aus Abwassersitzgruben gewonnenes Fasermaterial der Zellstoffabriken zu Verpackungsmaterial verarbeitet.

Es fehlte nicht an Stimmen, die dazu rieten, aus den Abwässern die Stoffe wie Lignin und anderes zurückzugewinnen und zu verwerten. Tatsächlich wurden schon vor 1900 Verfahren entwickelt, die Alkohol u. a. aus den Abwässern oder der eingedickten Ablauge gewannen. Diese Verfahren waren aber zu teuer, so daß durch den Verkauf der Produkte kein Gewinn erzielt werden konnte, oder sie litten unter hohen Transportkosten. Heute werden bei dem hochwertigen Chemikalieneinsatz, z. B. des Magnesiumoxids (MgO), Ablaugenverbrennungen mit Chemikalienrückgewinnung aus der Asche und den Rauchabgasen durchgeführt.

Als man bemerkte, daß Fäulnis in den Vorflutern und Flüssen gewöhnlich nur bei starker Verdünnung der Ablauge hervorgerufen wurde, machte man den Vorschlag, das von freier Säure befreite Abwasser in einer Verdünnung 1:100 oder gar 1:50 stoßweise abzulassen, sofern das der Vorfluter zuließ. Es zeigte sich, daß dadurch kein direkter Schaden in Gewässern hervorgerufen wurde, aber das Algenwachstum sich verringerte. Heute weiß man, daß durch dauernde Schadstoffbelastung eine Immunität, z. B. der Bakterien, eintreten kann. Deshalb wendet man besonders bei Bakterienbekämpfung eine stoßweise Chemikalienbehandlung an. Aber gerade ein solches unregelmäßig anfallendes Abwasser bereitet bei den nachgeschalteten Abwasserbenutzern Schwierigkeiten bei der Produktion und auch beim Reinigen. Deshalb wurden Gegenstimmen zu diesem Verfahren laut, und 1904 beispielsweise wurde gefordert, daß

«gleichmäßiger, auf Tag und Nacht verteilter Ablauf aller bedenklichen Flüssigkeiten neben einer dem Bedürfnis entsprechenden Verdünnung derselben ermöglicht wird» (Papierfabrikant, 1904, S. 2465).

Die Möglichkeit eines solchen regelmäßigen Abwassertransportes wurde sogar als Argument für die Notwendigkeit von Flußregulierungen gebraucht. So wies eine Dissertation des Jahres 1912 über die Papierfabrikation im Königreich Sachsen darauf hin, daß der Mangel an reinem Fabrikationswasser ja durch die Anlage von Brunnen ausgeglichen werden könne, für den Abfluß der Abwässer der Fluß aber unumgänglich sei und dieser möglichst reguliert sein solle, damit unabhängig von jahreszeitlichen Schwankungen des Wasserstandes immer ein Minimum an Transportwasser zur Aufnahme der Abwässer vorhanden sei (Schultze, 1912, S. 1).

Noch heute werfen Zellstoffabwässer Probleme auf. Vor allem die gelösten Ligninanteile werden durch Mikroorganismen nur langsam abge-

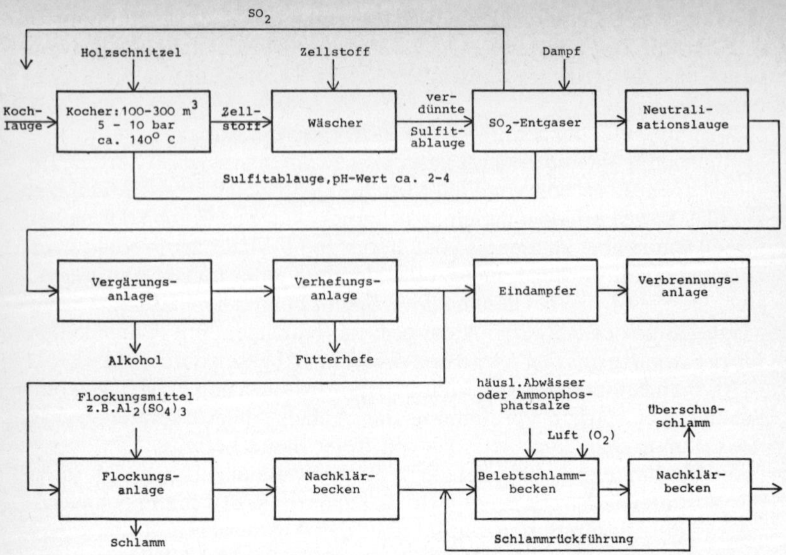

Tabelle 15: Abwasserreinigung und Nebenprodukte bei der Sulfitzellstoffproduktion (schematisch). 1 t Sulfitzellstoff verursacht ca. 200 bis 400 m^3 Abwasser mit 3000 bis 4000 Einwohnergleichwerten (EGW). EGW: Für die biochemische Reinigung des Abwassers, das ein Einwohner pro Tag verursacht, sind 54 g Sauerstoff notwendig. Die Schmutzmenge, die durch diese 54 g Sauerstoff chemisch gereinigt wird, entspricht einem EGW.

baut. Deshalb wird die Kocherlauge, sofern nicht andere Produkte wie Alkohol (etwa 200 000 Hektoliter pro Jahr) oder Hefe (etwa 9000 Tonnen pro Jahr) daraus erzeugt werden, verbrannt (Tabelle 15). Die bei der Ablaugenverbrennung entstehenden Kondensate enthalten nur einen geringen Teil der Ablaugenverschmutzung und lassen sich sinnvoll biologisch reinigen. Dagegen können die Bleichereiabwässer der Zellstoffbleiche nicht befriedigend gereinigt werden. Durch eine biologische Reinigung läßt sich der durch das Abwasserabgabengesetz als Bewertungsgrundlage festgelegte chemische Sauerstoffbedarf (CSB-Wert) nicht einmal um 50 Prozent senken. Damit ist der Reinigungsaufwand im Vergleich zur Einsparung der Abwasserabgabe zu gering. Der Einsatz von Absorptionsmitteln wie Aluminiumoxid zur Ligninentfernung aus dem Abwasser befindet sich noch im Erprobungsstadium und ist sehr teuer. Eine Verfahrensumstellung bei der Sulfatbleiche auf Sauerstoffbleiche erlaubt, die Abwässer wieder in die Produktion zurückzuführen und verringert damit die Abwasserlast.

Eine solche Möglichkeit, das Abwasserproblem einzudämmen, also gar nicht erst allzuviel Abwasser anfallen zu lassen, wird von vielen Papierfabriken praktiziert. Damit wird der hohe Wasserverbrauch eingedämmt, und die Mehrfachverwendung des Wassers im Produktionskreislauf spart erhebliche Kosten ein.

Neben den Kosten zwang auch manchmal Wassermangel zu entsprechenden Maßnahmen.

«Ich habe so jahrelang arbeiten müssen, aus Mangel an Fabrikationswasser bei forciertem Betrieb. Selbst das Siebwasser von den Entwässerungsmaschinen wurde aufgefangen und wieder in die Stoffbütten zurückgepumpt, so daß nur das wenige Wasser weglief, was in den Gautschpressen ausgepreßt wurde und vor Verunreinigungen durch Schmieröl etc. nicht vollständig zu schützen war» (Knösel, 1906, S. 2870).

Noch um die Jahrhundertwende lag der Frischwasserbedarf bei 600 bis 800 Litern pro kg erzeugten Papiers. Er kann heute für bestimmte Papiersorten unter 10 Litern pro kg liegen. Das wurde durch die Kreislaufführungen des Produktionswassers erreicht (Abb. 72). Bei völlig geschlossenem Wasserkreislauf werden nur knapp zwei Liter pro kg benötigt.

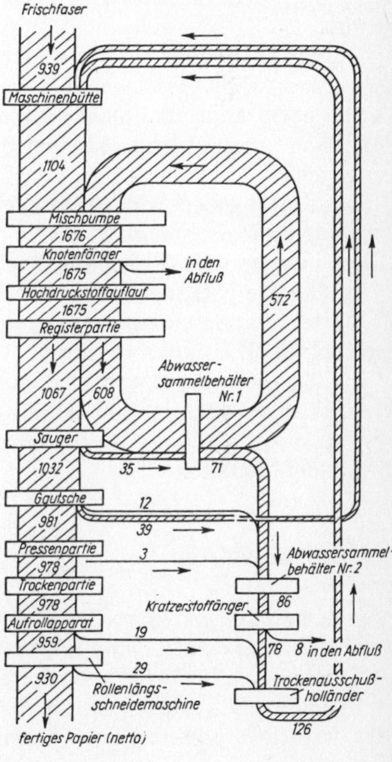

72: Wasserbilanz bei der Herstellung von 1 t Zeitungspapier, 1954.

Diese Kreislaufführungen waren nicht einfach zu entwickeln und nicht für jeden Betrieb gleichartig ausführbar. Es ist je nach Betriebsumständen nicht gleichgültig, ob z. B. das Wasser der Gautschpressen oder des Siebes aufgefangen und z. B. wieder der Mischbütte zugeführt oder als Spritzwasser benutzt wird. Die Kreislaufschließung brachte eine Erwärmung des Produktionswassers mit sich, was eine schnellere Entwässerung auf dem Sieb ermöglichte. Aber durch die Wärme wurde auch das Schleimwachstum gefördert. Die Algenbildung wurde begünstigt, was man durch Einsatz von Chemikalien wie Kupferchlorid ($CuCl_2$) zu vermindern suchte. Eine günstigere Wirkung bei kontinuierlichem Entalgungsbetrieb erreicht man heute mit Wasserstoffsuperoxid (H_2O_2). Bestimmte Bakterien (Sulfatreduktanden) scheiden bei ihrem Stoffwechsel Schwefelverbindungen aus. Sie sind wenig temperaturempfindlich. Durch die ausgeschiedenen Sulfide treten Korrosions- und Geruchsprobleme auf. Die Schließung oder Verengung des Wasserkreislaufs erhöhte die Salzkonzentration im Produktionswasser, was sich in der Produktion störend auswirkte. So muß mit der Zugabe chemischer Mittel äußerst vorsichtig verfahren und z. B. auf Alaun als Flockungsmittel verzichtet werden.

Durch die verringerten Abwassermengen stieg die Konzentration des Abwassers. Eine Gesetzgebung, die das Abwasser nur nach der Schadstoffkonzentration und nicht nach dem Gesamtschadstoffgehalt bewertete, stand deshalb einer raschen Entwicklung der Kreislaufschließung entgegen.

Das Restabwasser wird, sofern keine völlige Schließung des Kreislaufs besteht, biologisch geklärt, wenn den Anforderungen durch die chemisch-mechanische Reinigung nach dem wasserrechtlichen Bescheid nicht Genüge geleistet wird. Dabei verursachen oft die Anteile der zur Papierfabrikation eingesetzten Chemikalien Störungen, weil die Bakterien empfindlich darauf reagieren.

Im allgemeinen gilt wohl, daß ein Unternehmen heute den Punkt suchen wird, an dem die Summe der Kosten für Kreislaufführung, Kreislaufwasserbehandlung, Restwasserreinigung und Abwasserabgabe ein Minimum beträgt.

Papierrecycling

Von den Anfängen bis ins 19. Jahrhundert hinein war die Papierproduktion in Europa eine Technik zur Weiterverwendung von Altmaterial. Mit Holz als neuem Rohstoff wandelte sich dieses innerhalb von 50 Jahren in der zweiten Hälfte des 19. Jahrhunderts. Die Rohstoffbasis wurde erweitert und schwerpunktmäßig verlagert. Anstelle der vorzugsweise mecha-

73: Altpapier fällt vielfältig an.

nischen Aufbereitung des Altmaterials Lumpen setzte sich eine hauptsächlich chemische und mechanische Aufbereitung des Naturstoffs Holz durch. Die Sorge um die Rohstoffsicherung wurde überdeckt durch die Frage der preisgünstigsten Versorgung.

Steigende Papierproduktion und ständig wachsender Papierverbrauch belasteten zunehmend die Umwelt durch Abwasser und Müllberge. Dabei gilt Papier wegen der leichten Verrottbarkeit als umweltfreundlich. Eine Wiederverwertung von Papier hätte schon in vergangenen Zeiten die Umweltbelastung verringern können durch Einsparung neuen Fasermaterials und von Deponieraum. 1984 wurden mehr als 12 Prozent des Waldbestandes der Bundesrepublik benötigt, um einen Teil des Bedarfs an Rohholz, der bei fast 9 Mio. m^3 ohne Rinde pro Jahr liegt, für die deutsche Zellstoff- und Papierindustrie zu decken. Für einen einzigen modernen, großen, kontinuierlich arbeitenden Zellstoffkocher mit 1000 t Tagesleistung ist täglich aus mehr als 6,5 km^2 Waldfläche das ‹erntereife› Holz zu entfernen.

Verbrauchtes Papier (Abb. 73) landet noch heute zum großen Teil im Müll und wird damit entweder verbrannt oder auf Deponien gelagert. Etwa 30 Gewichtsprozent oder 50 Volumenprozent des deutschen Mülls bestehen aus Papier, von denen nach Schätzung etwa 20 Prozent noch der Altpapierverwertung zugeführt werden könnten.

Luftverschmutzungen, durch üble Gerüche recht wohl bemerkbar, ver-

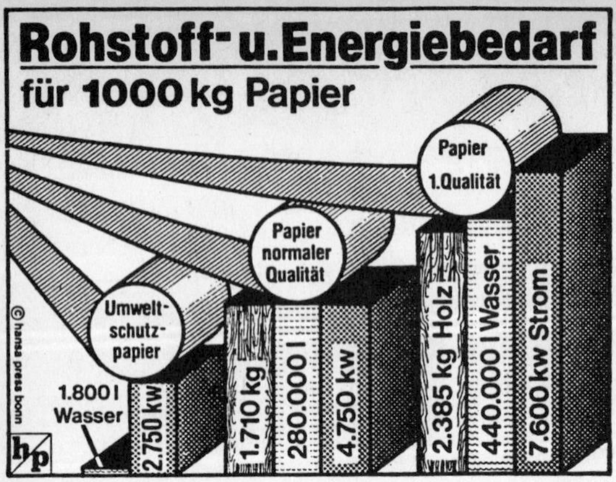

Tabelle 16: Rohstoff- und Energiebedarf für 1000 kg Papier.

ursachten bereits die mittelalterlichen Leimküchen der Papiermühlen. Eine Steigerung erfuhr die Luftbelastung in mehreren Stufen mit dem Einsatz der Dampf- bzw. elektrischen Energie, vornehmlich durch deren Kohleverbrennung, sowie in der zweiten Hälfte des 19. Jahrhunderts durch die Sulfatzellstoffabriken. Diese verursachten mit ihren Methylsulfiden der Kocherabgase die sich über kilometerweite Gebiete ausdehnenden Gerüche. Altpapiereinsatz würde sich auch hier schonend bemerkbar machen, da hierbei weniger Energie als für eine Faserneuaufbereitung aus Holz benötigt wird (Tabelle 16).

Obwohl viele Vorteile einer Altpapierverwertung schon von den Handschöpfern erkannt wurden, gelangte man erst in unserem Jahrhundert zu einer zufriedenstellenden Wiederverwertung.

Altpapier wird Rohstoff

Lange bevor die Wiederverwendung von Papier mit Umweltproblemen in Beziehung gesetzt wurden, versuchten Papierproduzenten und Wissenschaftler eine brauchbare Technik der Altpapierverwendung zu entwickeln.

Erste Hinweise auf Altpapierverwertung in Europa stammen aus dem Jahre 1366. In Venedig wurde damals die Ausfuhr von Papierabfällen verboten, damit die Mühle bei Treviso diese verwerten konnte. Aus dem Jahre 1634 liegt der Bericht eines chinesischen Schriftstellers über die Verwendung von Altpapier im bambusarmen Nordchina vor. Die in Europa bis ins 18. Jahrhundert hinein auf Einzelfälle beschränkte Nutzung von Altpapier bekam mit der Suche nach Lumpenersatzstoffen neue Impulse, man zog nun auch gebrauchtes Papier mit ins Kalkül. Die vorgeschlagenen Verfahren blieben jedoch von den meisten Papiermachern unbeachtet. Erst im letzten Viertel des 19. Jahrhunderts kam eine nennenswerte Altpapiernutzung auf. Dabei stellte die Anwendung der im Zuge der Lumpen-, Zellstoff- und Holzstoffnutzung entwickelten Maschinen für die Altpapieraufbereitung eine der wichtigsten Entwicklungsstufen dar.

Eine Verwertung von Papier als Rohstoff für Papier kannten schon alle Handpapiermacher. Im einfachsten Fall gaben sie beim Schöpfen nicht gelungene Bögen direkt in die Bütte zurück. Ebenso wurde mit Ausschuß aus der Presse verfahren. Die im Leimbad behandelten und danach verdorbenen Papiere ließen sich schon nicht mehr so einfach zurückführen. Sie hätten in heißem Wasser aufgelöst werden müssen, und der anhaftende Leim hätte beim Schöpfen Schwierigkeiten bereitet. Solche Papiere wurden daher als minderwertige Ware verkauft oder stellten Abfall dar.

Nach Einführung der Büttenleimung war der geleimte Ausschuß auch nach dem Trocknen wieder leichter rückführbar, weil der Harzleim die Papierbildung nicht behinderte. Dies war für die Maschinenproduktion, bei der regelmäßig beträchtliche Mengen Ausschuß von Rändern und Bahnrissen anfielen, besonders günstig. Diese Wiederverwendungen sind aber mehr als innerbetriebliche Sparmaßnahmen anzusehen denn als Altmaterialverwendung. Eine eigens eingerichtete Aufbereitungsanlage war für diese Abfälle nicht notwendig. Sie kamen in die üblichen Zerfaserungsmaschinen.

Die erste wirkliche Altpapierverwendung stellt die Nutzung von beschriebenem, bedrucktem, schon benutztem Papier für mindere Papierqualitäten dar. Bei diesen Papieren störten die Farbstoffe nicht oder nur wenig, denn es waren billigste Packpapiere (Schrenzpapier), Graupappe, Spulenhülsen für die Textilindustrie u. ä., die hergestellt wurden. Die Papiere wurden nicht einmal zum einheitlichen Aussehen eingefärbt, da die Grautönung doch immer wieder durchgeschlagen hätte. Außerdem hätten die Farben eine erneute Wiederaufbereitung erschwert. Auch hier waren für die Aufbereitung keine besonderen Maschinen erforderlich.

Die Erfahrung mit dem Altpapier ließ schon bald gewisse Vorzüge seiner Verwendung und Umarbeitung erkennen.

«Obgleich diese verschiedenen Arbeiten Arbeitslohn verursachen, viel Zeit und einigen Materialaufwand kosten, so ist es doch nicht ohne Vortheile, alte Papiere umzuarbeiten, da man sie zu sehr billigen Preisen erhalten kann, wogegen die Lumpen stets theuer sind. Das daraus erfolgende Ganzzeug hat mehr Consistenz als das aus den Lumpen erhaltene, und gibt ein festeres, dem Einfluß der Witterung und der Jahreszeiten weniger ausgesetztes Produkt. Auch ist es gut, von solcher Masse zu der Pappe und zu solchen Papieren zusetzen, die stark und fest werden sollen» (Hartmann, 1833, S. 175).

Die gute Geschlossenheit der mit Altpapier versetzten Papiere und die verbesserte Opazität (geringeres Durchscheinen) fielen auf. Die Papiere waren weich und leicht bedruckbar. Der mit Altpapier angereicherte Stoff ließ einen schnelleren Papiermaschinenlauf zu. So wurde bald Altpapier ganz gezielt sogar besseren Papieren zugemischt. Für diese z. B. zum Drucken verwendeten Papiere konnten aber nur unbedruckte Papierabfälle der papierverarbeitenden Industrie, der Buchbindereien oder Druckereien genutzt werden.

Die offensichtlich guten Eigenschaften des Altpapiers wurden bei dem größten Teil von einer üblen Begleiterscheinung überschattet: Gefärbte, bedruckte, beschriebene Papiere konnten nicht für die Weißpapierproduktion genutzt werden, da die Farbstoffe nicht zu beseitigen waren. Dieses bis in unser Jahrhundert nicht ganz befriedigend gelöste Problem führte zur Entwicklung ganz spezieller Aufbereitungstechnologien.

Altpapiertechnik und Altpapiermarkt

Die Altpapierverwertung wurde mit der Ausweitung des Papiersortenangebots, der Nutzung vielfältiger Roh- und Füllstoffe in der zweiten Hälfte des 19. Jahrhunderts komplizierter. Das vorzugsweise holzhaltige Zeitungspapier war wegen seiner geringen Festigkeit z. B. für Verpackungspapiere als Recyclingmaterial nicht geeignet. Die einfache Aussonderung unbrauchbarer Teile von Hand, z. B. Bänder der Bücher, wie sie noch 1821 beschrieben wurden, war nicht mehr ausreichend.

«Ausgesondert werden alle Blätter, die beschrieben oder bemalt, vergoldet und stark geleimt sind (z. B. der Rücken gebundener Bücher) sowie überhaupt alle Theile, die das Papier verunreinigen, und durch die nachfolgende Behandlung nicht weggeschafft werden können» (Leuchs, 1821, S. 20).

Die angewandte Technik entsprach eindeutig der des Lumpensortierens, wie überhaupt die Lumpenverarbeitung Vorbild für die Altpapieraufbereitung war.

Der erste Schritt, das Sammeln des Altpapiers, war selbst bei billigsten Preisen nur lohnend, wenn der möglichst schnelle Wiederverkauf gesichert war. Landesspezifische Unterschiede hatten wie bei den Lumpen auf dieses Geschäft erheblichen Einfluß. Z. B. existierte in den USA schon vor 1900 eine sehr rege Altpapierverwendung von über 20 Prozent der Papiererzeugung, vorzugsweise für Pappenherstellung. Ein Grund für diese starke Altpapierverwertung war sicher die Erzeugung von hauptsächlich minderwertigen Papieren, die höhere Altpapieranteile vertrugen. Viele amerikanische Fabriken arbeiteten nicht nach Auftrag für bestimmte Sorten Papier, sondern produzierten ohne oder mit seltenem Sortenwechsel nach eigenen Vorstellungen und boten die Papiere dann den Kunden an. Die feuerpolizeilichen Vorschriften in den USA verboten, feuergefährliches Material in größeren Mengen in den Häusern zu lagern. Ein regelmäßiger Abtransport von Altpapier war daher angezeigt. Bei den zahlreichen Zeitungen mit um 1900 beachtlich hohen Auflagen muß sich eine Wiederverwertung, besonders in den Ballungsgebieten, förmlich aufgedrängt haben. In Deutschland lag zur gleichen Zeit der Altpapieranteil an Faserstoff unter 10 Prozent. Die Produzenten waren hier durch den Vorsprung in der Zellstoffproduktion Exporteure von feineren Papieren, in denen Altpapier nicht in höherem Maße verarbeitet werden konnte. Altpapiersammler und -abnehmer konnten nur durch bessere Abstimmung aufeinander in Deutschland eine höhere Altpapierverwertung erreichen.

Am Beispiel der Entwicklung der Altpapierverwertung wird die enge Verknüpfung und gegenseitige Einflußnahme von wirtschaftlichen und technischen Entwicklungen deutlich. Der Altpapierhandel war häufig ein spekulatives Geschäft. Diesem konnten die Papierproduzenten durch entsprechende Lagerhaltung nur unzureichend begegnen. Bei dem dadurch schwankenden und unsicheren Gewinn bestand nur ein geringer Anreiz, die produktionstechnischen Schwierigkeiten zur gezielten Altpapiernutzung zu beseitigen. Aber gerade von der Aufbereitungstechnologie hing neben einer wirtschaftlichen Sammlung die Rentabilität der Altpapierverwertung stark ab. Nur bei niedrigen Kosten einer faserschonenden Altpapieraufbereitung mit wenig Stoffverlust und Erzeugung eines vollwertigen Faserstoffs war ein regelmäßiger Vorteil zu erwarten. Nicht zuletzt ist durch eine dahingehende technische Entwicklung dem Altpapier ein sicherer Platz in der Faserversorgung zugekommen.

Seit Beginn dieses Jahrhunderts ist eine allmähliche Steigerung der Altpapierverwertung erreicht worden. Die Altpapierrückführung stieg in Deutschland von etwa 10 Prozent der Erzeugung (1915) über rund 20 Prozent (1929) bis auf 25 Prozent (1935).

Als Standorte des Altpapierhandels kamen vorzugsweise die Ballungsgebiete mit dem großen Altpapieranfall bei Druckereien, Warenhäusern und Haushalten infrage. Um einen akzeptablen Verkaufspreis zu erzielen, mußte schon der Altpapierhandel eine Sortierung oder wenigstens Vorsortierung vornehmen. Bei den hohen Ansprüchen der Kunden an das Papier konnten nur einwandfreie Rohstoffe von den vorzugsweise im Kundenauftrag arbeitenden Produzenten eingesetzt werden.

Je nach Marktlage brachte das eigene Vorsortieren dem Handel unterschiedliche Gewinne, da diese Arbeit nur per Hand geschehen konnte. Noch bis nach dem Zweiten Weltkrieg war dieses Sortieren unbedingt erforderlich und wurde von eigens geschultem Personal ausgeführt.

Beim Transport des Altpapiers zu den Papierfabriken ließen sich bei guten Altpapierqualitäten, die sich im Preis nach dem Zellstoff richteten und als Ersatz für diesen galten, höhere Frachtkosten verkraften. Bei minderen Sorten wie den gemischten, stark verunreinigten Altpapieren

74: Sortiersaal.

mußten Frachtkosten mit bis zu 100 Prozent des zwar niedrigen Marktpreises getragen werden.

Das Altpapier wurde in der Fabrik zur Sicherheit noch einmal genauer sortiert (Abb. 74). Eine allgemeingültige Einteilung der Altpapierhandelsklassen gab es noch nicht. Die einzelnen Sortieranstalten führten vielfach ihre eigenen Sortierklassen.

Besonderer Wert wurde auf die Trennung von holzhaltigem und holzfreiem Papier gelegt. Diese erreichte man durch Aufsprühen von Indikatorlösungen, wie Ätznatron, durch die das holzhaltige Papier in wenigen Sekunden vergilbte. Die Aussortierung und Beseitigung grober Verunreinigungen geschah anfänglich von Hand auf Sortiertischen, die mit Sieben bespannt waren. Eine Sortiererin konnte dabei bis etwa 500 kg in acht Stunden aussortieren. Eine Steigerung der Sortierleistung bei schwach gemischtem Altpapier wurde mit Sortierbändern erreicht. Durch geschickte Organisation, Einteilung der Arbeiterinnen und Anordnung von Lesebändern ließen sich die Leistungen bis zu 1,1 t in acht Stunden für eine Sortiererin erreichen. Staubabsaugungen in den Sortiersälen schützten nicht nur die Atemwege der Arbeiterinnen, sondern verminderten auch die Explosions- und Feuergefahr. Das sortierte und etwas entstaubte Papier wurde in Schneideapparaten, die sich in der Lumpenaufbereitung bewährt hatten, zerkleinert. Die Auflösung des Papiers begann in Kochern, oft alten Kugelkochern, die den hohen Druck bei der Zellstoffkochung nicht mehr aushielten, aber für die drucklose und meistens kalte Altpapierauflösung noch brauchbar waren. Eine weitere Zerfaserung wurde üblicherweise durch das Bearbeiten in einem Kollergang (Abb. 75) erreicht. Der gekollerte, noch gröbere Zusammensetzungen enthaltende Stoff erforderte eine maschinelle Sortierung. Auch das Auflösen in dazu umkonstruierten Holländern war üblich. Nach Erstellung der Fasersuspension wurde diese zu gemeinsamer Verarbeitung mit Holzstoff oder Zellstoff dem Ganzstoffbehälter zugeführt. Es entstand also ein Papier, das Altpapier nur zu einem Teil enthielt (Tabelle 17).

Das umständliche Handsortieren, das chargenweise Arbeiten im Kollergang und in den Holländern behinderte die schon zur Jahrhundertwende längst als Fließprozeß ausgebildete Papierproduktion. Besonders der Kollergang, der zwar einen stippenarmen Stoff lieferte, zeigte einen zu geringen Mengendurchsatz für die gesteigerte Leistungsfähigkeit der Papiermaschinen.

So trat eine Entwicklung ein, die auf zunehmend kontinuierlich arbeitende Aufbereitungsmaschinen mit geringem Energiebedarf, wenig Bedienungspersonal und schonender, verlustarmer Faserbehandlung abzielte. Nicht zuletzt war auch die Autarkiepolitik des Dritten Reiches, die die Industrie zwang, auf einheimische Rohstoffe zurückzugreifen, ausschlaggebend für eine Weiterentwicklung der Altpapierverarbeitungsverfahren.

Als neue, kontinuierlich arbeitende Maschinen wurden statt der Kugelkocher rotierende, liegende Zylinder (Einweichtrommeln) verwendet. Der Kollergang wurde für leicht auflösbare Papiere durch Zerfaserer, auch Kneter genannt, ersetzt. Diese arbeiteten nicht nur kontinuierlich,

75: Kollergang.

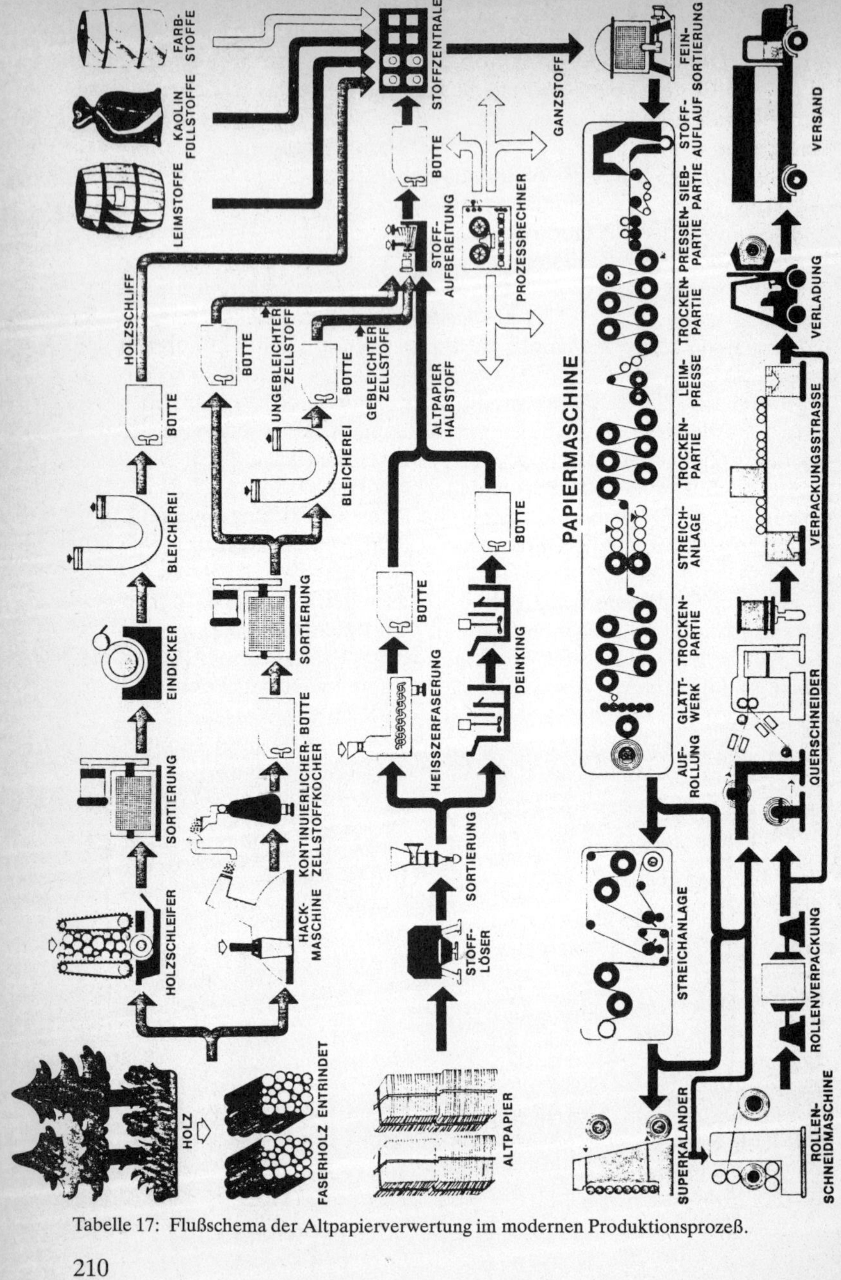

Tabelle 17: Flußschema der Altpapierverwertung im modernen Produktionsprozeß.

sondern auch faserschonender. Allerdings mußte ihnen ein Entstipper nachgeschaltet werden. Auch kontinuierlich arbeitende Holländer wurden in mehr als zehnjähriger Forschungsarbeit entwickelt.

Ein vollwertiger Faserstoff

Ein nicht gelöstes Problem war nach wie vor das Sortieren des Altpapiers. Es war zu personalaufwendig und teuer. Die Papiere waren zunehmend verschmutzter und wiesen höhere Kleberanteile auf. Im Zusammenhang mit der Lösung dieses Problems standen die über 200jährigen Bemühungen der Umarbeitung der bedruckten und beschriebenen Papiere für die Weißpapierfabrikation.

Bei der Suche nach Lumpenersatzstoffen im 18. Jahrhundert wollte man Altpapier auch zu Schreib- und Druckzwecken nutzen. 1774 veröffentlichte der Göttinger Professor der Rechtswissenschaft Justus Claproth ein Büchlein mit der Anleitung, durch Terpentinöl und Walkerde behandeltes Altpapier in neues zu verwandeln. Besagtes Büchlein wurde auf einem nach solcher Art erstellten Papier gedruckt. Nachprüfungen dieses Versuchs durch Zeitgenossen von Claproth zeigten nicht ganz zufriedenstellende Ergebnisse. Die Kosten für das Verfahren überstiegen den Nutzen. 1794 wurde in Paris bedrucktes Papier nach gründlicher Sortierung mit Dampf, kochendem Wasser und Chemikalienzusatz zu neuem Papier verarbeitet. Immer wieder wurden ähnliche Versuche mit jeweils unterschiedlichen Chemikalien und Behandlungsmethoden unternommen; so 1797 von Professor Fuchs in Jena und 1801 von Anton Estler in Wien. Die Papiere waren jedoch nicht fest genug. M. Koops verarbeitete 1800 in einer neu eingerichteten Papierfabrik, die vorzugsweise Stroh verarbeiten sollte, bedrucktes Altpapier. Die Anlage war aber wahrscheinlich wegen ungenügender chemischer Kenntnisse und mangelnden Wissens über Apparate zu großzügig geplant und arbeitete zu unwirtschaftlich, weshalb sie 1804 schloß (O'Reilly, 1801).

Die vielen, oft zum Patent angemeldeten Verfahren zum Entfernen der Druckerschwärze waren wohl durchführbar, aber meistens unwirtschaftlich wegen der erforderlichen Chemikalien, der teuren Apparaturen oder der Abwassergesetze. Fast alle Versuche bis ins 20. Jahrhundert hinein scheiterten an ein und demselben Umstand:

Die Druckfarben bestanden aus chlorunempfindlichen und chemisch wenig angreifbarem Ruß als Pigmentstoff und einem Bindemittel wie Leinöl. Zur Aufbereitung der bedruckten Papiere mußten deshalb erst die Bindemittel gelöst werden, um dann die Farbpigmente entfernen zu können. Erstere ließen sich durch entsprechende Chemikalien wie Ätznatron, Soda, Kalk oder Borax recht leicht lösen. Der Ruß aber hätte dann nur mechanisch, das heißt durch Ablösen von der Faser mittels starken Waschens, entfernt werden können. Eben dies gelang bis in unser

Jahrhundert nur unbefriedigend und blieb das technisch ungelöste Problem. Beschriebene Papiere dagegen konnten wegen des chemischen Unterschieds von Tinte und Druckerschwärze anders behandelt werden, Tinte ließ sich durch Chlor zerstören.

Es ist daher nicht verwunderlich, daß man auch durch geänderte Druckfarbenherstellung die Papierwiederaufbereitung erleichtern wollte. 1875 haben J. Kircher und E. Ebener sich ein auf Eisenbasis beruhendes Rezept zur Druckfarbenherstellung patentieren lassen. Die danach hergestellte Farbe ließ sich angeblich so gut vom Papier entfernen, daß das Fasermaterial für feinere Papiere zu verwenden war. Allerdings konnte sich die Farbe bei den Druckern nicht durchsetzen. Erst 1980, also rund 100 Jahre später, begann z. B. die Deutsche Bundespost eine leichter zu entfernende Offsetfarbe für ihre Telefonbücher zu benutzen, die sich auch für den Zeitungsdruck verwenden ließ.

Noch 1938 wird die mangelhafte Verwertung des bedruckten Altpapiers beklagt.

«Die Bedeutung des Altpapiers als Rohstoff für die Papierindustrie wäre noch eine ganz andere, wenn es gelänge, bedrucktes und beschriebenes Papier so zu reinigen, daß man den Halbstoff auch besseren Papieren zusetzen kann. Seit Jahren bemühen sich Fach- und Nichtfachleute, ein Verfahren zu finden, das auf rationelle Art und Weise Druck und Schrift so entfernt, um die teilweise sehr guten Fasern von bedrucktem oder beschriebenem Papier zu besseren und hochwertigeren Fa-

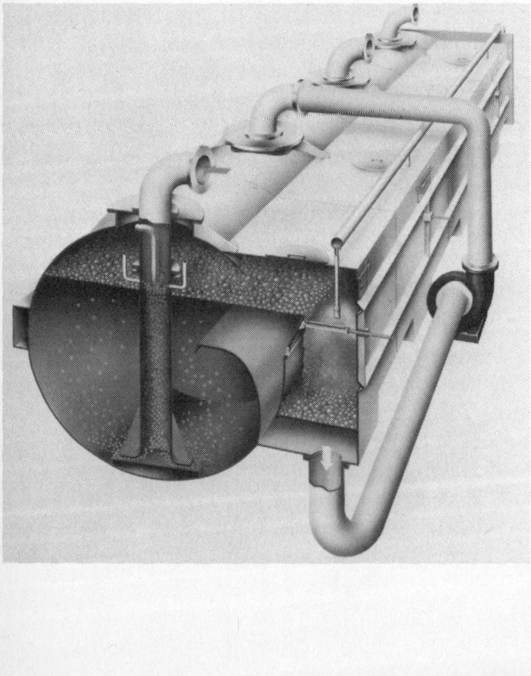

76: Flotationsmaschine. Wasserabstoßende Teilchen wie Druckfarbenpartikel lagern sich an aufsteigenden, feindispergierten Luftbläschen an, von denen sie an die Oberfläche der Suspension in einem Schaum getragen werden. Der Schaum fließt als Abfall ab.

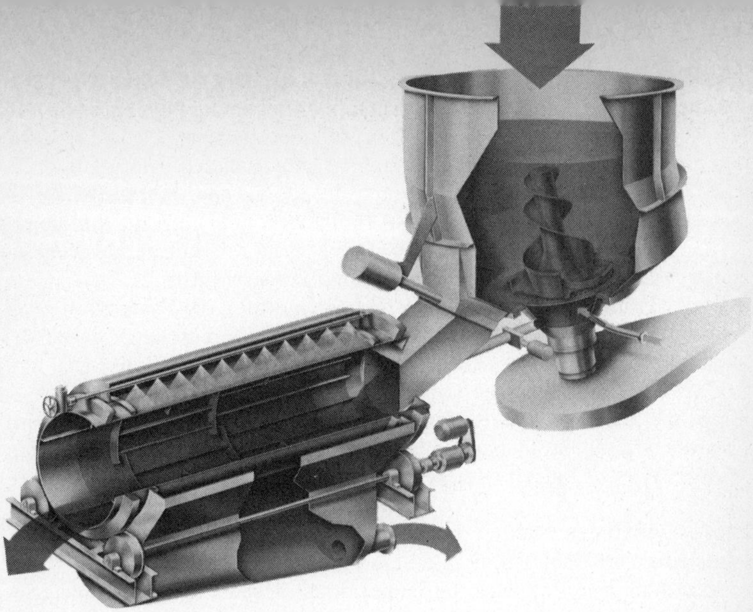

77: Stofflöser und Sortiertrommel.

brikaten und nicht immer zu minderwertigem Papier und zu Pappen zu verarbeiten. Ein befriedigender Erfolg war leider noch nicht zu verzeichnen» (Schmidt, 1938, S. 14).

Erst um 1950 wurden in den USA Verfahren entwickelt, die mit großen Wassermengen die gelösten Druckfarben herauswuschen. Wegen der hohen Abwasserbelastung waren diese Verfahren in Deutschland nicht anwendbar, zumal Faserverluste bis 50 Prozent entstanden.

Die Firma Voith entwickelte um 1956 das De-inking-Flotationsverfahren weiter. Es ist ursprünglich aus der Aufbereitungstechnologie des Bergbaus übernommen worden und mußte erst auf die Belange der Altpapieraufbereitung umgestellt werden (Abb. 76). Als das gelang, zeigte sich, daß man mit höchstens 10 Prozent Faserverlusten und einer zwar hoch belasteten, aber geringen Abwassermenge arbeiten konnte.

Das Verfahren weist heute fünf Stufen auf:

- Auflösen und Vorsortieren geschehen voll maschinell. Vom Handel gelieferte Papierballen werden im Stofflöser in Wasser schonend aufgelöst. Im Zusammenhang mit der angeschlossenen Sortiertrommel und weiteren Sortiergeräten werden schrittweise grobe bis feine Schmutzteilchen unterschiedlichen spezifischen Gewichts ausgeschieden (Abb. 77).

- In einem Reaktionsturm werden mittels spezieller De-inking-Chemikalien die Druckfarben gelöst. Entstipper heben die Pigmente von den Fasern ab und bereiten den Stoff für die Flotation vor.
- In der Flotation wird auf Wasser durch chemische Hilfsmittel und eingeblasene Luft ein Schaum erzeugt, der die Farbpartikel festhält. Danach wird der Schaum mit dem Abfall abgezogen, eingedickt und verbrannt oder auf Halde gefahren. Das System arbeitet mit geschlossenem Wasserkreislauf und hat nur geringe Faserverluste.
- In der Feinreinigung werden in mehreren Stufen die Fasern von noch vorhandenen Verunreinigungen, meist Kleberanteilen, gereinigt. Hierzu wurden ganz spezielle Apparate entwickelt, die mit Sieb- und Zentrifugaleffekten arbeiten.
- Auf die jeweilige spätere Verwendung abgestimmt, werden die Fasern in der letzten Stufe nachbehandelt, z. B. von Füll- und Feinstoffen durch Wäsche befreit oder gebleicht.

Dieses Verfahren arbeitet bei den heutigen Preisen gegenüber Holzschliffeinsatz preisgünstiger und liefert gleich gute Stoffqualitäten.

Allerdings bereitete sich die Papierindustrie selbst gewisse Schwierigkeiten bei der Altpapieraufbereitung. Die starke Veredelungstendenz, z. B. durch Beschichten mit Folien, die den Einsatz von Papieren erweitern soll, steht einer einfachen Wiederaufbereitung entgegen. Kunststoffe, Bitumen und ähnliche Zusatzstoffe lassen sich nur schwer aus Altpapier entfernen. Ein neues Altpapieraufbereitungsverfahren löst dieses Problem so, daß es eine feine Zerteilung dieser Stoffe erreicht. Bei äußerst gleichmäßiger Verteilung im Faserstoff verursachen die kleinen Teilchen dann keine Probleme mehr bei der weiteren Verarbeitung.

Die Entwicklung der voll kontinuierlichen Aufarbeitung hat das Altpapier zu einem ständig eingesetzten Rohstoff trotz immer noch schwankender Preise gemacht. Der Altpapieranteil in der Bundesrepublik beträgt fast 40 Prozent des Rohstoffverbrauchs, geht aber auch zu 80 Prozent in Kartons und Verpackungspapiere.

Grenzen des Papierrecycling?

Die heutige Lösung der Altpapierverwertung ist aber noch umstritten. Der größte Altpapierrücklauf von 95 Prozent aus papierverarbeitenden Betrieben, Kaufhäusern und Behörden ist gut organisiert. Von den Haushalten dagegen sind nur zu 10 Prozent erfaßt, diese liefern die restlichen 5 Prozent, häufig qualitativ minderwertiges, sehr gemischtes und verunreinigtes Papier. Ohne Zweifel könnten die privaten Haushalte hier durch Vorsortierung bessere Ergebnisse bewirken und Investitionen für spezielle Aufbereitungsanlagen in Papierfabriken ersparen. Bei der Herstellung der grafischen Papiere, die den größten Anteil des Papierverbrauchs darstellen, werden 10 Prozent Altpapier zugesetzt. Dieser Anteil ließe sich erhöhen.

Die meisten Produzenten behaupten, dem Kundengeschmack zu entsprechen, indem sie möglichst weißes Druckpapier liefern. Dazu wird neben De-inking das Bleichen angewendet. Dies belastet wieder in besonderem Maße das Abwasser. Eine Ausnahme stellt hier das etwa 1970 von Ernst Bonda in der Schweiz entwickelte Verfahren dar, das 100 Prozent Altpapier nutzt. Dabei werden die Druckfarben mechanisch so verteilt, daß sie nicht mehr störend wirken. Der Stoff liefert ein gleichmäßig hellgraues Papier. Der Fabrikationswasserkreislauf ist völlig geschlossen, und es wird ein minimaler Wasserverbrauch von 1,8 m^3/t Papier ohne Gewässerbelastung und Schlammanfall erreicht.

Der Verband Deutscher Papierfabriken hält eine weitere verstärkte Altpapiernutzung für nicht unbedingt erstrebenswert. Die deutschen Wälder würden dadurch nicht entlastet, sondern es würde eher zu wenig Durchforstungsholz abgenommen. Die ständige Wiederverwertung von Altpapier verschlechtere auf Dauer durch Verhornung und Kürzung das Fasermaterial.

Die deutschen Altpapierverwerter müssen häufig gegen günstige Angebote von Papieren aus Frischfasern, z. B. aus Skandinavien, konkurrieren. Dies ist besonders schwer, da bei reinem Altpapiereinsatz nicht die von der papierverarbeitenden Industrie geforderten Qualitäten erreicht werden. So weist 100prozentiges Recyclingpapier nur Reißlängen von 4000 m auf, während es in einer modernen Vier-Farben-Rollen-Offsetmaschine einer Spannung von 5000 m Reißlänge augesetzt ist. Recyclingpapier würde hier ständig zu Bahnabrissen führen, die größere Staubneigung vermehrte Druckzylinderreinigungen nötig machen und einen höheren Farbbedarf bewirken. Eine Verfahrensumstellung oder Umkonstruktion der Maschinen seitens der Druckindustrie wäre also nötig.

Auch von gewerkschaftlicher Seite gibt es Warnungen, das Altpapierrecycling als ausgereiftes und ideales Verfahren anzusehen. Diese beziehen sich vorwiegend auf den Gesundheitsschutz der Arbeiter. Altpapier soll krankheitserregende Keime enthalten, die erst im Verlauf des Gesamtpapierherstellungsprozesses abgetötet werden, da z. B. die ersten Verarbeitungsstufen nur bei Normaltemperaturen ablaufen. Die Einengung oder gar Schließung der Produktionswasserkreisläufe bewirke in diesen eine Anreicherung mit Schleimbekämpfungs-, Flotations-, Enthärtungsmitteln, Leim, Farbe u. ä. im Wasser. Diese Stoffe, die ehemals mit dem Abwasser weggespült wurden, gingen zum Teil in das Papier über und erreichten damit auch den Verbraucher. Durch die Druckfarben enthalte Altpapier u. a. Blei, Chrom und Cadmium, die Allergien verursachen können. Diese Stoffe sammelten sich durch das Flotieren auch als Giftstoffe im Schlamm der De-inking-Anlagen an.

78: Moderne Papiermaschine. Die fast vollständige Kapselung der Papiermaschine fällt auf. Diese dient vor allem der kontrollierten Be- und Entlüftung der Trockenpartie sowie der Wärmerückgewinnung aus den Schwaden. Gleichzeitig werden wegen verminderten Lärms die Arbeitsbedingungen in einer Maschinenhalle verbessert.

Diese Probleme sind aktuell, doch in ähnlicher Form seit alters her in der Papierproduktion zu finden. Ihre Besonderheit wird heute durch die starke Chemisierung der Papierproduktion bestimmt. Nicht zuletzt ist aber dieser die Tatsache zu verdanken, daß die modernen, hochleistungsfähigen Maschinen (Abb. 78) ausreichend mit Faserstoff versorgt werden können.

8. Schlußbemerkung

Arbeit, Maschinerie und Betrieb – ein Blick zurück

Obwohl von Anfang an in der deutschen Papiermacherei auch Hilfskräfte beschäftigt wurden, waren bei bestimmten Produktionsabschnitten und vor allem dem Kernprozeß der Produktion, der Arbeit an der Bütte, hohe Berufserfahrung und Qualifikation notwendig. Die Papiermacherei war somit ein Lehrberuf, allerdings waren die Papiermacher nicht zünftisch organisiert. Dies mag im wesentlichen eine Folge der zerstreuten Lage der Mühlen gewesen sein, in Städten waren sie bisweilen in anderen Zünften – so beispielsweise bei den Krämern – eingeschrieben. Sie versuchten zwar auf mehreren großen Papiermacherkonventen sich eine Ordnung zu geben, hatten aber keinen Erfolg, da keine ihrer Ordnungen von der Obrigkeit für das gesamte Reich bestätigt wurde.

Dennoch kann man von einer ‹quasizünftischen› Organisation dieses Berufsstands sprechen, da sie Vorschriften und Regeln hatten, die aus den mündlich überlieferten sogenannten ‹Gebräuchen› bestanden und Ausbildung, Wanderschaft, Strafen usf. regelten.

Wie in vielen Gewerben wurden auch hier die Meistersöhne bevorzugt, die nur drei Jahre lernen mußten, während die übliche Lehrzeit vier Jahre und 14 Tage betrug. Der Lehrling mußte von ehrlichen Eltern abstammen. Nach Abschluß der Lehre wurde der ‹Lehrbraten› gehalten, zu dem auch die Papierer aus den Nachbarmühlen erschienen. Dies war ein teures Fest, und oftmals mußte der Meister das Geld vorschießen und der freigesprochene Lehrling dies dann in der Folgezeit abarbeiten.

Die Lehrzeit von vier Jahren und 14 Tagen erklärt sich daraus, daß nach dem Lehrbraten der gewesene Lehrling auf der bisherigen Mühle weiterarbeitete und dann das ‹ehrliche Geschenk› erhielt, einen Bechertrunk, der die eigentliche Freisprechungszeremonie darstellte und in dessen Rahmen der ‹Anzeigebrief› übergeben wurde. Nun konnte er, mußte er nicht den Lehrbraten abarbeiten, auf Wanderschaft gehen.

Die Wanderschaft war in der seinerzeit üblichen Weise geregelt. Durch das Nennen der Handwerksformel (‹Mit Gunst und von wegen's Handwerk›) und Grüße von Mühle zu Mühle gab sich der Geselle als Papiermacher zu erkennen, hatte Übernachtungsrecht in der jeweiligen Papiermühle und bekam ein Zehrgeld. Man darf die wichtige Funktion dieser Wanderfahrten – die oft durch mehrere Länder Europas, vorrangig in die jeweils führenden Gebiete der Papierproduktion, führten – für den Technologietransfer und Wissensaustausch nicht übersehen. Wenn der Geselle in einer fremden Papiermühle auch nur übernachtete, so hatte er doch am nächsten Morgen eine Stunde mitzuarbeiten. Eigentlicher Zweck der Wanderschaft war es aber, in verschiedenen Mühlen für längere Zeiträume zu arbeiten. Ein Gesellen- oder Meisterstück war naheliegenderweise in der Papiermacherei nicht üblich. Meister wurde man durch Erwerb oder Pacht einer Mühle. Eine soziale Aufstiegsmöglichkeit für Gesellen, denen das nötige Geld hierzu fehlte, war bisweilen die Heirat einer Meisterswitwe. Üblich war die Anstellung im Dienste eines fachunkundigen Unternehmers oder eines Meisters, der eine Mühle betrieb. Auch hierin unterschied sich die Papiermacherei von manchem Handwerk, man wurde als Papiermacher nicht unbedingt Meister (Bayerl, 1983, S. 729ff.).

Seit Beginn der europäischen Papiermacherei existierten Mechanisierung und Arbeitsteilung im Betrieb. Beide entwickelten sich langsam, aber stetig weiter. Je größer die Mühle war, desto eher setzten sich Mechanisierung und repetitive Teilarbeit durch – Vorgänge, die herkömmlicherweise erst der industriellen Fabrik zugeschrieben werden, die wir in der Papiermacherei (wie auch in einigen anderen Gewerben) aber schon seit dem Spätmittelalter beobachten können. So wurden in großen Mühlen für spezielle, sich immer gleichbleibende Arbeiten nicht nur Hilfskräfte, sondern auch gelernte Papiermacher eingesetzt. Dies konnte eine berufliche Qualifizierung bedeuten, wie beispielsweise beim ‹Mühlbereiter›, der Wasserrad, Lumpenstampfwerk und sonstige Maschinen und bewegliche Teile zu warten hatte. Er wurde mehr oder weniger zum Vorläufer des Betriebsingenieurs. Manchmal war mit der Ausübung nur einer Teilarbeit aber auch eine Dequalifikation verbunden, wie z. B. beim Glättgesellen, der nur immer wieder neue Stapel Papier unter den Glätthammer schieben mußte.

So führten technische Neuerungen in den Papiermühlen zum Konflikt. Die in den ‹Gebräuchen› enthaltene Formel, daß nichts Altes ab- und nicht Neues aufkommen dürfe, war als Schutz gerade auch der Arbeitsplätze gelernter Papiermacher zu verstehen, wurde aber in der Praxis nicht unbedingt immer eingehalten. Ein erster großer Streit entbrannte um die Einführung des wasserkraftgetriebenen Glätthammers um die Mitte des 16. Jahrhunderts. Dieser Konflikt überdauerte die ganze vorindustrielle Produktion, spaltete die Papiermacher in zwei Gruppen, wurde nie entschieden, konnte aber die Einführung des Glätthammers nicht verhindern. Obwohl die Papiermacher, die beim herkömmlichen Handglätten mit dem Glättstein geblieben waren, die Stampfglätter als Pfuscher verriefen, scherten sich diese wenig darum. So bestanden beide Arten des Glättens nebeneinander. Es scheint, daß der Glätthammer vor allem im oberdeutschen und schweizerischen Gebiet rasch eingeführt wurde. Dies waren die Regionen, in denen viele Papiermühlen von Fernhandelskaufleuten betrieben wurden und für den Export arbeiteten. Diese kümmerten sich wenig um die ‹Gebräuche›, die mehr in den kleineren Mühlen, von gelernten Papiermachern errichtet und handwerksmäßig betrieben, beachtet wurden.

Bei der Einführung des Holländers in der ersten Hälfte des 18. Jahrhunderts versuchten erneut verschiedene Meister und Gesellen gegen Kollegen, die diese Maschine anschafften, vorzugehen. Es kam aber nicht mehr zum großen Konflikt wie beim Glätthammer; die ‹Holländermüller› konnten sich, notfalls mit Hilfe der Obrigkeit, gegen die ‹technikfeindlichen› Kollegen durchsetzen.

Vielleicht ist in diesen Konflikten um die Einführung neuer Maschinen auch der Konkurrenzkampf zwischen großen und kleinen Papiermühlen zu sehen. Die in Kleinbetrieben organisierte handwerkliche Papiermacherei vertraute mehr auf herkömmliche Schutzrechte, Privilegien und Absprachen, während die für den Fernhandel produzierenden verlags- und manufakturmäßig organisierten Papiermühlen eher einer modernisierenden Wirtschaftsweise zuneigten. Mit der Kumulation technischer Neuerungen seit der zweiten Hälfte des 18. Jahrhunderts wurde die Bereitschaft zu fortlaufenden Investitionen zur Betriebsgrundlage. Wenn bisher eine Betriebseinrichtung langfristig genutzt werden konnte, wobei freilich ständig Wartung, Reparaturen und Teilerneuerungen notwendig waren, mußten nun in immer neue Maschinen und Verfahren große Geldmengen investiert werden. Damit wurde im Industrialisierungsvorgang nicht nur die herkömmliche Arbeitsweise ersetzt, sondern auch traditionelle Berufsprivilegien wurden hinfällig. Die Funktion des Unternehmers veränderte sich ebenfalls, und eine neue Dimension des Kapitalbedarfs führte zu neuen betrieblichen Organisationsformen. Aus dem Papiermacher, der in eigener Regie eine Papiermühle betrieb oder angestellter Betriebsleiter war, der an der Schöpfbütte oder als Glättgeselle arbeitete, wurden der Unternehmer oder der Arbeiter. Freilich zog sich dieser Differenzierungsprozeß über eine längere Zeitspanne hin, das ganze 19. Jahrhundert ist durch diese Entwicklung gekennzeichnet (Abb. 79).

Bis ungefähr zur Mitte des 19. Jahrhunderts konnten kleine Mühlen, die den industriellen Umstellungsprozeß nicht verkrafteten, oft als Spezialbetriebe, wie z. B. Pappemühlen, überleben. Die Phase des großen Mühlensterbens in der Papiermacherei hatte allerdings in dieser Zeit schon begonnen. Andererseits gingen viele uralte Betriebe und auch zahlreiche Neugründungen des 18. Jahrhunderts als künftige Papierfabriken großem Aufschwung und industriellen Zeiten entgegen.

Ferner spalteten sich während dieses Industrialisierungsprozesses zunehmend Einzelbetriebe vom ursprünglich einheitlichen Papiermühlenbetrieb ab. Nun wurden selbständige Rohstoffaufbereitungsbetriebe (Holzschleifereien, Zellstoffabriken) neben den eigentlichen Produk-

79: Hierarchie.
Mitarbeiter einer Papiermühle gegen Ende des 19. Jahrhunderts. Auf der Bank in Bildmitte sitzen die gelernten Papiermacher, links stehen die als Hilfskräfte beschäftigten Frauen, rechts die männlichen Hilfskräfte und Lehrlinge.

tionsbetrieben, den Papierfabriken, gegründet. Auch die Weiterverarbeitung wurde in eigenen Betrieben (Buntpapierfabriken, Kartonagenherstellung) angesiedelt. Zugleich stieg angesichts der zunehmend kostspieligeren Maschinerie, die nicht mehr in eigener Handarbeit erstellt und repariert werden konnte, der Kapitalbedarf erheblich. Die Aktiengesellschaft ersetzte den Familienbetrieb. In einer späteren Phase wurden dann die Betriebe der Aufbereitung und Produktion erneut zusammengefaßt. Konzerne bildeten sich als neue Betriebsform heraus, nachdem vorher versucht worden war, die Unsicherheiten des Markts durch Kartellbildung in den Griff zu bekommen. So beherrschten im Laufe der Zeit immer weniger Unternehmen einen immer größeren Markt. Heute ist eine starke Konzentration festzustellen:

«In Westdeutschland stellen die fünf größten Unternehmen ca. 45 Prozent der Gesamtproduktion von Papier und Pappe her. In Frankreich vereinen die vier größten Produzenten ca. 37 Prozent, während die fünf größten Hersteller Hollands 60 Prozent entsprechen» (Schmidt, 1985, S. 704).

Diese immer größeren Firmen brauchen immer weniger Arbeiter. Allein die Bilder moderner Papiermaschinen machen bereits deutlich, daß das investierte Kapital viel mehr in Anlagen als in Arbeitslöhne fließt. Maschinen ersetzen Arbeitskraft, dafür benötigen sie Energie. Der ungarische Papiergeschichtsforscher Istvàn Bogdàn hat die Zusammenhänge zwischen Arbeitszeit- und Energiebedarf am Beispiel der Rohstoffaufbereitung für die Papiermacherei untersucht:

«Die alte handwerkliche Technologie wird gekennzeichnet durch das Gleichgewicht zwischen Arbeitszeit- und Energiebedarf ... Bei der modernen, maschinellen Technologie wird das Gleichgewicht ... gestört; mit dem Steigen des Energiebedarfs sinkt der Bedarf an Arbeitszeit, es wird also die Beschleunigung des Arbeitsvorgangs durch die Steigerung der Energie gelöst» (Bogdàn, 1969, S. 38).

In der vorindustriellen Produktion wurde durch den Einsatz von mehr Energie die Arbeitsteilung und damit die berufliche Differenzierung vorangetrieben. Freilich war dies nicht einseitig nur ein Qualifikations-, sondern auch ein Dequalifikationsprozeß; Hilfskräfte mit unbefriedigenden Arbeitsaufgaben und schlechter Bezahlung waren auch in vorindustrieller Zeit üblich (Lumpensammler, Tagelöhner, Frauen- und Kinderarbeit). Die Investition von fixem Kapital (Maschinen, Anlagen) beförderte seinerzeit aber noch Arbeitsplätze und vernichtete sie nicht. Dies galt sogar für die exorbitant hohen Kapitalanlagen der Industrialisierungsperiode. Hier wurde zwar durchaus körperliche Arbeit zunehmend überflüssig, aber andererseits ersetzt durch neue Tätigkeiten und Berufsbilder im verwaltenden und kontrollierenden Bereich. Ob dies nach der gegenwärtigen Phase der Rechner- und Informatikentwicklung noch der Fall ist, ist fraglich.

Das Verhältnis zwischen industriellem Güterausstoß und produktiver Arbeit wird damit zunehmend prekär. Denn die notwendige Verlagerung und Umwandlung von Berufstätigkeiten ist, wie die gegenwärtige strukturelle Arbeitslosigkeit zeigt, noch nicht hinreichend gelungen.

Technik steht nicht still – ein Blick nach vorn

Die Industrialisierung der Papiermacherei hat dazu beigetragen, die Rohstoffbasis erheblich auszuweiten und dadurch eine bedeutende Erhöhung der Produktionskapazität ermöglicht. Des weiteren hat die Differenzierung und Ausbildung der Produktionsmaschinerie auch eine gewaltige Differenzierung des Produkts in Qualität und Sorten ermöglicht.

Andererseits ist hierdurch nicht unbedingt ein unproblematischer, einliniger Fortschritt gegeben. Die Rohstoffbasis der industriellen Produktion wurde ja schließlich nicht nur durch neue Verfahren erweitert, sondern auch dadurch, daß heute ein erheblicher Rohstoffanteil importiert wird. Daraus ergibt sich eine größer werdende Diskrepanz zwischen Rohstofflieferländern und denen, die – teilweise äußerst verschwenderisch –

die eingesetzten Rohstoffe und Energien mit dem Produkt verbrauchen. So leben wir heute mit der Tatsache,

«daß 50 Prozent der Weltbevölkerung 8 Prozent des Weltverbrauchs an Papier repräsentieren, während sich die andere Hälfte in den ‹Rest› von 92 Prozent teilt. Ein tragischer Vergleich» (Schmidt, 1985, S. 703).

Die Verbraucher sind Westeuropa, die USA und Japan, während die Länder der Dritten Welt die zunehmend bedeutsamer werdenden Rohstofflieferanten darstellen. Mit Skandinavien und dem Nordamerikanischen Kontinent sind allerdings eher Beispiele einer ausgewogenen Bilanz gegeben. Dennoch ist die für zahlreiche Industriezweige geltende Schere zwischen Industrieländern und Dritter Welt auch in der Papiermacherei gegeben und als eine Folge der Industrialisierung und unseres hemmungslosen Verbrauchs anzusehen. Auch Sortenvielfalt und Qualität des Papiers wurden im Verlauf der Industrialisierung erheblich differenziert, trotzdem waren auch Qualitätsverluste Begleiterscheinung dieses Vorgangs – nicht unbedingt wird Qualitätsproduktion durch Massenproduktion ersetzt. In jüngerer Zeit machte häufiger das ‹saure Papier› von sich reden:

«‹Saures› Papier bereitet den Bibliotheken weltweit Kopfzerbrechen. Weil der Säuregehalt des seit Anfang des 19. Jahrhunderts maschinengefertigten Papiers für Bücher zu hoch ist, haben Probleme der Restaurierung und Konservierung wichtiger Publikationen für die Büchereien brennende Aktualität ... Zu den Anstrengungen, die in den Bibliotheken vorhandenen Bücherschätze zu erhalten, kommen auch verstärkt Bemühungen, bei den Papierherstellern für weniger ‹saures› Papier zu sorgen» (Die Welt, 20. 8. 1983).

So sehr also die Chemie während des Industrialisierungsvorgangs angesichts diverser Rohstoffprobleme half, so wesentlich war sie auch Ursache nachfolgender Qualitätsverluste des Papiers. Bei Wegwerfpapier ist die geringe Haltbarkeit unerheblich. Aber die Gefährdung mittlerweile wichtiger Buchbestände zeigt, daß nicht von Anfang an die Konsequenzen der neuen Produktionsverfahren übersehen wurden.

Andererseits wurde mittlerweile in vielfältiger Weise auf Probleme der industriellen Produktion reagiert. Hier konnten allerdings nicht sämtliche Entwicklungen beschrieben werden. So wurden bei den Stoffgewinnungsverfahren grundlegende Neuerungen, die unterschiedliche Antworten auf die Rohstofffrage darstellten, vorgezogen und auf die Darstellung betriebstechnisch durchaus interessanter Varianten wie beispielsweise des 1962 in Schweden eingeführten Magnesiumsulfit- oder Magnefitverfahrens, das zudem eine Verringerung der Umweltbelastung mit sich brachte, verzichtet. Bei den Zerfaserungs- und Stoffaufbereitungsmaschinen wurde der Holländer herausgegriffen, da er in besonderer Weise die Kontinuität eines technischen Systems über lange Zeiträume hinweg demonstriert. Weitere Maschinen wie Kollergang oder Kegelstoffmühle wurden dahingegen nur am Rande behandelt, obwohl ihr Einfluß in der modernen Papierproduktion nicht zu verkennen ist. Auch Weiterbehandlung, Anfertigung von speziellen Papieren oder spezifische Ausstattungsverfahren von Papieren konnten nicht behandelt werden, so wünschenswert beispielsweise von der heutigen Bedeutung her die Beschreibung der Herstellung gestrichener Papiere gewesen wäre.

Gesichtspunkte neuester Verfahrenstechniken wurden vor allem bei der Behandlung der Umweltproblematik – im Recyclingkapitel – eingebracht, da hier in letzter Zeit die Technik zu einigen interessanten Lösungen geführt hat. Gerade mit der bei der Altpapieraufbereitung und -verarbeitung eingesetzten neueren Technologie hat der kontinuierliche Stofffluß im Gesamtbetrieb sich erst richtig durchgesetzt.

Derartige spezielle Betonungen sollen aber nicht darüber hinwegtäuschen, daß in der gesamten Papierproduktion nach dem Zweiten Weltkrieg eine fortwährende intensive technische Entwicklung zu beobachten ist, die sich vor allem in der Ausweitung der Maschinendimensionen niederschlug, in jüngster Zeit aber auch völlig neue Verfahren hervorbrachte, deren Bedeutung im einzelnen jedoch noch schwer einzuschätzen ist. In der Beurteilung der Grundtendenzen kann man sich wohl dem Papierhistoriker Wisso Weiß anschließen:

«In den letzten 20 Jahren veränderten sich die Technologien zur Herstellung einer großen Anzahl von Erzeugnissen entscheidend und veränderten das Bild der Produktionsanlagen weitgehend. So tritt an die Stelle vieler, zum Teil heute noch in älteren Fabriken üblicher diskontinuierlich arbeitender Maschinen, z. B. des Kollergangs, des Holländers, des Holzschleifers und des Zellstoffkochers, die kontinuierlich arbeitende, ferngesteuerte Anlage, z. B. der Pulper, der Refiner und der Kamyrkocher. Solche Anlagen bringen ein Mehrfaches an Produktion, erfordern weniger Arbeitskräfte und Wartung. Die Größe der Papiermaschinen entwickelte sich in kurzer Zeit in bezug auf technische Ausführung und Leistung, Produktion und Anlagewert ebenfalls um ein Mehrfaches. Bei übergroßen Anlagen treten allerdings Probleme auf ...» (Weiß, 1983, S. 574).

So stieß die Entwicklung der Papiermaschine zu immer höheren Laufgeschwindigkeiten zwischenzeitlich auf eine Art natürlicher Grenze. Durch einen infolge dieser hohen Geschwindigkeiten sich steigernden Luftwiderstand wurde schließlich die Papierbahn zerrissen. Man ging dagegen an, indem man wieder einmal beim Sieb ansetzte und neue Trägersysteme für Papiervlies und -bahn entwickelte. So wird beim Duoformer das Papiervlies zum Schutz gegen den Luftwiderstand zwischen zwei Sieben geführt. Auch wurden sieblose Papiermaschinen konstruiert, bei denen der Stoff durch eine Düse direkt zwischen ein Walzenpaar gespritzt wird.

Dem Problem des hohen Wasserverbrauchs suchte man nicht nur mit der Einführung eines möglichst geschlossenen Wasserkreislaufs in der Produktion entgegenzusteuern, sondern auch durch neuentwickelte Verfahren der Blattbildung ohne Wasserverbrauch. Hierbei wird das Fasermaterial in einen Luftstrom gebracht und mit diesem in ein elektrisches Feld geleitet, wo die Fasern aneinandergezogen und -gebunden werden (Weiß, 1983, S. 549 u. 559). Auch bei der Lösung des Abwasserproblems deuten sich neue Verfahren an. Nach einem am Forstbotanischen Institut der Universität Göttingen entwickelten Verfahren soll Holzzellstoff ohne Ablauge hergestellt werden können; zudem soll dieses neue (Labor)Verfahren sogar Energie sparen und Abfallprodukte wieder nutzbar machen (Süddeutsche Zeitung, 13.1.1983).

Trotz aller dieser Erfindungen oder gerade wegen neuer Verfahren könnte unser Papierzeitalter, wie bereits in der Einleitung angesprochen, zu Ende gehen. Nicht nur völlig neue Kommunikationsmedien, sondern auch neue Rohstoffe bedrohen das Überleben eines alten Produkts: ‹Papier› wird mittlerweile auch aus Kunststoff gefertigt, und zwar einmal aus Kunststoffolien und zum anderen in Form von Kunststoffasern, die mit entsprechenden Bindemitteln verklebt werden. Damit ist solches Papier eigentlich kein Papier mehr. Es bleibt jedoch fraglich, ob sich diese Kunststoffverfahren durchsetzen.

Die Technik also steht nicht still – ihre vielfältigen Entwicklungen bis heute konnten nur in Grundstrukturen beschrieben werden.

Bei unserer Beschreibung wurde insbesondere das Wechselverhältnis betont, wie der Mensch durch technische Verfahren, die durch ökonomische Verhältnisse vermittelt werden, aus vorgegebenen natürlichen Ressourcen seine ‹Lebensmittel› erarbeitet. Wenn hier abschließend auf

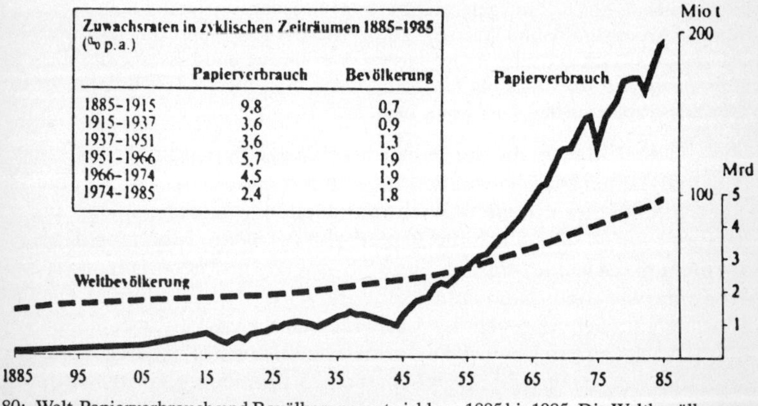

Zuwachsraten in zyklischen Zeiträumen 1885-1985 (% p.a.)

	Papierverbrauch	Bevölkerung
1885-1915	9,8	0,7
1915-1937	3,6	0,9
1937-1951	3,6	1,3
1951-1966	5,7	1,9
1966-1974	4,5	1,9
1974-1985	2,4	1,8

80: Welt-Papierverbrauch und Bevölkerungsentwicklung 1885 bis 1985. Die Weltbevölkerung hat in den letzten 100 Jahren beinahe explosionsartig von 1,5 Milliarden auf fast 5 Milliarden Menschen zugenommen. Der Papierverbrauch stieg im gleichen Zeitraum von 2 Millionen Tonnen auf annähernd 200 Millionen Tonnen.

neuere und neueste Verfahren der Papierproduktion verwiesen wurde, muß deren Effizienz und Leistung doch wieder in den Rahmen des Möglichen eingebettet werden:

«Es gibt keine Supertechnik als Allheilmittel gegen Umweltzerstörung, solange unter erfolgreichem Wirtschaften die Beschleunigung des Umsatzes von Energie und Materie – volkstümlich: Wachstum – verstanden wird. Und alle Material- und energiesparende Produktion bedeutet für die Umwelt wenig, wenn die Nutzung der Produkte durch ihre Massenhaftigkeit die Umwelt um so mehr belastet» (Schütze, 1986, S. 49).

Beim Papier trifft diese kritische Anschauung durchaus zu; der Papierverbrauch in den Industriestaaten ist exorbitant angestiegen (Abb. 80). Angesichts so manchen Wegwerfprodukts nichtgelesener Werbedrucksachen und kaum durchgeblätterter Versandhauskataloge ist zu fragen, ob durch einen bewußteren Gebrauch von Papier nicht sehr viel Energie und Rohstoff einzusparen wäre. Denn so sehr uns die technische Entwicklung in vielfältiger Weise helfen kann, Probleme von Produktion und Versorgung zu lösen, so findet sie doch immer in einem vorgegebenen Rahmen statt. Alles, was wir verbrauchen, kostet Energie und Rohstoff. Und es ist eine Erfahrung aus der Geschichte, daß der Verbrauch nicht allen Menschen in gleicher Weise zugute kommt. Die Verbraucher sind zumeist nur wenige – früher waren es Oberschichten, heute sind es die Einwohner der Industriestaaten. Dafür aufkommen aber müssen viele – früher die arbeitenden Unterschichten, heute die Länder der Dritten Welt.

Wir sollten also die Möglichkeiten, die uns die moderne Technik eröffnet hat, durchaus nutzen. Andererseits müssen wir uns bewußt bleiben, daß Technik und Wirtschaft nur in dem Rahmen Fortschritte erzielen können, der ihnen durch unsere natürliche Umwelt vorgegeben ist.

Unsere Kenntnis der historischen Entwicklung kann auf nichts anderes verweisen. Uns scheint, dies gilt nicht nur für die hier behandelte Papiermacherei, sondern auch für sonstige Industriezweige.

In der Nacht vom 10. zum 11. März 1976 wurde der Markusplatz in Venedig kniehoch mit verbrauchtem Zeitungspapier aufgefüllt. Mehr als 60 Helfer haben die ganze Nacht gearbeitet, um die mit Schiffen herantransportierten 15000 kg Papier auf die gesamten Ausmaße des Platzes zu verteilen. Die auf das Papier gedruckten «Botschaften unserer Zeit», welche, sich vieltausendfach wiederholend, den Platz als «Konsumliteratur» bedeckten, haben eine mögliche End-Zeit-Situation signalisiert. Ein visueller Startplatz wurde geschaffen, um *jetzt* die Vorstellung von Zeit neu zu überdenken.
Im Zusammenhang der Aktion ist das totale Environment des Markusplatzes als erstarrte, zum «Stillstand gebrachte Zeit» zu verstehen. Dem gegenüber steht die «Botschaft unserer Zeit», das Bedruckte, sich millionenfach Wiederholende, sich Einholende, der Auswurf unserer Zeit.
Während des Aktionsgeschehens konnten sich die Komponenten des Akustischen und Visuellen durch den Eingriff der Tat, den «Zugriff der Kunst» beweisen: Der Platz hatte durch die Häufung des Papiers eine akustische Veränderung erfahren, so daß die Zeugen der Nacht in akustischer Isolation schwebten.
Mit der Dämmerung des Morgens empfing der Platz ein neues Licht. Die Struktur des Papiers brach das weltweit bekannte Licht des Markusplatzes auf eine neue, niemals zuvor gesehene Weise.

81: Papieraktion des Künstlers HA Schult, Venedig 1976.

9. Studien im Deutschen Museum

Hermann Kühn

Mit der Ausstellung des Fachgebiets Papier im 2. Obergeschoß des Sammlungsbaus (Abb. 82) wird der Versuch unternommen, das Wesentliche des Materials Papier begreiflich zu machen, und zwar in erster Linie über die Rohstoffe und den Herstellungsvorgang. Im Mittelpunkt steht dabei die Geschichte der Papierherstellung, das heißt der Wandel, den die Rohstoffbasis und die einzelnen Phasen des Herstellungsvorgangs von den ersten Anfängen in China bis heute erfahren haben. Wir meinen, daß von der geschichtlichen Entwicklung, von dem Verständnis älterer Verfahren her, moderne Technik leichter zu begreifen ist. Geschichtlichen Abschnitten in der Herstellung entsprechend ist die Ausstellung in drei Raumabschnitte gegliedert (Abb. 83).

Im Vergleich zur Schilderung der technischen Vorgänge und ihrem zeitlichen Wandel erscheinen Ausführungen über die Bedeutung des Papiers für die kulturelle Entwicklung knapp, ja fast wie Anmerkungen. Wir halten den kulturgeschichtlichen Aspekt nicht für weniger wichtig, meinen jedoch, daß dieser besser Thema eines Buches sein sollte, da er sich mit Hilfe von (dreidimensionalen) Ausstellungsobjekten kaum befriedigend darstellen läßt. Ein technisches Museum wie das Deutsche Museum sammelt und bewahrt in erster Linie technisches Gerät – dieses vor allem soll dem Besucher Geschichte vermitteln. Der Text zum Objekt ist notwendig, tritt jedoch in seinem Rang deutlich hinter dem Exponat zurück.

Bei dem größten Teil der ausgestellten Geräte und Maschinen handelt es sich um Originale; auf Nachbildungen im Maßstab 1 : 1 wurde völlig verzichtet. Anstelle fehlender Originale, die wichtige Erfindungen oder Entwicklungsschritte dokumentieren sollten, werden Abbildungen oder Modelle gezeigt. Der Besucher soll im Museum dem Original als der primären Geschichtsquelle begegnen. Eine abgearbeitete oder vom Betriebswasser ausgelaugte Oberfläche vermag unmittelbar und manchmal mehr über einen Arbeitsvorgang oder den Gebrauch auszusagen als eine ausführliche Beschreibung, weil der Sinneseindruck ein anderes und intensiveres Erleben vermittelt. Daran mangelt es den Nachbildungen – und wenn diese zusätzlich noch ‹auf alt gemacht› sind, täuscht man den Besucher.

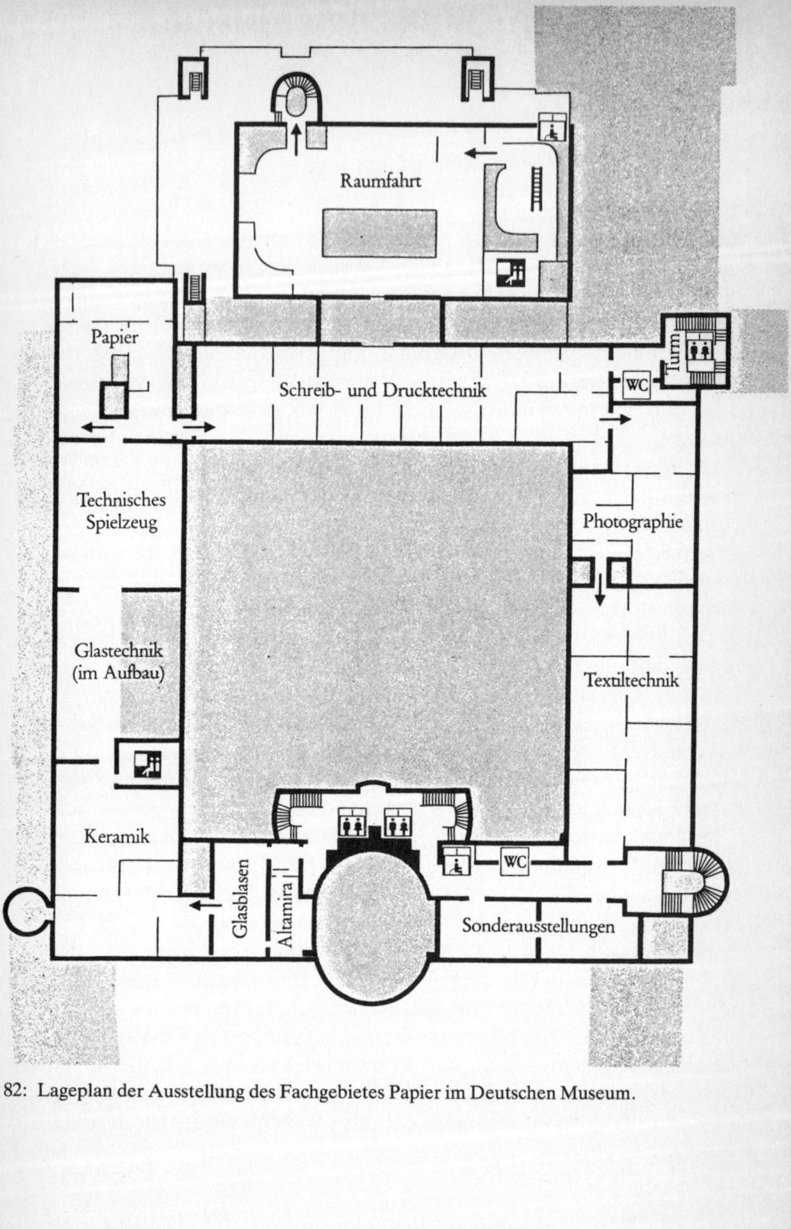

82: Lageplan der Ausstellung des Fachgebietes Papier im Deutschen Museum.

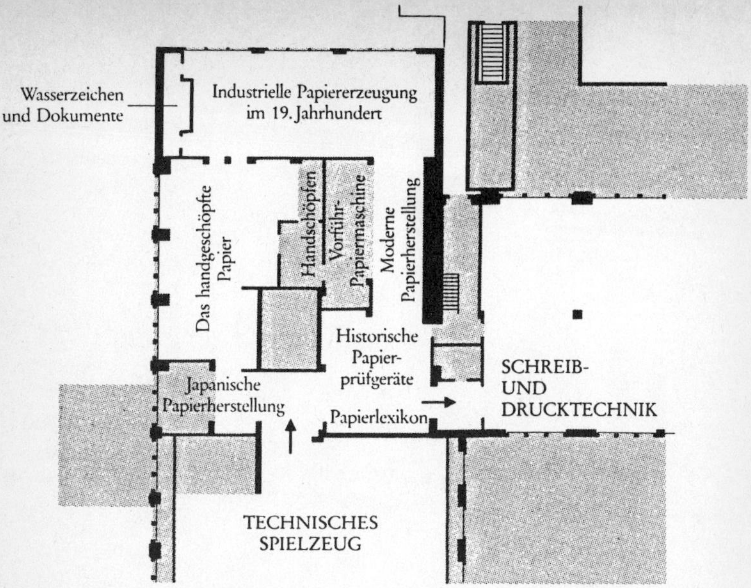

83: Raumplan der Ausstellung des Fachgebietes Papier im Deutschen Museum.

Die Zeit des handgeschöpften Papiers

Der erste Abschnitt (Abb. 84) beginnt mit den Vorläufern des Papiers, nämlich Papyrus und Pergament, und mit dem Papier der Naturvölker, der sogenannten Tapa. In derselben Vitrine, gleich links am Eingang, findet man die Nachricht von der ersten Papierherstellung im 2. Jahrhundert in China. Gerätschaften aus einer japanischen Papiermacherwerkstatt, die vor einer mit Papier bespannten Fensterwand (mit Papier verschlossene Fenster waren in japanischen Häusern früher üblich) aufgestellt sind, sollen den Vorgang der Papierherstellung in Ostasien veranschaulichen helfen. Das ursprüngliche, auch heute noch hergestellte sogenannte Japanpapier unterscheidet sich sowohl in den verwendeten Faserarten als auch in der Herstellungsweise vom europäischen Papier: Anstelle der Lumpen und des Zellstoffs benutzte man Bastfasern, anstelle des westlichen starren Drahtsiebs als Schöpfform ein zusammenrollbares Sieb aus feinen Bambusstäben. Über ein halbes Jahrtausend lang war Papier in China bereits in Gebrauch gewesen, bis im 8. Jahrhundert die Araber Kenntnis von der Herstellungsweise erlangten und schließlich für die Verbreitung des Papiers in die westlichen Länder sorgten. Am Anfang

84: Blick in den ersten Raumabschnitt ‹Zeit des handgeschöpften Papiers› mit Hadernschneider, Stampfwerk, Holländer und Presse.

des 10. Jahrhunderts ist die Herstellung von Papier in Syrien und Ägypten, nicht viel später bereits auch in Nordafrika und Spanien bekannt. Eine eigenständige europäische Papiererzeugung beginnt sich in Italien im 13. Jahrhundert zu entwickeln, wo Foligno 1256 und Fabriano in der Provinz Ancona 1276 als erste Papiermühlen erwähnt werden (an der linken Seite des ersten Raumabschnitts ist ein Teil eines Stampfwerks aus Fabriano ausgestellt). Neu gegenüber den arabischen Papieren war – neben der Leimung der Bogen mit tierischem Leim anstatt mit Stärke – vor allem die Einführung des Wasserzeichens, das erstmals auf italienischem Papier des späten 13. Jahrhunderts auftaucht.

An der Herstellung, wie sie im 13. Jahrhundert üblich war, hat sich über

Jahrhunderte nur wenig geändert: Die als einziger Rohstoff verwendeten Lumpen (nur pflanzliche Fasern wie Leinen, Hanf und Baumwolle sind geeignet) wurden im Stampfwerk – vom 17./18. Jahrhundert an in zunehmendem Maße im Holländer – zu einer wäßrigen Fasersuspension aufbereitet. Aus dieser schöpfte man mit der Handschöpfform, einem Sieb, Bogen für Bogen, die zwischen Filzen ausgepreßt und schließlich zum Trocknen auf einer Leine aufgehängt wurden. Die einzelnen Stadien von den Hadern (Lumpen) zum Papier sind in vier Dioramen an der rechten Seite des ersten Raumabschnitts dargestellt.

Gegenüber den Dioramen sind originale Geräte und Maschinen aus alten Papiermühlen, wie zum Beispiel ein Lumpenschneider aus der Zeit um 1800, Teile eines Stampfwerks aus dem 16. Jahrhundert, ein Holländer, datiert 1845, und eine Papierpresse aus dem 17. Jahrhundert ausgestellt. Diese Gegenstände sind in ihrem Zustand im wesentlichen so belassen, wie sie das Museum erworben hat; zum Verständnis der Funktion oder zur Stabilisierung notwendige Ergänzungen oder rekonstruierte Teile wurden deutlich von den originalen Teilen abgesetzt. Es erscheint uns wichtig, die originale Oberfläche, so wie sie im Lauf der Zeit durch Gebrauch und natürliche Alterung geworden ist, zu erhalten. Abgesehen davon, daß durch den Betrieb hervorgerufene Veränderungen, zum Beispiel Abnutzungsspuren sowie Reste von Faserstoffen und Schmiermitteln an bestimmten Stellen wesentlich zum Verständnis der technischen Vorgänge beitragen können, bildet die originale Oberfläche sozusagen die Brücke zur Vergangenheit, läßt diese unmittelbar erleben. Dies im Unterschied zu den Dioramen, die die Vergangenheit interpretieren, dafür allerdings den Arbeitsablauf in einer alten Papiermühle am anschaulichsten wiedergeben, nicht zuletzt, weil sie den Menschen mit einbeziehen.

Zum besseren Verständnis des Vorgangs, wie aus der Fasersuspension das Papierblatt entsteht, wird täglich in der Abteilung das Handschöpfen vorgeführt. Einrichtung und Gerät für diese Vorführung lehnen sich bewußt nicht an historische Vorbilder an, da dem Besucher der technische Ablauf bei der früheren Papierherstellung – losgelöst von einer bestimmten Gegend oder Zeit in der Vergangenheit – erläutert werden soll. Die Benutzung historischer Geräte zum Handschöpfen lehnen wir ab, da dies der konservatorischen Aufgabe des Museums entgegenstünde.

Betritt man, von der ‹Zeit des handgeschöpften Papiers› kommend, den zweiten Raumabschnitt, so befindet sich links der Eingang zu einem dunklen Raum, in dem bei nur 50 Lux Beleuchtungsstärke alte Papiere mit Wasserzeichen und verschiedene Dokumente zur Geschichte des Papiers ausgestellt sind. Diese niedrige Beleuchtungsstärke geht auf eine Empfehlung des internationalen Museumsrats (ICOM) für die Ausstellung hochlichtempfindlicher Materialien und Gegenstände, zu denen auch Papier zählt, zurück. Eine schwache Beleuchtung kann Lichtschäden, die durch fotochemische Reaktionen verursacht werden, zwar nicht völlig verhindern, jedoch im Ausmaß reduzieren und dadurch die Lebensdauer des Ausstellungsguts erhöhen. Gezeigt werden in dem Kabinett eine Auswahl von Wasserzeichen und Dokumente zur Papiergeschichte. Erwähnenswert sind eine kleine, um 770 datierte Holzpagode aus Japan, die einen sogenannten Dharani (Gebets)-zettel enthält, Handelsbriefe aus dem frühen 14. Jahrhundert auf in Italien hergestelltem Papier, eine aus dem späten 16. Jahrhundert stammende italienische Büste aus Papiermaché, Riesumschläge des 16. und 17. Jahrhunderts, in die jeweils 480 oder 500 Bogen Papier eingeschlagen waren, Wanderbücher und Zeugnisse von Papiermachern und nicht zuletzt Proben von F. G. Kellers Versuchen, das heißt die ältesten erhaltenen Papiermuster mit Holzschliffzusatz.

Das 19. Jahrhundert –
Beginn der industriellen Papiererzeugung

Der zweite Raumabschnitt befaßt sich mit den revolutionären Neuerungen im 19. Jahrhundert, sowohl was neue Fasermaterialien, Leimmittel und Hilfsstoffe als auch die Rationalisierung des Herstellungsvorgangs betrifft. Bis in das 19. Jahrhundert hinein waren abgetragene Wäsche und Kleider, das heißt Hadern, der nahezu einzige Rohstoff. Dies führte wegen des seit dem späten Mittelalter ständig steigenden Bedarfs an Papier zu immer größerer Verknappung, gegen die auch behördliche Maßnahmen wie die Abgrenzung von Lumpensammelrevieren für die einzelnen Mühlen wenig ausrichten konnten. Man war deshalb gezwungen, nach anderen Faserstoffen Ausschau zu halten. Der einzige Lumpenersatzstoff, der im späten 18. Jahrhundert tatsächlich eine gewisse Bedeutung erlangt hatte, war Stroh, das in Verpackungspapier verarbeitet wurde.

Aus dem Rohstoffengpaß führte erst die Entdeckung von Holz als Fasermaterial heraus. 1843 zerfaserte Friedrich Gottlob Keller aus Hainichen in Sachsen an einem kleinen Schleifstein (in der Abteilung ausgestellt) Holz, um aus dem Holzschliff Papier herzustellen. Holzschliff, der heute einen mehr oder minder hohen Faseranteil in vielen Papiersorten ausmacht, konnte jedoch nur einen Teil der Lumpenfasern ersetzen. Aus Holzschliff allein lassen sich keine Papiere oder Pappen mit befriedigenden Eigenschaften herstellen. Einen nahezu gleichwertigen Ersatz für Lumpen bot erst der Zellstoff, das heißt die vom Lignin befreite Holzfaser. Die ersten Versuche, durch chemischen Aufschluß mit Lauge der Holzfaser das versteifende Lignin zu entziehen, gehen in die erste Hälfte des letzten Jahrhunderts zurück; in den sechziger Jahren entstand die erste Zellstoffabrik in den USA. Zellstoff hat heute die Stelle der Lumpen eingenommen, lediglich für einige spezielle Sorten, wie Banknotenpapier, finden noch Textilfasern (Baumwolle) Verwendung.

Bis zum Beginn des 19. Jahrhunderts hat es lediglich Fortschritte in der Hadernaufbereitung gegeben, doch die Blattbildung, das Schöpfen, war Handarbeit geblieben. Eine kleine Papiermühle mit einer Schöpfbütte, die 10 bis 15 Arbeiter beschäftigte, konnte an einem Tag bis zu 5000 Bogen herstellen. Eine revolutionäre Neuerung bedeutete deshalb der Patentantrag des Franzosen Louis Nicolas Robert im Jahre 1798. Robert schreibt darin unter anderem:

«Es ist mein Traum gewesen, den Arbeitsvorgang, Papierblätter zu bilden, zu vereinfachen, um einerseits die Kosten der Herstellung zu senken, vor allem aber um Papierbogen von außergewöhnlicher Länge auf rein maschinelle Weise ohne die Hilfe von Papierarbeitern, herzustellen.»

Der geniale Gedanke dabei war, die Fasersuspension auf eine endlos sich fortbewegende Siebbahn aufzugießen und damit den diskontinuierlichen Vorgang des Handschöpfens in einen maschinengerechten kontinuierlichen Vorgang umzusetzen (ein Modell der von Robert erdachten Maschine befindet sich in der Ausstellung). Dieses Prinzip hat sich so bewährt, daß es selbst in den modernsten Papiermaschinen noch beibehalten ist. Von ebensolcher Bedeutung wie die Vereinfachung und Beschleunigung des Herstellungsvorgangs war die Möglichkeit, größere Formate herzustellen, als dies die Schöpfform zuließ. Das größere Format und die auf Rollen gewickelte Papierbahn bildeten eine wichtige Voraussetzung für die Entwicklung der Druckmaschinen im 19. Jahrhundert.

85: Französische Langsiebpapiermaschine, 1820.

Die mit der Einführung der Papiermaschine im 19. Jahrhundert beginnende Rationalisierung der Herstellung wurde durch die Erfindung der sogenannten Harz- oder Masseleimung (1806 Moritz Illig, Erbach im Odenwald) unterstützt. Dabei wird das Leimmittel bereits der Fasersuspension zugesetzt, im Unterschied zu der früher üblichen Bogenleimung, bei der das Papier nach dem Trocknen nochmals durch eine Lösung mit tierischem Leim gezogen wurde.

Unter den Exponaten im zweiten Raumabschnitt dürfte die französische Langsiebmaschine, die um 1820 datiert wird, das bedeutendste sein. Sie stammt aus einer Zeit, in der dieser Maschinentyp gerade soweit entwikkelt war, daß seine Einführung beginnen konnte. Soweit uns bekannt ist, gibt es in keinem anderen Museum ein so frühes und noch dazu hervorragend erhaltenes Exemplar einer Papiermaschine (Abb. 85). Ebenso einzigartig ist der kleine Handschleifapparat, mit dem Keller 1843 seine Versuche zur Holzschliffherstellung durchgeführt hat (s. Abb. 52), ein Objekt, das zusammen mit anderen wichtigen Exponaten dem Deutschen Museum durch die Übernahme der ehemaligen Forschungsstelle für Papiergeschichte in Mainz zufiel. In diesem Zusammenhang sind auch die von dort stammenden reichhaltigen Buchbestände zu erwähnen, die eine wertvolle Ergänzung der Museumsbibliothek darstellen. Dazu gehört auch eine Sammlung von alten Papieren mit Wasserzeichen. Bemerkenswert sind außerdem Modelle von ganzen Fabrikeinrichtungen (Holzschleiferei) und einzelnen Maschinen wie Kollergang, Holländer, Kalander, Querschneider, die in den zwanziger Jahren in Lehrlingswerkstätten von Maschinenbaufirmen für das Deutsche Museum angefertigt wurden. Der Wert dieser Modelle liegt sowohl in der Qualität der handwerklichen Ausarbeitung wie auch auf technikgeschichtlichem Gebiet, da sie den damaligen Entwicklungsstand dokumentieren. Die durch Bomben im Zweiten Weltkrieg mehr oder weniger stark beschädigten Modelle wurden in den museumseigenen Werkstätten restauriert, wobei man sich zum Ziel gesetzt hatte, nur soweit zu reinigen und restauratorische Eingriffe vorzunehmen, daß der Charakter des gealterten Gegenstands erhalten bleibt.

Jahrhundertelang wurde das hergestellte Papier in erster Linie mit dem Auge geprüft. Die Einführung von Lumpenersatzstoffen in der zweiten Hälfte des 19. Jahrhunderts und die Erzeugung von Sorten für bestimmte Verwendungszwecke machten es erforderlich, Papiere nach ihrer Qualität zu normen, was wiederum Prüfmethoden voraussetzte. Eine kleine Sammlung von Prüfgeräten vom Ende des 19. und den ersten Jahrzehnten des 20. Jahrhunderts beherbergt eine Vitrine, die aus Platzmangel im dritten Raumabschnitt aufgestellt werden mußte. Die Sammlung dürfte einen gewissen Seltenheitswert besitzen, da solche meist unscheinbaren Geräte, wenn sie veraltet waren, in der Regel weggeworfen wurden und nur durch Zufall an einigen Orten diesem Schicksal entgangen sind. Erfreulich ist auch der Erhaltungszustand der Geräte, die lediglich von Oberflächenschmutz befreit wurden und deshalb noch in überzeugender Weise Gebrauchsspuren und Zeichen natürlicher Alterung zeigen.

Moderne Papierherstellung

Der dritte Raumabschnitt ist der modernen Papiererzeugung gewidmet. Dort kann nur auf die Grundzüge dieses Industriezweigs eingegangen werden, denn Details von Maschinen und der Stoffaufbereitung, in denen sich der jeweils neueste Stand der Technik widerspiegelt, würden weder die überwiegende Zahl der Museumsbesucher interessieren, noch wären sie auf beschränktem Raum allgemeinverständlich darstellbar. Den Fachmann kann und braucht das Museum auf seinem Gebiet nicht über den neuesten Stand der Technik zu informieren – dies bleibt den Industriemessen vorbehalten. Hingegen kann die Darstellung von Technikgeschichte auch für den Fachmann von Interesse sein, nicht zuletzt deshalb, weil darin Tendenzen technischer und gesellschaftspolitischer Entwicklungen sichtbar werden.

Der Ausstellungsteil ‹Moderne Papierherstellung› versucht, das Ergebnis der großen Umwälzungen des 19. Jahrhunderts aufzuzeigen. Immerhin hat es nahezu das ganze letzte Jahrhundert gedauert, bis die Maschine das Handschöpfen völlig verdrängt hatte oder bis die neu aufgekommenen Faserstoffe die Lumpen tatsächlich ersetzen konnten. Der nahezu einzige Faserrohstoff des heutigen Papiers ist Holz, das entweder Holzschliff (Holzstoff) oder Zellstoff liefert.

Mechanisch zerfasertes Holz, sogenannter Holzstoff, ersetzt (ebenso wie Altpapier) mehr oder minder große Anteile des teureren Zellstoffs in ‹holzhaltigen› Papieren oder Pappen. Für hochwertige, lang haltbare ‹holzfreie› Papiersorten verwendet man heute fast ausschließlich Zellstoff, der damit die Stelle der Hadern (Lumpen) eingenommen hat. Die Zellulosefasern des Zellstoffs weisen große Ähnlichkeit mit den Leinen-, Hanf- und Baumwollfasern der Hadern auf. Neben den primären Faserstoffen und Holzschliff ist Altpapier (das wiederum Holzstoff und Zellstoff enthält) ein weiteres wichtiges Ausgangsmaterial für unser heutiges Papier. Altpapier wird ähnlich wie Holzstoff in der Regel nur geringerwertigen, für rascheren Verbrauch bestimmten Druckpapieren und Verpackungsmaterialien zugesetzt. Diese können sogar ausschließlich aus Altpapier und Holzstoff bestehen. In der Vitrine, in der die Aufbereitung der Faserstoffe für heutiges Papier dargestellt ist, sind auch die sogenannten Hilfsstoffe ausgestellt. Dazu zählen Füllstoffe, Leimmittel, die das Saugvermögen der Fasern herabsetzen, sowie Farbstoffe und optische Aufheller. Letztere wandeln die im Tageslicht vorhandene UV-Strahlung in sichtbares Licht um, wodurch das Papier (in geringem Maße) selbstleuchtend wird und deshalb übermäßig weiß erscheint.

86: Funktionsfähiges Modell einer Papiermaschine im Deutschen Museum.

Gegenüber der Vitrine mit den Ausgangsmaterialien steht eine Versuchspapiermaschine, die als funktionsfähiges Modell einer modernen Papiermaschine gelten kann (Abb. 86). Mehrmals in der Woche wird auf dieser Maschine aus Zellstoff Papier erzeugt. Die Geschwindigkeit von etwa 2 m/min erlaubt es, die Bildung der Papierbahn auf dem Sieb und den Durchgang des Papiers durch die Pressen- und Trockenpartie im Zeitlupentempo zu beobachten. Erstaunen ruft bei vielen Besuchern die Festigkeit des ohne irgendwelche Zusätze allein aus Zellstoffasern bestehenden Papiers hervor. Die Festigkeit ist neben der Verfilzung in erster Linie auf Wasserstoffbrückenbindungen zwischen den Fasern und nicht etwa auf ein Leimmittel zurückzuführen. Natürlich kann die Versuchspapiermaschine in keiner Weise das Erlebnis des Besuchs einer Papierfabrik ersetzen – moderne Papiermaschinen sind meist über 100 Meter lang und erreichen bei Bahnbreiten zwischen 5 und 8 Metern Produktionsgeschwindigkeiten von 1000 m/min. Selbst Diapositive aus Papierfabriken (die auf die Wand hinter der Papiermaschine projiziert werden können) oder Filmaufnahmen vermögen den gigantischen Eindruck solcher schnellaufenden, in der Stunde bis zu 500 Tonnen Papier erzeugenden Maschinen nur unzureichend wiederzugeben.

Den Abschluß des dritten Raumabschnitts bildet ein ‹Papierlexikon an der Wand›, eine Vitrine, in der etwa 80 verschiedene Sorten Papier und Pappe in alphabetischer Reihenfolge ausgestellt und in ihren wesentlichen Eigenschaften beschrieben sind. Bei der Auswahl konnte nur ein kleiner Teil aller existierenden Papiersorten berücksichtigt werden. Unter den Auswahlkriterien stand nicht die wirtschaftliche Bedeutung der einen oder anderen Sorte im Vordergrund, sondern das Bestreben, die Vielfalt des Materials Papier und seiner Anwendungsgebiete zu zeigen.

Anhang

1. Der Aufbau des Holzes

Die Zellwand der Pflanzen (Abb. 87) ist ein weitgehend geordnetes Gerüst aus Zellulose, das durch andere, gestaltlose Stoffe, eine Art Kittsubstanz, gefüllt und verbunden wird. Die Zellulose ist ein fadenartiges Riesenmolekül (b), das sich bündelweise zusammenlagert (s. Anhang 2) und Fibrillen (c bis e) bildet. Diese sind in der Zellwand unterschiedlich ausgerichtet angeordnet, wodurch sich entsprechende Zellwandschichten unterscheiden lassen. Es werden die Primärwand und die Sekundärwand mit ihren weiteren Unterteilungen unterschieden (a). Die Zentralschicht der Sekundärwand besteht zu ca. 60 Prozent aus Zellulosefibrillen mit unterschiedlicher geometrischer Orientierung (rechts geschraubt, links geschraubt). Die Innenschicht weist einen noch höheren Zellulosegehalt auf. Die Außenschicht dagegen ist recht zellulosearm (etwa 20 Prozent). Sie enthält einen hohen Anteil an Kittsubstanz. In der Primärwand sind Mikrofibrillen (etwa 15 Prozent) regellos in die Kittsubstanz eingelagert. Trotz einer gewissen Dehnungsfähigkeit reißt die Primärschicht bei mechanischer Beanspruchung leicht auf, ist aber gegen Chemikalien sehr beständig. Die Mittellamelle enthält kaum Zellulose (etwa 10 Prozent) und dient mit ihrem hohen Anteil an Kittsubstanz, Lignin (etwa 70 Prozent), im wesentlichen als faserverbindende Schicht.

Lignin wird auch als Holzstoff bezeichnet, weil es das Verholzen der Zellen bewirkt. Es ist gestaltlos und je nach Holzart bis zu 30 Prozent im Holz enthalten. Die Forschungen zum Aufbau des Lignins sind keineswegs abgeschlossen, obwohl man seit 1857 in der Literatur diesen Stoff, wenn auch noch nicht wie heute gemeint, nennt. Das cremefarbene Lignin färbt sich durch Oxydation schnell braun. Es läßt sich bis heute nicht ohne chemische Veränderung aus dem Holz herauslösen und ist wasserabstoßend. Bei Erwärmung wird es elastisch bis plastisch, und zwar besonders bei 50 bis 100 °C und noch einmal bei 160 bis 180 °C. Lignin ist im Papier im allgemeinen unerwünscht, weil es das Vergilben bewirkt, obwohl es wiederum einige andere Eigenschaften günstig beeinflußt (Klang, Härte, Steifigkeit).

Eine weitere Kittsubstanz stellt die vorzugsweise in der Primärwand und Außenschicht vorhandene sogenannte Hemizellulose dar, die von der Zellulose wesentlich verschieden ist. Die Hemizellulose besteht aus unterschiedlichen, verzweigten Großmolekülen von kompliziertem Auf-

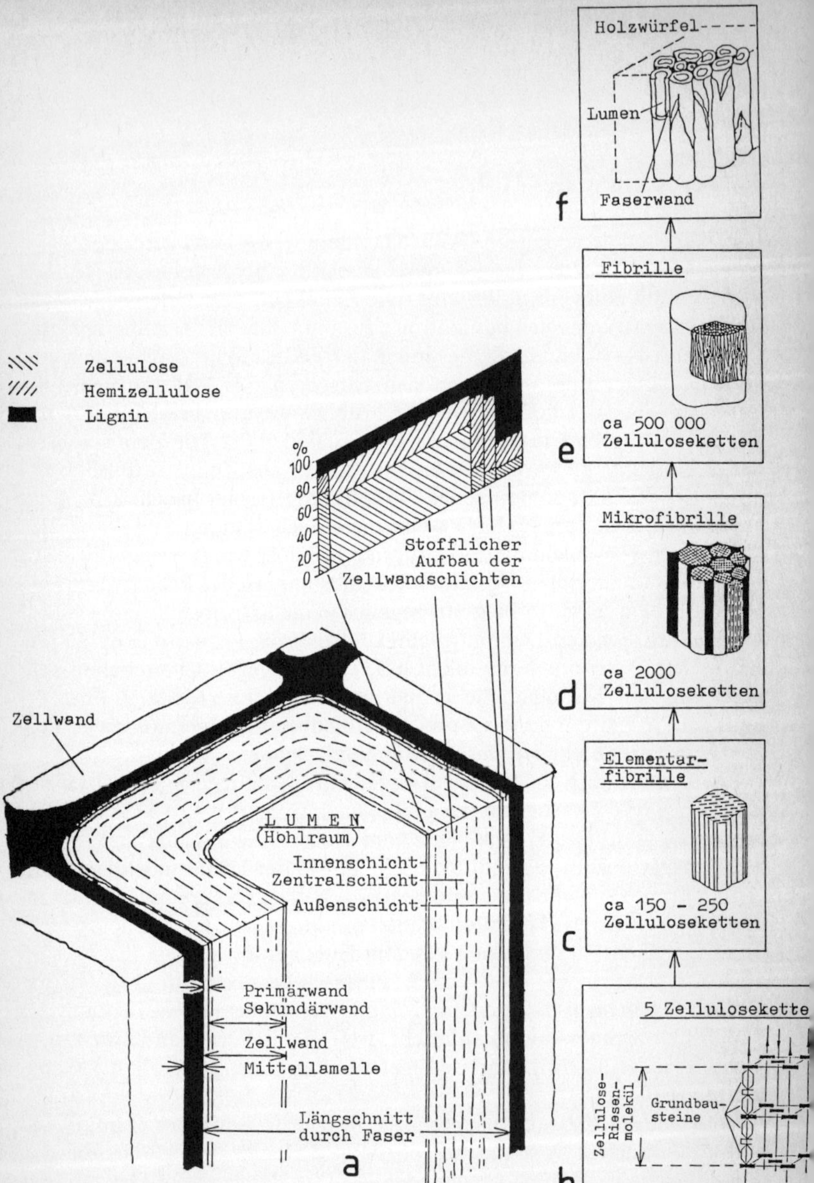
Holzwürfel
Lumen
Faserwand
f
Fibrille
ca 500 000
Zelluloseketten
e
Mikrofibrille
ca 2000
Zelluloseketten
d
Elementar-
fibrille
ca 150 - 250
Zelluloseketten
c
5 Zellulosekette
Zellulose-
Riesen-
molekül
Grundbau-
steine
b
Zellulose
Hemizellulose
Lignin
%
100
80
60
40
20
0
Stofflicher
Aufbau der
Zellwandschichten
Zellwand
LUMEN
(Hohlraum)
Innenschicht
Zentralschicht
Außenschicht
Primärwand
Sekundärwand
Zellwand
Mittellamelle
Längschnitt
durch Faser
a

87: Aufbau des Holzes.

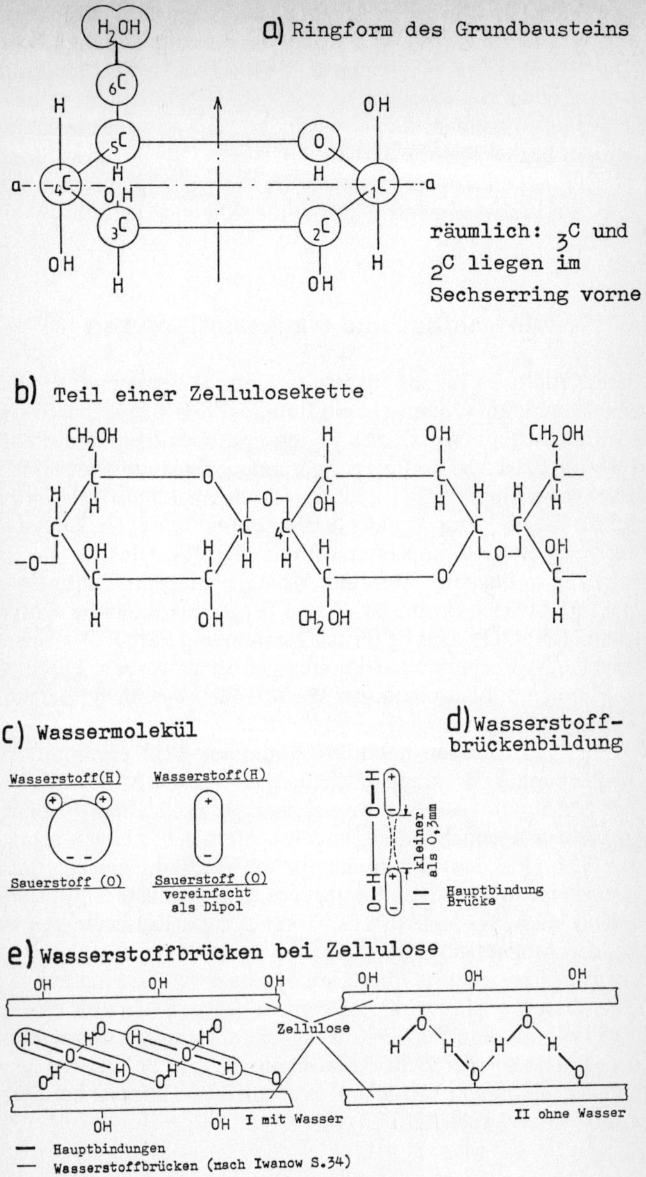

Tabelle 18: Zelluloseaufbau und Wasserstoffbrücken.

bau. Sie ist in schwachen Alkalien löslich und wird durch verdünnte Säuren verändert. Wasser wird leicht von ihr aufgenommen, weshalb sie als Quellsubstanz bei der Papierherstellung begehrt ist. Bestimmte Anteile sind so leicht wasserlöslich, daß sie papiertechnisch nicht nutzbar sind.

Weitere Stoffe in den Zellwänden sind Öle, Fette, Harze, Wachse, Farbstoffe, Gerbstoffe und Mineralstoffe. Obwohl diese Stoffe nur in wenigen Prozenten in der Holzfaser vertreten sind, haben sie großen Einfluß z. B. auf Farbe, Geruch, Verarbeitbarkeit und Dauerfestigkeit der Faserstoffe.

2. Zelluloseaufbau und Wasserstoffbrücken

Die Zellulose (Tabelle 18) ist, vereinfacht betrachtet, ein kettenartiges Riesenmolekül (chemisch: ein Beta-D-1-4-Glukan) (b). Sie besitzt einen Grundbaustein (a). Dieser ist tausend oder mehr Male aneinandergereiht. Allerdings sind zwei aufeinanderfolgende Bausteine immer um 180° gegeneinander verdreht (b) (Drehung um die Achse a–a). Die Zellulose ist als Naturprodukt durch gewisse Unregelmäßigkeiten gekennzeichnet. So sind die Ketten oft räumlich abgewinkelt, was den Gesamtverband auflockert. Einzelne Atomgruppen sind häufig gegeneinander ausgetauscht, z. B. am 6-C-Atom (a) die alkoholische Gruppe (H_2OH) gegen (COOH). Das ist für das Leimen und Färben bedeutsam, weil dadurch entsprechende Reaktionen gefördert werden. Dieser Aufbau hat zusammen mit dem Rohstoff Wasser eine wesentliche Bedeutung für die Papierbildung.

Dies läßt sich aus submikroskopischer Sicht erklären. Aus weiterer Entfernung, z. B. ½ mm, erscheinen Atome und Moleküle elektrisch neutral. Auf geringere Entfernungen, z. B. $\frac{1}{10}$ Mio. mm (0,1 nm = 10^{-10} m) können sich jedoch Ladungseigenschaften bemerkbar machen. Diese treten besonders deutlich bei chemischen Verbindungen auf, da sich in ihnen die Atome in ihrer Struktur gegenseitig beeinflussen. Ein Beispiel hierfür ist das Wassermolekül (c). Es wirkt auf kurze Entfernungen wie ein Dipol (in den Magnetismus übertragen: wie ein Stabmagnet) und weist auf der Seite des Sauerstoffs überschüssige negative Ladung auf, während der Wasserstoff positiv wirkt. Allgemein besitzt Sauerstoff eine starke negative Polarität und Wasserstoff bei einem kleinen Atomdurchmesser positive Polarität. Durch die Kombination beider Polaritäten lassen sich stabile Verbindungen (Brücken) herstellen (d). Dies ist bei Zellulosefasern (und Wasser) auch der Fall (e).

Literaturverzeichnis

Aagard, Herbert: Gefahren und Schutz am Arbeitsplatz in historischer Perspektive. Am Beispiel des Nadelschleifens und Spiegelbelegens im 18. und 19. Jahrhundert. In: Technologie und Politik. Bd. 16, Reinbek 1980, S. 155 bis 180.

Aagard, Herbert/Bayerl, Günter/Gleitsmann, Rolf-Jürgen: Die technologische Literatur des 18. Jahrhunderts als historische Quelle – Eine kommentierte Auswahl-Bibliographie. In: Das Achtzehnte Jahrhundert. Mitteilungen der Deutschen Gesellschaft für die Erforschung des achtzehnten Jahrhunderts. Jg. 4, Wolfenbüttel 1980, Heft 1, S. 31 bis 61.

Amendt, Hans: Die inner- und außerbetriebliche Lage der Arbeitnehmer in der Glas-, Papier-, Zucker- und chemischen Industrie der Regierungsbezirke Köln, Düsseldorf und Aachen zur Zeit der frühen Industrialisierung (ca. 1800 bis 1875). Diss. Bonn 1975.

Barth, Carl: Arbeitsregeln für Fabriken mit besonderer Berücksichtigung von Papier-, Zellstoff- und Holzstoff-Fabriken. Karlsruhe 1897.

Bayerl, Günter: Materialien zur Geschichte der Umweltproblematik. In: Technologie und Politik. Bd. 16, Reinbek 1980, S. 180 bis 222.

Bayerl, Günter: Vorindustrielles Gewerbe und Umweltbelastung – Das Beispiel der Handpapiermacherei. In: Technikgeschichte. Bd. 48 (1981), S. 206 bis 238.

Bayerl, Günter: ‹In Bausch und Bogen› – Arbeitsplatz und Technik in der Papiermühle des 18. Jahrhunderts. In: Technische Kulturdenkmale. Heft 13, Hagen 1981, S. 2 bis 11.

Bayerl, Günter: Die Papiermühle. Vorindustrielle Papiermacherei auf dem Gebiet des alten deutschen Reiches – Technologie, Arbeitsverhältnisse, Umwelt. Diss. phil., Hamburg 1983.

Bayerl, Günter/Wohlauf, Gabriele: Technikgeschichte als Geschichte der Arbeit – Überlegungen am Beispiel der Handpapiermacherei. In: Gesellschaft für Arbeit, Technik und Wirtschaft im Unterricht (Hrsg.), Modell und Probleme einer integrierten Arbeitslehre. Bad Salzdetfurth 1984 (= Beiträge zur Arbeitslehre, Bd. 4), S. 183 bis 213.

Bayerl, Günter/Troitzsch, Ulrich: Die vorindustrielle Energienutzung. In: Claus Grimm (Hrsg.), Aufbruch ins Industriezeitalter. Bd. 1: Linien der Entwicklungsgeschichte. München 1985 (= Veröffentlichungen zur Bayerischen Geschichte und Kultur, Nr. 3/85), S. 40 bis 85.

Bayerl, Günter/Troitzsch, Ulrich: Die Antizipation der Industrie – Der vorindustrielle Großbetrieb, seine Technik und seine Arbeitsverhältnisse. In: Claus Grimm (Hrsg.), Aufbruch ins Industriezeitalter. Bd. 1: Linien der Entwicklungsgeschichte. München 1985 (= Veröffentlichungen zur Bayerischen Geschichte und Kultur, Nr. 3/85), S. 87 bis 106.

Becher, Johann Joachim: Närrische Weißheit und Weise Narrheit ..., 1682.

Beckmann, Johann: Anleitung zur Technologie ... Göttingen 1777 (5. Aufl. 1802).

Benedello, A.: Keller-Voelter, Die Einführung des Holzschliffes in der Papierindustrie. o. O., o. J. (Hagen-Kabel 1957).

Bergius, Johann Heinrich Ludwig: Papiermanufactur. In: ders., Neues Policey- und Cameral-Magazin. 6 Bde., Leipzig 1775 bis 1780. Hier: 4. Bd., S. 230 bis 308.

Berufliche Hautstörungen in der Papierindustrie. In: Der Papiermacher. Jg. 1958.

Birkhahn, Bruno: Die Standortverschiebungen in der papiererzeugenden Industrie Europas. Biberach 1935.

Bockwitz, Hans Heinrich: Zur Geschichte des Papiers. In: Fritz Hoyer, Einführung in die Papierkunde. Leipzig 1941.

Bockwitz, Hans Heinrich: Zur Kulturgeschichte des Papiers. In: Chronik der Feldmühle. Stettin 1935, S. 9 bis 101.

Bockwitz, Hans Heinrich: Zu Karabaceks Forschungen über das Papier im islamischen Kulturkreis. In: Buch und Schrift. Neue Folge. Bd. 1, Leipzig 1938, S. 83 bis 86.

Bockwitz, Hans Heinrich: Die drei ältesten Papiermacher-‹Handbücher› des Orients. In: Der Papierfabrikant. 37. Jg. (1939), S. 207 bis 212.

Bogdàn, István: Einige technische Daten zur Papiermacherei im 17. bis 19. Jahrhundert. In: Papiergeschichte. Bd. 19, 1969, S. 36 bis 39.

Bogeng, G. A. F.: Geschichte der Buchdruckerkunst. 1. Band: Der Frühdruck. Hellerau 1930.

Bosl, Karl: Staat, Gesellschaft, Wirtschaft im deutschen Mittelalter. München 1976 (= Gebhardt, Handbuch der deutschen Geschichte. Bd. 7).

Brecht, Walter: Das Papier gestern – heute – morgen. Düsseldorf 1971 (= Technikgeschichte in Einzeldarstellungen, Nr. 21).

Brecht, Walter: Die Rohstoffe der Papierfabrikation im Wandel der Zeiten. In: Archiv für Druck und Papier. 2. Vierteljahr 1960, Ausgabe 2, Berlin 1960, S. 189 bis 208.
Clapperton, R. H.: The Paper-making Machine – Its Invention, Evolution and Development. Oxford 1967.
Coleman, D. C.: The British Paper Industry 1495–1860. Oxford 1958.
Comenius, Johann Amos: Orbis sensualium pictus oder Die sichtbare Welt. Nürnberg 1658. Neuausgabe: Dortmund 1978.
Dahlheim, C. F.: Taschenbuch für den praktischen Papier-Fabrikanten. Leipzig 1896 (3. Aufl.).
Der Papier-Fabrikant. Jg. 1913
Donndorf, J. A.: Anti-Pandora ..., 3. Band, Erfurt 1789. Darin: Kurze Beschreibung des Papiermachens. S. 261 bis 268.
Dropisch, Bernhard: Die Papiermaschine ..., Braunschweig 1878.
Eineder, Georg: The ancient Paper Mills of the former Austro-Hungarian Empire and their Watermarks. Hilversum 1960 (= Monumenta Chartae Papyraceae Historiam Illustrantia, Bd. VIII).
Engelhardt/Granich/Ritter: Leimen von Papier. 1972.
Ersch, J. S./Gruber, J. G.: Allgemeine Encyclopädie der Wissenschaften und Künste in alphabetischer Folge. Dritte Section, O bis Z. Leipzig 1838.
Freudenberg, Karl/Reichert, Martin: Geruch von Sulfatzellstoff-Fabriken. In: Das Papier. 9. Jg., 1955, S. 593/94.
Geuenich, Josef: Geschichte der Papierindustrie im Düren-Jülicher Wirtschaftsraum, Düren 1959.
Grasser, Walter: Von der Schönheit der Wiegendrucke. In: Süddeutsche Zeitung vom 31. 12. 1985/1. 1. 1986.
Grove, J. C.: Bemerkungen zu dem Aufsatze: ‹Beschreibung einer so genannten Wasserpresse› im Maistücke 1796, S. 365 ff. In: Journal für Fabrik, Manufaktur, Handlung und Mode. Leipzig 1797 (12. Band), S. 101 bis 105.
Halle, Johann Samuel: Werkstätte der heutigen Künste, oder neue Kunsthistorie. 6 Bde., Brandenburg und Leipzig 1761 bis 1779; zu Papier: 2. Band, Brandenburg und Leipzig 1762, 15. Abhandlung, S. 125 bis 153 u. Tabula IV.
Hentschel, Hans: Chemische Technologie der Zellstoff- und Papierherstellung. Berlin 1959.
Hill, Christopher: Von der Reformation zur Industriellen Revolution. Frankfurt/New York 1977.
Hirzel, H./Gretschel, H.: Jahrbuch der Erfindungen und Fortschritte auf den Gebieten der Physik und Chemie, der Technologie und Mechanik, der Astronomie und Meteorologie. Leipzig 1868.
Hößle, Friedrich von: Geschichte des alten Papiermacherhandwerks. Wien 1921.
Hößle, Friedrich von: Geschichte der alten Papiermühlen im ehemaligen Stift Kempten und in der Reichsstadt Kempten. Kempten 1900.
Hößle, Friedrich von: Die alten Papiermühlen der Freien Reichsstadt Augsburg. Augsburg 1907.
Hößle, Friedrich von: Die Papiermühlen im bayerischen Allgäu. In: Wochenblatt für Papierfabrikation. Jg. 1908.
Hößle, Friedrich von: Alte Papiermühlen der Rheinprovinz. In: Wochenblatt für Papierfabrikation. 57. Jg. (1926) und 58. Jg. (1927).
Hößle, Friedrich von: Alte Papiermühlen der Provinz Brandenburg. In: Der Papier-Fabrikant. 31. Jg. (1933).
Holtzmann, F.: Gewerbehygiene und Berufskrankheiten. Karlsruhe 1948.
Hoyer, Egbert: Die Fabrikation des Papiers nebst Gewinnung der Fasern aus Ersatzstoffen, insbesondere aus Holz, Stroh und Alfa sowie der Fabrikation der Pappe, des Bundpapiers, des Pergamentpapiers, der Tapeten usw. und Anleitung zur Prüfung des Papiers auf seine Eigenschaften und Zusammensetzung. Braunschweig 1887.
Hoyer, Egbert: Über die Entstehung und Bedeutung der Papiernormalien sowie deren Einfluss auf die Fabrikation des Papiers. München 1888.
Hubatsch, Walther: Der Freiherr vom Stein und England. Köln 1977.
Hunter, Dard: Papermaking. The History and Technique of an Ancient Craft. London 1947 (2. Auflage).
Imberdis, Jean: Papyrus sive ars conficiendae papyri. Turin 1693. Deutsche Ausgabe: Des Pater Imberdis Sang vom Papier. Ins Deutsche übertragen von Wilhelm Niemeyer. Hrsg. von Armin Renker. Zerkall 1944/45.

Iwanow, S. N.: Technologie der Papierherstellung. Leipzig 1964.
Jäckel, Wilhelm: Das ursprüngliche und das aktuelle Rohstoffproblem der deutschen Papierwirtschaft unter besonderer Berücksichtigung der Bedeutung von Papierabfällen als Hauptfaserstoff der westdeutschen Papierindustrie. Diss. Innsbruck 1960.
Ji-Xing, Pan: On the Origin of Papermaking in the Light of newest archaeological Discoveries. In: IPH-Information. 2/1981, S. 38 bis 48.
Karabacek, Joseph: Das arabische Papier. Eine historisch-antiquarische Untersuchung. Wien 1887 (= Sonderabdruck aus dem II. und III. Band der ‹Mittheilungen aus der Sammlung der Papyrus Erzherzog Rainer›).
Karmarsch, Karl: Geschichte der Technologie seit der Mitte des achtzehnten Jahrhunderts. München 1872.
Keeß, Stephan von: Darstellung des Fabriks- und Gewerbswesens im österreichischen Kaiserstaate. Wien 1820.
Keferstein, Georg Christoph: Unterricht eines Papiermachers an seine Söhne, diese Kunst betreffend. Leipzig 1766. Neuausgabe: Stolberg (Rhld.) 1936.
Keferstein, Ludwig: Beschreibung der sogenannten Wasserpresse. In: Journal für Fabrik, Manufaktur, Handlung und Mode. Bd. 10, Leipzig 1796, S. 365 bis 369 und Tabula II.
Keim, Karl: Das Papier. Stuttgart 1951.
Kellenbenz, Hermann: Deutsche Wirtschaftsgeschichte. Bd. 1, München 1977.
Kirchner, Ernst: Das Papier. Teil 1 bis 4, Biberach 1896ff.
Kirchner, Ernst: Das Papier. II. Teil: Rohstofflehre der Papierindustrie. Biberach 1896.
Klemm, Friedrich: Geschichte der Technik. Hamburg 1983.
Klemm, Karl Heinz: Faserrückgewinnung und Wasserhaushalt in Papierfabriken. Wiesbaden 1954 (2. Aufl. 1961) (= Papiertechnische Bibliothek, Bd. 3).
Klemm, Paul: Handbuch der Papierkunde. Zum Nachschlagen und zum Unterricht über Verwendung, Herstellung, Prüfung und Vertrieb von Papier. Leipzig 1904.
Klemm, Paul: Der gegenwärtige Stand der Abwässerfrage. In: Wochenblatt für Papierfabrikation. Nr. 38 (1905), S. 2881 bis 2883.
Klemm, Paul: Das Wasser zur Papiererzeugung. In: Verein Deutscher Papierfabrikanten (Hrsg.), Festschrift zum 50jährigen Jubiläum des Vereins. Verein Deutscher Papierfabrikanten 1872 bis 1922. Berlin 1922, S. 291 bis 305.
Knösel, Th.: Abwässer der Zellstoff-Fabriken. In: Wochenblatt für Papierfabrikation. Nr. 37 (1906), S. 2869 bis 2871.
Krünitz, Johann Georg: Ökonomisch-technologische Encyklopädie, oder allgemeines System der Staats-, Stadt-, Haus- und Landwirthschaft, und der Kunstgeschichte, in alphabetischer Ordnung. 106. und 107. Theil, beide Berlin 1807.
Kunihigashi, Jibei: Leitfaden der Papiermacherei. Kamisuki Choho-ki. Osaka 1798. Deutsche Fassung nach Goro Mayeda u. Yoishi Jsozaki. Bearb. von W. Fr. Tschudin. 3. Aufl., Basel 1959 (= Mitteilungen aus der Papierfärberei der Sandoz AG). Oder als Faksimileausgabe: Kamisuki Choho-ki. Bequemstes Handbuch für Papierherstellung. Leipzig 1925. Nachwort von Albert Schramm.
Kurtz, Christian: Verbände der deutschen papiererzeugenden Industrie 1870 bis 1933. Berlin 1966 (Diss. Erlangen-Nürnberg 1966).
Labarre, E. J.: Dictionary and Encyclopaedia of Paper and Paper-Making. Amsterdam 1952.
Lande, de la: Die Kunst Papier zu machen. In: Johann Heinrich Gottlob Justi u. a., Schauplatz der Künste und Handwerke. 21 Bde., Berlin, Stettin, Leipzig u. a. 1762 bis 1805. Hier: Band 1, Berlin 1762, S. 301 bis 484.
Langenbach, Alma: Westfälische Papiermühlen und ihre Wasserzeichen. 2 Bde., Witten 1938 (= Jahrbuch des Vereins für Orts- und Heimatkunde in der Grafschaft Mark).
Leif, Irving P.: An International Sourcebook of Paper History, Hamden/Folkstone 1978.
Lenormand, L.-Séb.: Handbuch der Papierfabrikation, oder vollständige und genaue Beschreibung der Papiermacherkunst, so wie der Pappfabrikation und der Kunst des Formens. Übersetzt von Wilh. Weinholz. Weimar und Ilmenau 1835.
Leuchs, Johann Carl: Darstellung der neuesten Verbesserungen in der Verfertigung des Papiers. Nürnberg 1821.
Liederbuch der Altenburger Papiermacher. Hrsg. vom Altenburger Papiermacher e. V. Altenburg/Thüringen 1937 (3. Aufl.).
Linhardt, Adolf: Papierkunde. Böhm. Leipa 1932 (= Künstners Hilfsbüchlein, Heft 150).
Linke, Wolfgang: Altes Hauswerk und Handwerk auf dem Lande. Teil 1: Die Flachsverarbeitung. Münster 1982 (= Unterricht in westfälischen Museen, Heft 3.1).

Loeber, E. G.: Schrieb Konfuzius schon auf Papier? Neue Erkenntnisse von den Anfängen des Papiers. In: Technische Kulturdenkmale. Heft 6, Hagen 1974, S. 27 bis 31.
Loeber, E. G.: Paper Mould and Mouldmaker. Amsterdam 1982.
Lorenz, Erich: Die Entwicklung des Deutschen Zeitschriftenwesens. Charlottenburg 1937.
Lundgreen, Peter: Techniker in Preußen während der frühen Industrialisierung. Berlin 1975.
Lunge, Georg: Handbuch der Soda-Industrie und ihrer Nebenzweige. Dritter Band. Braunschweig 1909.
Marabini, Edmund: Die Papiermühlen im Gebiete der weiland freien Reichsstadt Nürnberg (= Bayerische Papiergeschichte, 2. Theil). München-Nymphenburg 1896.
Mark, H.: Physik und Chemie der Cellulose. Berlin 1932 (= Technologie der Textilfasern. I. Band 1. Teil. Berlin 1932).
Matschoss, Conrad: Preussens Gewerbeförderung und ihre Großen Männer. Berlin 1921.
Mierzinski, Stanislaw: Handbuch der praktischen Papier-Fabrikation. Zweiter Band: Die Ersatzmittel der Hadern. Wien, Pest, Leipzig 1886.
Müller, L.: Die Fabrikation des Papiers in Sonderheit des auf der Maschine gefertigten nebst gründlicher Auseinandersetzung der vorkommenden chemischen Processe und Anweisung zur Prüfung der angewendeten Materialien. Berlin 1862 (3. Auflage).
Neder, Emil: Die Papiermühle zu Bensen 1569 bis 1884. In: Mitteilungen des Vereins für Geschichte der Deutschen in Böhmen. 44. Jg., Prag 1906, S. 220 bis 234.
Niethammer, Horst: Papier. München 1935 (= Abhandlungen und Berichte des Deutschen Museums, 22. Jg. 1954, H. 2).
N. N.: Verunreinigung der Flußläufe durch Abgänge aus gewerblichen Anlagen. In: Wochenblatt für Papierfabrikation. Nr. 33 (1904), S. 2465.
N. N.: Österreich-ungarischer Verein der Zellstoff- und Papier-Chemiker. Gründende Versammlung Wien, 10./2. 1912. In: Zeitschrift für angewandte Chemie. XXV. Jahrg., Heft 17, 1912, S. 831 u. 832.
N. N.: 7. Hauptversammlung des Vereins der Zellstoff- und Papier-Chemiker. Berlin 17. u. 18./11. 1911. In: Zeitschrift für angewandte Chemie. XXV. Jahrg., Heft 1, 1912, S. 29 bis 33.
Nöllenburg, Wilhelm auf der: Kulturgeschichte der Schriftträger. Berlin-Neukölln 1960.
Oechelhäuser, Joh.: Ueber die Haltbarkeit des Maschinenpapiers. In: Verhandlungen des Vereines zur Beförderung des Gewerbefleißes in Preußen. 25. Jahrg., Berlin 1846, S. 82 bis 84.
Opherden, Arnold u. a.: Zellstoff-Papier. Leipzig 1982.
O'Reilly, R.: Annales des Arts et Manufactures. Tome VI. Paris 1801.
Papier, Das. Geschichte, Herstellung, künstlerische Gestaltung. Ausstellungskatalog, Leopold-Hoesch-Museum Düren 1981.
Papier-Zeitung, 1891.
Peetz, Armin: Die sächsische Papierindustrie in ihrer standortmäßigen Bedingtheit. Königsberg 1922 (= Diss. Rostock 1922).
Pfeiffer, Johann Friedrich von: Die Manufacturen und Fabricken Deutschlands nach ihrer heutigen Lage betrachtet. 2 Bde., Frankfurt 1780.
Piette, L.: Handbuch der Papierfabrikation. Übersetzt von F. A. Hartmann. Quedlinburg und Leipzig 1833.
Pohle, Ludwig: Die Entwicklung des deutschen Wirtschaftslebens im letzten Jahrhundert. Leipzig 1908. Reihe: Aus Natur und Geisteswelt. 57. Bändchen.
Poppe, Johann Heinrich Moritz: Handbuch der Technologie. 1. Abtheilung, Frankfurt am Main 1806.
Poppe, Johann Heinrich Moritz: Noth- und Hülfs-Lexikon zur Behütung des menschlichen Lebens vor allen erdenklichen Unglücksfällen und zur Rettung aus den Gefahren zu Lande und zu Wasser. 2 Bde., Nürnberg 1811.
Prechtl, Joh. Jos.: Technologische Encyklopädie oder alphabetisches Handbuch der Technologie, der technischen Chemie und des Maschinenwesens. Zehnter Band, Stuttgart 1840.
Raithelhuber, E.: Die Konstruktionen der ersten Papiermaschinen mit geschütteltem Langsieb. In: Papiergeschichte 1971, S. 22 bis 52.
Reihlen, Helmut: Christian Peter Wilhelm Beuth – eine geschichtliche Betrachtung aus Anlaß des 125. Todestages. In: DIN-Mitteilungen 57. Jahrg. Nr. 9 (1978), S. 489 bis 499.
Renker, Armin: Das Buch vom Papier. Berlin 1929.
Renker, Armin: Weg und Werden des Papiers (= Deutsches Museum. Abhandlungen und Berichte. 10. Jg., Heft 3). Berlin 1938.
Renker, Armin: Vom Brauchtum der alten Papiermacher. In: Imprimatur. Bd. 10, 1950/51, S. 115 bis 120.

Reynolds, Terry S.: Mittelalterliche Ursprünge der industriellen Revolution. In: Spektrum der Wissenschaft, 9 (1984), S. 128 bis 137.
Rosenhain, C. M.: Die Holz-Cellulose in ihrer geschichtlichen Entwicklung, Fabrikation und bisherigen Verwendung. Berlin 1878.
Rüst, Wilhelm Amandus: Die Papierfabrikation und die technische Anwendung des Papiers. Berlin 1838 (= Die mechanische Technologie, Dritte Abtheilung).
Sandermann, Wilhelm: Alte Techniken der Papierherstellung in Südostasien und den Himalaya-Ländern. In: Papiergeschichte. Jg. 18 (1968), S. 29 bis 39.
Santifaller, Leo: Beiträge zur Geschichte der Beschreibstoffe im Mittelalter. Teil 1, Köln und Graz 1953.
Schaefer, Franz: Die wirtschaftliche Bedeutung der technischen Entwicklung in der Papierfabrikation. Leipzig 1909.
Schäfer, Rolf: Die westdeutsche Papiererzeugung in ihrer Abhängigkeit von ausländischen Rohstoffen. Diss. Nürnberg 1953.
Schäffer, Jacob Christian: Die bequeme und höchstvortheilhafte Waschmaschine ..., Regensburg 1766 bis 1768.
Schäffer, Jacob Christian: Versuche und Muster ohne alle Lumpen oder doch mit einem geringen Zusatz derselben Papier zu machen ..., Regensburg 1765 bis 1771.
Schlieder, Wolfgang: Die Geschichte der Papierherstellung in Deutschland. I. Teil, Probleme der Wechselbeziehungen zwischen Produktivkräften und Produktionsverhältnissen in der Papiermacherei in Deutschland in der Zeit bis zum Dreißigjährigen Krieg. Diss. Berlin (Ost) 1963 (MS).
Schlieder, Wolfgang: Zur Geschichte der Papierherstellung in Deutschland von den Anfängen der Papiermacherei bis zum 17. Jahrhundert. In: Beiträge zur Geschichte des Buchwesens. Hrsg. v. K. H. Kahlhöfer und H. Rötzsch. Bd. 2, Leipzig 1966, S. 33 bis 168.
Schlieder, Wolfgang: Einfuhr englischer Papiermaschinen nach Deutschland in der ersten Hälfte des 19. Jahrhunderts. In: International Congress of Paper Historians. Communications, Ed.: J. S. G. Simmons. Oxford 1967, S. 113 bis 125.
Schlieder, Wolfgang: Die Einführung der Papiermaschine in Deutschland. 1970. Sonderdruck aus: Jahrbuch der Deutschen Bücherei. Jahrgang 6 (1970). Leipzig 1970.
Schmidt, Fr.: Altpapier als Rohstoff. Berlin 1938.
Schmidt, Heiner: Marginalien zum Begriff Zellstoff. In: sph-Kontakte. Nr. 41, Januar 1985, S. 690 bis 705.
Schreyer, Joseph: Kommerz, Fabriken und Manufakturen des Königreiches Böhmen. 1. Theil, Prag und Leipzig 1790.
Schuberth, Heinrich: Geschichte der ältesten Papiermühle des Markgrafentums Ansbach-Bayreuth zu Moschendorf (Hof/Saale). Hof 1936.
Schübler, Johann Jakob: Sciagraphia artis tignariae oder Zimmermannskunst. Nürnberg 1736.
Schulte, Alfred: Wir machen die Sachen, die nimmer vergehen. Zur Geschichte der Papiermacherei. Bearbeitet von Toni Schulte. Wiesbaden 1955.
Schulte, Toni: Krankheiten und Unfälle in der alten Handpapierindustrie. In: Papiergeschichte. 7. Jg. (1957), S. 69 bis 74.
Schultze, Julius: Die Papierfabrikation im Königreich Sachsen unter besonderer Berücksichtigung ihrer Beziehungen zu den Holzschleifereien. Phil. Diss. Tübingen 1911, Tübingen 1912.
Schütze, Christian: Ein unauflösbarer Widerspruch. Brücke von der Ökonomie zur Ökologie gesucht. In: Süddeutsche Zeitung, Beilage. 27. 2. 1986, S. 49.
Schwieger, Heinz: Papierfibel. Karlsruhe 1952 (2. Auflage).
Schwieger, H. G.: Papier-Praktikum. Wiesbaden 1973.
Seebaß, Christian Ludwig: Die Papiermacher-Kunst in ihrem ganzen Umfang; aus dem französischen Original des Herrn Desmarest ..., Leipzig o. J. (um 1800).
Simson, John von: Die Flußverunreinigungsfrage im 19. Jahrhundert. In: Vierteljahrschrift für Sozial- und Wirtschaftsgeschichte. 1978, S. 370 bis 390.
Smith, Adam: Untersuchung der Natur und Ursache von Nationalreichtümern. Leipzig 1776.
Sporhan-Krempel, Lore: Ochsenkopf und Doppelturm. Die Geschichte der Papiermacherei in Ravensburg. Stuttgart 1953.
Sporhan-Krempel, Lore: Vom Papier und seiner Verarbeitung in alter und neuer Zeit. München 1959.
Sporhan-Krempel, Lore: Vier Jahrhunderte Papiermacherei in Reutlingen (ca. 1465 bis 1863). In: Archiv für Geschichte des Buchwesens. Bd. 13 (1973), Sp. 1513 bis 1586.

Sporhan-Krempel, Lore: Die Papiermühlen zu Rothenburg ob der Tauber. In: Archiv für Geschichte des Buchwesens. Bd. 15 (1975), Sp. 317 bis 336.
Sporhan-Krempel, Lore: Papiermühlen auf Nürnberger Territorium. I. Die Papiermühle zur Weidenmühle. In: Archiv für Geschichte des Buchwesens. Bd. 18 (1977), Sp. 1483 bis 1536.
Sporhan-Krempel, Lore: Papiermühlen im Territorium der Reichsstadt Nürnberg. II. Die Papiermühle zu Tullnau. In: Archiv für Geschichte des Buchwesens. Bd. 19 (1978), Sp. 1465 bis 1492.
Sporhan-Krempel, Lore: Papiermühlen auf Nürnberger Territorium. III. Die Papiermühle zu Mögeldorf. In: Archiv für Geschichte des Buchwesens. Bd. 20 (1979), Sp. 301 bis 328.
Sporhan-Krempel, Lore: Papiermühlen auf Nürnberger Territorium. IV. Die Papiermühlen zu Röthenbach an der Pegnitz. In: Archiv für Geschichte des Buchwesens. Bd. 20 (1979), Sp. 795 bis 832.
Sporhan, Lore/Stromer, Wolfgang von: Das Handelshaus der Stromer von Nürnberg und die Geschichte der ersten deutschen Papiermühle. In: Vierteljahrschrift für Sozial- und Wirtschaftsgeschichte. Bd. 47 (1960), S. 81 bis 104.
Stiel, Wilhelm: Zur Geschichte des Elektrischen Papiermaschinen-Antriebes. In: Der Papierfabrikant. 20. Jahrg., Nr. 23 A 1922, S. 179 bis 192.
Stromer, Wolfgang von: Eine ‹Industrielle Revolution› des Spätmittelalters? In: Ulrich Troitzsch/Gabriele Wohlauf (Hrsg.), Technik-Geschichte. Historische Beiträge und neuere Ansätze. Frankfurt/Main 1980, S. 105 bis 139.
Sturm, Leonhardt Christoph: Vollständige Mühlen-Baukunst. Augsburg 1718.
Sung Ying-Hsing: T'ien Kung K'ai-Wu. Chinese Technology in the Seventeenth Century. London 1966.
Thiel, Viktor: Geschichte der Papiererzeugung und des Papierhandels in Steiermark. In: Zentralblatt für die Papierindustrie. Jg. 1926.
Trobas, Karl: ABC des Papiers. Die Kunst, Papier zu machen. Graz 1982.
Troitzsch, Ulrich/Wohlauf, Gabriele (Hrsg.): Technik-Geschichte. Historische Beiträge und neuere Ansätze. Frankfurt/Main 1980.
Troitzsch, Ulrich/Weber Wolfhard (Hrsg.): Die Technik. Von den Anfängen bis zur Gegenwart. Braunschweig 1982.
Tschudin, Friedrich: Quellen zur Frühgeschichte des Papiers – Bemerkungen zur Reproduktion eines chinesischen Neujahrsbildes und einer Stelle aus dem ‹Hou Han Shu› über die Erfindung des Papiers. In: Textil-Rundschau. Jg. 9 (1954), Heft 5, S. 244 bis 251.
Vogel, J. H.: Abwasser. In: Wochenblatt für Papierfabrikation. Nr. 21. 1906, S. 1610 bis 1613.
Voorn, Henk: Wann wurde der Holländer erfunden? In: Papiergeschichte. Jg. 3, 1953, S. 84ff.
Voorn, Henk: Zur Erfindung des Holländers. In: Papiergeschichte. Jg. 5, 1955, S. 38 bis 42.
Voorn, Henk: A brief History of the Sizing of Papier. In: The Paper Maker. Vol. 30, 1961, S. 47 bis 52.
Wächter, Wolfgang: Buchrestaurierung. Leipzig 1983.
Wangner, Hermann: Das Sieb. Reutlingen 1935.
Wattenbach, W.: Das Schriftwesen im Mittelalter. Leipzig 1871.
Weber, Friedrich Wilhelm: Die Geschichte der pfälzischen Mühlen besonderer Art. Otterbach 1981.
Wehrs, Georg Friedrich: Vom Papier, den vor der Erfindung desselben üblich gewesenen Schreibmassen, und sonstigen Schreibmaterialien. Halle 1789.
Wehrs, Georg Friedrich: Kurze Beschreibung der bey einigen Papierfabriken befindlichen höchst wichtigen Waschmaschine. In: Journal für Fabrik, Manufaktur, Handlung und Mode. Leipzig 1795 (9. Band), S. 81f.
Weidenmüller, Ralf: Papiermachen. Ein neues Hobby. Niedernhausen/Ts. 1980.
Weiß, Wisso: Zeittafel zur Papiergeschichte. Leipzig 1983.
Weyl, Th. (Hrsg.): Handbuch der Hygiene. Achter Band: Gewerbehygiene, mit besonderer Rücksicht auf Fabrikgesetzgebung, Unfallschutz und Wohlfahrtseinrichtungen. Jena 1897.
Weyls Handbuch der Hygiene. Hrsg. v. A. Gärtner. 2. Aufl., VIII. Band. Prophylaxe der Infektionskrankheiten, von Ferdinand Gumprecht. Leipzig 1921.
Wieck, Friedrich Georg: Papier. Leipzig 1855 (= Bilder aus der Gewerbs-Kunst, Nr. I).
Wrana, W.: Das Modell einer alten Papiermühle auf der DRUPA 1954. In: Papiergeschichte. Jg. 4 (1954), Heft 2, S. 17f.
Ying-Sing, Sung: Chinese Culture Series 2–3. Tien-Kung-Kai-Wu. Exploitation of the Work of Nature. Chinese Agriculture and Technology in the XVII Century. Taipei/Taiwan 1980.
Zonghi, Aurelio und Augusto/Gasparinetti, A. T.: Zonghi's Watermarks. Hilversum 1953 (= Monumenta, Bd. 3).

Personen- und Sachregister

Bildquellen

1 Zeichnung aus G.A.E. Bogeng: Geschichte der Buchdruckerkunst, Bd. 1 (Der Frühdruck). Hellerau bei Dresden 1930. Abb. 2 (S. 4)
2 Zeichnung aus G.A.E. Bogeng: Geschichte der Buchdruckerkunst, Bd. 1 (Der Frühdruck). Hellerau bei Dresden 1930. Abb. 3 (S. 5)
3 Chinesischer Holzschnitt (um 105 n. Chr.). Hier aus H.H. Bockwitz: Zur Kulturgeschichte des Papiers. Sonderdruck aus der Festschrift: Die Chronik der Feldmühle. Stettin 1935. Bei S. 18 (Ausschnitt)
4 Foto aus R.T.F. Kirk: Paper-making in the Bombay presidency (1908). Hier aus R.H. Clapperton: Paper. An historical account of its making by hand from the earliest times down to the present day. Oxford 1934. Kapitel India, Taf. 5, Abb. 1
5 Holzschnitte aus Sung Ying-Sing: Tien-Kung-Kai-Wu. Peking 1634/37. Hier aus H.H. Bockwitz (Zur Kulturgeschichte des Papiers. Sonderdruck aus der Festschrift: Die Chronik der Feldmühle. Stettin 1935. S. 13-a, S. 14-b, S. 15-c, S. 16-e) und A. Renker (Das Buch vom Papier. Leipzig 1936. Abb. 7-d)
6 Karte aus G. Degaast und G. Rigaud: Les supports de la pensée, Bd. 1 (Historique). Paris 1945. Le monde et la science, Kap.: Papier
7 Kolorierte Zeichnung aus Simon Bening: Flämischer Kalender des XVI. Jahrhunderts. Monatsbild für Oktober. Original in der Bayerischen Staatsbibliothek, Codex latinus 23268
8 Kupferstich von B. Sommer aus G.A. Böckler: Theatrum machinarum novum – Schauplatz der mechanischen Künsten von Mühl- und Wasserwercken. Nürnberg 1703. Titelblatt (Ausschnitt)
9 Nockenwelle des Lumpenstampfwerkes aus der Papiermühle im Rijksmuseum voor Volkskunde – Het Nederlands Openluchtmuseum – in Arnhem. Foto des Museums
10 Karte aus G. Degaast und G. Rigaud: Les supports de la pensée, Bd. 1 (Historique). Paris 1945. Le monde et la science, S. 1749
11 Wasserzeichen aus der Papiermanufaktur in Fabriano (Italien). Nachzeichnungen aus G. Degaast und G. Rigaud: Les support de la pensée, Bd. 1 (Historique). Paris 1945. Le monde et la science, S. 1751
12 Kupferstich von Benard nach Zeichnung von Goußier aus: L'Encyclopédie ... Recueil de planches, sur les sciences, les arts libéraux, et les arts méchaniques, avec leur explication (Hrsg. D. Diderot, J.L. d'Alembert), Bd. 5. Paris 1767. Kapitel Papeterie, Bl. 1 bis, Fig. 1
13 Kupferstich aus J.G. Krünitz: Ökonomisch-technische Encyklopädie, oder allgemeines System der Staats-, Haus- und Landwirtschaft, und der Kunstgeschichte in alphabetischer Ordnung (fortgesetzt von F.J. Floerken und H.G. Flörke), Bd. 106. Berlin 1807, Taf. 12 u. 13
14 Kupferstich aus J.Ch. Schäffer: Die bequeme und höchstvortheilhafte Waschmaschine ... Regensburg 1766. Taf. 1
15 Kupferstich von A.G. Schübler jun. nach Zeichnung von J.J. Schübler aus seinem Buch: Sciagraphia artis tignariae, Oder nutzliche Eröffnung der sichern fundamentalen Holz-Verbindung, bay dem Gebrauch der unentbehrlichen Zimmermanns-Kunst ... Nürnberg 1736. Taf. 38
16 Kupferstich von A.G. Schübler jun. nach Zeichnung von J.J. Schübler aus seinem Buch: Sciagraphia artis tignariae, Oder nutzliche Eröffnung der sichern fundamentalen Holz-Verbindung, bay dem Gebrauch der unentbehrlichen Zimmermanns-Kunst ... Nürnberg 1736. Taf. 39
17 Zeichnung von Gottschalk, Hamburg
18 Papiermühle zu Haynsburg (gegründet um 1700, in Betrieb bis 1909), Teilansicht. Foto Deutsches Museum München, Bildstelle
19 Kupferstich aus V. Zonca: Novo teatro di machine et edificii Per varie et sicure operationi co'le loro figure tagliate in rame è la dichiaratione, e dimonstratione di ciascuna ... Padua 1607 (Drucker Bertelli). S. 94
20 Kupferstich (1698) von L. Simonneau aus J.J. de la Lande: Art de faire le papier. In: Descriptions des arts et métiers, Bd. 2. Paris 1762. Taf. 4, Fig. 1
21 Kupferstich aus G.W. Mundt (Feldprediger des Dragoner-Regiments von Irwing): Vater Burgheims Reisen mit seinen Kindern und Erzählungen von seinen ehemaligen Reisen, zur Kenntniß der Natur, der Kunst und des Menschenlebens. Ein nützliches Unterhaltungsbuch für die Jugend (Erste Sammlung). Halle 1801. Taf. 4, Fig. 1 bis 4
22 Kupferstich aus L. Chr. Sturm: Vollständige Mühlen Baukunst. Darinnen werden I. Alle Grundreguln ... angewiesen, II. Die Vortheile, d. man bey Anlegung d. Wasserräder ... in acht nehmen muß Auf d. hochsten

Grad d. Vollkommenh. gebracht; III. Was ... an Korn- Graupen- Papier- Ohl- ... Hachsel- u. Dreschmühlen zuverbessern ... entdecket. Augspurg 1718. Taf. 24, Fig. 1 u. 2

23 Kupferstich von J. Punt aus L. van Natrus, J. Polly, Corn. van Vuuren: Groot volkomen Moolenboek: of naauwkeuring ontwerp van Allerhande tot nog bekende soorten van moolens, met haare gronden en opstallen, en al het geene verder daar toe behoort. Amsterdam 1734. Taf. 18 (Ausschnitt)

24 Das Holländergeschirr der Papiermühle im Rijksmuseum voor Volkskunde – Het Nederlands Openkuchtmuseum – in Arnhem. Foto des Museums

25 Holzschnitt aus J. A. Comenius: Orbis sensualium pictus. Hoc est, Omnium fundamentalium in Mundo Rerum & in Vitâ actionum Pictura & Nomenclatura. Die Sichtbare Welt. Das ist Aller vornemsten Welt – Dinge und Lebens-Verrichtungen Vorbildung und Benahmung.
Hier aus Faksimileausgabe (Hrsg. J. Kühnel), Leipzig 1910. S. 188 (Ausschnitt)

26 Kupferstich aus P. H. C. Brodhagen: Technologisches Bilderbuch, Nr. 1. Hamburg 1797. Taf. 1, Fig. 9, 10

27 Kupferstich aus H. Ernst: Anweisungen zum praktischen Mühlenbau für Müller und Zimmerleute, Bd. 5. Leipzig 1802 bis 1808. Atlas, Taf. 10, Fig. 1

28 Holzschnitt von J. Amman aus seinem Buch: Eygentliche Beschreibung aller Stände auff Erden, hoher und nidriger, geistlicher und weltlicher, aller Künsten, Handwercken und Händeln ... mit Versen von Hans Sachs. Frankfurt a. M. 1568. Hier aus der Faksimileausgabe, München 1896

29 Kupferstich von Benard nach Zeichnung von Goußier aus: L'Encyclopédie ... Recueil de planches, sur les sciences, les arts libéraux, et les arts méchaniques, avec leur explication (Hrsg. D. Diderot, J. L. d'Alembert), Bd. 5. Paris 1767. Papeterie, Taf. 10, Fig. 1, 2, 3, 4

30 Zeichnung aus der Bildstelle des Deutschen Museums München

31 Foto (1981) Günter Bayerl, Hamburg

32 Foto (1981) Günter Bayerl, Hamburg

33 Kupferstich von Benard nach Zeichnung von Goußier aus: L'Encyclopédie ... Recueil de planches, sur les sciences, les arts libéraux, et les arts méchaniques, avec leur explication (Hrsg. D. Diderot, J. L. d'Alembert), Bd. 5. Paris 1767. Papeterie, Taf. 10, Fig. 6

34 Ausschnitt aus einem englischen Holzschnitt (17. Jahrhundert). Hier aus: Die Patentpapierfabrik zu Penig (Hrsg. H. Castorf). Ein Beitrag zur Geschichte des Papieres. Penig 1897. S. 26

35 Foto (um 1975) von Loïc Johan, Châteauneuf-de-Grasse

36 Foto aus A. Schulte: Wir machen die Sachen, die nimmer vergehen. Zur Geschichte der Papiermacherei (bearbeitet von T. Schulte). Wiesbaden, Das betriebliche Leben Industrie-Verlags-GmbH Dr. E. Jörg 1955. S. 151

37 Papierpresse aus Moulin de la Combe-Basse, Auvergne (Frankreich) – Anfang 17. Jahrhundert. Aus den Sammlungen des Deutschen Museums München. Fachgebiet: Papier; Bereich: Zeit des handgeschöpften Papiers. Foto Deutsches Museum München, Bildstelle

38 Papiermühle zu Haynsburg (gegründet um 1700, in Betrieb bis 1909), Teilansicht. Foto Deutsches Museum München, Bildstelle

39 Foto (um 1970) Marc Combier, Macon

40 Foto (zwanziger Jahre u. Jh.) aus: Technische Kulturdenkmale (Hrsg. C. Matschoss u. W. Lindner). München 1932. Abb. 147, S. 84

41 Kupferstich von L. Simonneau (1698) aus J. J. de la Lande: Art de faire le papier. In: Descriptions des arts et métiers, Bd. 2. Paris 1762. Taf. 13, Fig. 1

42 Kupferstich von Benard nach Zeichnung von Goußier aus: Encyclopédie ... Recueil de planches, sur les sciences, les arts libéraux, et les arts méchaniques, avec leur explication (Hrsg. D. Diderot, J. L. d'Alembert), Bd. 5. Paris 1767. Papeterie, Taf. 11, Fig. 1 bis 3

43 Kupferstich (1698) von L. Simonneau aus J. J. de la Lande: Art de faire le papier. In: Descriptions des arts et métiers, Bd. 2. Paris 1762. Taf. 14, Fig. 2

44 Kupferstich von Patte aus J. J. de la Lande: Art de faire le papier. In: Descriptions des arts et métiers, Bd. 2. Paris 1762. Taf. 6 (Ausschnitt)

45 Kupferstich (1698) von L. Simonneau aus J. J. de la Lande: Art de faire le papier. In: Descriptions des arts et métiers, Bd. 2. Paris 1762, Taf. 14, Fig. 1

46 Modell der Robert'schen Papiermaschine. Werkfoto der Fa. J. M. Voith AG St. Pölten

47 Nach Kupferstichen von Le Blanc aus den französischen Patentschriften: Description des machines et procédés spécifiés dans les brevets d'invention, de perfectionnemant et d'importation ... Paris 1823. Patent N.-L. Robert (18. 1. 1799), Nr. 329, Taf. 4, Fig. 1 und Taf. 5, Fig. 3

48 Holzstich aus Ch. Tomlinson: Illustrations of useful arts, manufactures and trades. London 1858. Abb. 251, S. 57

49 Zeichnung aus R.H. Clapperton: The paper-making machine, its inventions, evolution and development. Oxford u. a., Pergamon Press 1967. Abb. 37, S. 84

50 Stahlstich aus: Das Buch der Erfindungen – Gewerbe und Industrie. Gesamtdarstellung aller Gebiete der gewerblichen und industriellen Arbeit, Bd. 8 (Verarbeitung der Faserstoffe, Holz-, Papier- und Textilindustrie). Leipzig 1898. Taf. bei S. 144

51 Zeichnung von K. Pichol, Ahlen bei Münster

52 Holzschleifapparat für Handbetrieb von F.G. Keller – 1845. Aus den Sammlungen des Deutschen Museums München; Fachgebiet: Papier; Bereich: Das 19. Jahrhundert – Beginn der industriellen Papiererzeugung. Foto Deutsches Museum München, Bildstelle (a). Zeichnung von H. Voelter (1865) aus Rühlmann: Über Papierzeug aus Holz. Eine geschichtliche Zusammenstellung. In: Mittheilungen des Gewerbe-Vereins für das Königreich Hannover, Neue Folge 1865, H. l. Hier aus: Keller-Voelter. Die Einführung des Holzschliffs in der Papierindustrie (Hrsg. A. Benedello). Hagen-Kabel, Papierfabrik Kabel A.G. 1957. Abb. 1, S. 32

53 Zeichnungen aus E. Hoyer: Die Fabrikation des Papiers nebst Gewinnung der Fasern aus Ersatzstoffen, insbesondere aus Holz, Stroh und Alfa sowie die Fabrikation der Pappe, des Buntpapiers, des Pergamentpapiers, der Tapeten usw. und Anleitung zur Prüfung des Papiers auf seine Eigenschaften und Zusammensetzung. Braunschweig 1887. Abb. 56, 57, S. 162

54 Foto (um 1904) aus K. Hassack: Die Erzeugung des Papieres (in der Reihe: Vorträge des Vereins zur Verbreitung naturwissenschaftlicher Kenntnisse in Wien, Jg. 45, H. 1). Wien 1905, Taf. 1

55 Holzstich aus: Mitteilungen über die Darstellung von Papierstoff aus Holz nach Patent von Heinrich Völter aus Heidenheim. Württemberg 1873. Hier aus: Keller-Voelter. Die Einführung des Holzschliffs in der Papierindustrie (Hrsg. A. Benedello). Hagen-Kabel, Papierfabrik Kabel A.G. 1957. S. 149

56 Fotos aus W. Herzberg: Papierprüfung. Eine Einleitung zum Untersuchen von Papier. Berlin 1907. Taf. 1, Nadelholz (links), Taf. 12, Leinen (rechts)

57 Tabelle unter Verwendung der Zeichnungen aus H. Lehmann und L. Richter: Werkstoffe der Papierverarbeitung. Frankfurt (Main), VEB Fachbuchverlag Leipzig 1979. Abb. 2/6, S. 25

58 Zeichnung aus H. Hentschel: Chemische Technologie der Zellstoff- und Papierherstellung. Berlin, VEB Verlag Technik 1959. Abb. 88, S. 212

59 Foto aus H. Niethammer: Papier. In: Deutsches Museum, Abhandlungen und Berichte, Jg. 22. München (Verlag R. Oldenbourg), Düsseldorf (Deutscher Ingenieur-Verlag) 1954. H. 2, Taf. 1

60 Holzstich aus C. Hofmann: A practical treatise on the manufacture of paper in all its branches. Philadelphia 1873. Abb. 49, S. 109

61 Fotos aus W. Brecht: Die Rohstoffe der Papierfabrikation im Wandel der Zeiten. In: Archiv für Druck und Papier. Buchgewerbe-Graphik-Werbung. Internationale graphische Fachzeitschrift, Jg. 97. Berlin, Buch- u. Druckgewerbe Verlag KG 1960. H. 2, Abb. 6, S. 193

62 Holzstich (um 1850). Hier aus R.H. Clapperton: The paper-making machine, its invention, evolution and development. Oxford u. a., Pergamon Press 1967. Abb. 123, S. 221

63 Zeichnung aus: Die internationale Papier- und Zellstoffindustrie (Hrsg. Weber & Co). Basel 1929. S. 39

64 Foto (1950er Jahre) aus: Das Papier. Geschichte, Herstellung, künstlerische Gestaltung. Ausstellungskatalog des Leopold-Hoesch-Museums Düren. Düren 1981. S. 67

65 Werkfoto J.M. Voith GmbH Heidenheim

66 Foto aus E. Blau: Zur Entwicklung des Kalanderbaues. In: Der Papierfabrikant. Wochenschrift für die Papier-, Pappen-, Holzschliff-, Stroh- und Zellstoff-Fabrikation, Jg. 20. Berlin 1922. H. 23 A (Fest- und Auslandheft), Abb. 8, S. 176

67 Zeichnung aus E. Hoyer: Die Fabrikation des Papiers nebst Gewinnung der Fasern aus Ersatzstoffen, insbesondere aus Holz, Stroh und Alfa sowie die Fabrikation der Pappe, des Buntpapiers, des Pergamentpapiers, der Tapeten usw. und Anleitung zur Prüfung des Papiers auf eigene Eigenschaften und Zusammensetzung. Braunschweig 1887. Taf. 1, Abb. 145

68 Zeichnung aus K. Keim: Papier, seine Herstellung und Verwendung als Werkstoff des Druckers und Papierverarbeiters. Stuttgart, Otto Blersch Verlag 1951. Abb. 8, S. 29

69 Foto aus: Kocherexplosion bei der Firma Hoesch & Co. Pirna im Werk Heidenau. In: Der Papier-Fabrikant. Organ der führenden Verbände der deutschen Papier- und Zellstofferzeugung, Jg. 24. Berlin 1926. H. 19, Beilage S. 284

70 Zeichnung aus den Geschäftsakten der Papiermühle zu Hohenkrug im Königlichen Staats-Archiv zu Stettin. Hier aus Festschrift der Papiermühle Hohenkrug

71 Kupferstich aus J.G. Krünitz: Ökonomisch-technische Encyklopädie, oder allgemeines System der Staats-, Stadt-, Haus- und Landwirtschaft, und der Kunstgeschichte in alphabetischer Ordnung (fortgesetzt von F. J. Floerken u. H. G. Flörke), Bd. 106. Berlin 1807. Taf. 27

72 Zeichnung aus S. N. Iwanow: Technologie der Papierherstellung. Leipzig, VEB Fachbuchverlag 1964. Abb. 159b, S. 445

73 Foto (Berlin 1961 – J. F. Kennedy, W. Brandt, K. Adenauer) Deutsche Presse Agentur (d.p.a.) GmbH

74 Zeichnung aus E. Kirchner: Das Papier, T. 3 (Die Halbstofflehre der Papierindustrie – Abschnitt E. Altpapier, Papier-Abschnitte und Ausschuss). Bieberach 1910. S. 11, Abb. 2

75 Foto Förderverein Papiermühle De Schoolmeester, Zaanstad, Niederlande

76 Werkfoto J. M. Voith GmbH Heidenheim

77 Werkfoto J. M. Voith GmbH Heidenheim

78 Werkfoto J. M. Voith GmbH Heidenheim

79 Foto (1886) aus A. Schulte: Wir machen die Sachen, die nimmer vergehen. Zur Geschichte der Papiermacherei (Bearbeitet von T. Schulte). Wiesbaden, Das betriebliche Leben Industrie-Verlags-GmbH Dr. E. Jörg 1955. Abb. 3. S. 84

80 Zeichnung und Text aus: Gruppe Feldmühle. Geschäftsbericht 1984. Feldmühle AG, Düsseldorf. S. 7

81 Foto (1976 – H. A. Schult) und Text aus: Das Papier. Geschichte, Herstellung, künstlerische Gestaltung. Ausstellungskatalog des Leopold-Hoesch-Museums Düren. Düren 1981. Katalog der Künstler-HA Schult

82 Lageplan – 2. Obergeschoß des Deutschen Museums München. Zeichnung von B. Boisel, Graphisches Atelier des Museums

83 Raumplan der Abteilung Papier des Deutschen Museums München. Zeichnung von B. Boisel, Graphisches Atelier des Museums

84 Aufnahme aus dem ersten Raumabschnitt der Papierabteilung (Zeit des handgeschöpften Papiers) in den Sammlungen des Deutschen Museums. Foto Deutsches Museum München, Bildstelle

85 Papiermaschine (Frankreich – um 1820) aus den Sammlungen des Deutschen Museums; Fachgebiet: Papier; Bereich: Das 19. Jahrhundert – Beginn der industriellen Papiererzeugung. Foto Deutsches Museum München, Bildstelle

86 Langsiebmaschine zur Herstellung von Papier im Labormaßstab. Angefertigt in den Lehrlingswerkstätten der Fa. Escher-Wyss, Ravensburg (1956–57). Aus den Sammlungen des Deutschen Museums; Fachgebiet: Papier; Bereich: Moderne Papierherstellung. Foto: Deutsches Museum München, Bildstelle

87 Tafel von K. Pichol (Ahlen / Westf.) unter Verwendung von Zeichnungen aus H. Lehmann u. L. Richter: Werkstoffe der Papierverarbeitung. Frankfurt (Main), VEB Fachbuchverlag Leipzig 1979. Abb. 2/14, S. 30 (a); Abb. 2/15, S. 32 (b, c, d, e)

Tabellen

1 Tabelle von K. Pichol, Ahlen / Westf. u. G. Bayerl, Hamburg

2 Zeichnung aus: E. Lorenz: Die Entwicklung des deutschen Zeitschriftenwesens. Eine statistische Untersuchung. Berlin 1936

3 Tabelle von K. Pichol (Ahlen/Westf.) nach E. Hoyer: Über Entstehung und Bedeutung der Papiernormalien. Sowie deren Einfluß auf die Fabrikation des Papiers. München 1888

4 Zeichnung aus A. Opherden (Federführung) u. a.: Zellstoff Papier. Leipzig, VEB Fachbuchverlag 1979. Abb. 1/19, S. 62

5 Tabelle von K. Pichol (Ahlen / Westf.) nach Verband Deutscher Papierfabriken e. V. (vdp), Bonn

6 Tafel aus: D. C. Coleman: The british industry 1495–1860. A study in industrial growth. Oxford, University Press at the Clarendon Press 1958. Abb. 9, S. 206

7 Tabelle von K. Pichol, Ahlen / Westf.

8 Tabelle von K. Pichol (Ahlen / Westf.) nach H. Niethammer: Papier. In: Deutsches Museum, Abhandlungen und Berichte, Jg. 22. München (Verlag R. Oldenbourg), Düsseldorf (Deutscher Ingenieur-Verlag) 1954

9 Tabelle von K. Pichol (Ahlen / Westf.) unter Verwendung der Daten von R. Schaefer: Die westdeutsche Papiererzeugung in ihrer Abhängigkeit von ausländischen Rohstoffen (Dissertation, Maschinenschrift). Nürnberg 1953. S. 42

10 Tabelle von K. Pichol (Ahlen / Westf.) unter Verwendung der Daten von W. Jäckel (Das ursprüngliche und das aktuelle Rohstoffproblem der deutschen Papierwirtschaft unter besonderer Berücksichtigung der Bedeutung von Papierabfällen als Hauptfaserstoff der westdeutschen Papierindustrie – Innsbruck 1966, S. 57) und Information der Fa. J. M. Voith GmbH Heidenheim

11 Text und Tabellen aus: Normen über Papier, Pappe und Zellstoff (Hrsg. DIN Deutsches Institut für Normung e. V.). DIN Taschenbuch 118. Berlin, Köln, Beuth Verlag GmbH 1978. S. 12 u. 13 (Ausschnitte).

Rechnung ergänzt durch K. Prohah Ahlen/ Westf.
12 Zeichnung aus W. Brecht: Die Rohstoffe der Papierfabrikation im Wandel der Zeiten. In: Archiv für Druck und Papier. Buchgewerbe-Graphik-Werbung. Internationale graphische Fachzeitschrift, Jg. 97. Berlin, Buch- und Druckgewerbe Verlag KG 1960. H. 2, Abb. 11, S. 202
13 Tabelle von K. Pichol, Ahlen/Westf.
14 Tabelle aus: Übersicht der Unfallzahlen von 1886 bis 1962. In: Verwaltungsbericht der Papiermacher-Berufsgenossenschaft für das Jahr 1962. Mainz 1963. S. 18 (Ausschnitt)
15 Tabelle von K. Pichol, Ahlen/Westf.
16 Zeichnung hansa press, Bonn
17 Zeichnung von Verband Deutscher Papierfabriken e. V. (vdp), Bonn
18 Tabelle von K. Pichol, Ahlen/Westf.